国家出版基金项目
NATIONAL PUBLICATION FOUNDATION

"十四五"时期国家重点出版物出版专项规划项目

大规模清洁能源高效消纳关键技术丛书

U0157472

海上风电场数据中心的建设与应用

裴爱国　主编

中国水利水电出版社
www.waterpub.com.cn

·北京·

内 容 提 要

本书是《大规模清洁能源高效消纳关键技术丛书》之一，主要内容包括概论、风电场数据中心关键技术、海上风电场数据采集传输体系、海上风电场大数据中心的构建、海上风电场大数据中心的应用、海上风电场大数据中心的发展展望，以及海上风电场数据接口标准及内容。

本书内容翔实，适合从事海上风电规划、设计、管理、运行等工作的从业人员阅读参考。

图书在版编目（ＣＩＰ）数据

海上风电场数据中心的建设与应用 / 裴爱国主编
-- 北京 ： 中国水利水电出版社，2022.4
（大规模清洁能源高效消纳关键技术丛书）
ISBN 978-7-5226-0636-1

Ⅰ．①海… Ⅱ．①裴… Ⅲ．①海上－风力发电－发电
厂－数据处理中心－建设 Ⅳ．①TM62

中国版本图书馆CIP数据核字(2022)第066673号

书　　名	大规模清洁能源高效消纳关键技术丛书 **海上风电场数据中心的建设与应用** HAISHANG FENGDIANCHANG SHUJU ZHONGXIN DE JIANSHE YU YINGYONG
作　　者	裴爱国　主编
出版发行	中国水利水电出版社 （北京市海淀区玉渊潭南路 1 号 D 座　　100038） 网址：www. waterpub. com. cn E - mail：sales@mwr. gov. cn 电话：（010）68545888（营销中心）
经　　售	北京科水图书销售有限公司 电话：（010）68545874、63202643 全国各地新华书店和相关出版物销售网点
排　　版	中国水利水电出版社微机排版中心
印　　刷	天津嘉恒印务有限公司
规　　格	184mm×260mm　16 开本　14.75 印张　306 千字
版　　次	2022 年 4 月第 1 版　2022 年 4 月第 1 次印刷
印　　数	0001—3000 册
定　　价	**88.00 元**

《大规模清洁能源高效消纳关键技术丛书》
编 委 会

《海上风电场数据中心的建设与应用》
编　委　会

主　　编　裴爱国

副 主 编　谭任深　何登富　周　冰

编　　委　刘淑军　戚永乐　徐龙博　郑钊颖　余建忠　王　雨

参编单位　中国能源建设集团广东省电力设计研究院有限公司

中国三峡新能源（集团）股份有限公司

Preface
序

　　世界能源低碳化步伐进一步加快，清洁能源将成为人类利用能源的主力。党的十九大报告指出：要推进绿色发展和生态文明建设，壮大清洁能源产业，构建清洁低碳、安全高效的能源体系。清洁能源的开发利用有利于促进生态平衡，发展绿色产业链，实现产业结构优化，促进经济可持续性发展。这既是对我中华民族伟大先哲们提出的"天人合一"思想的继承和发展，也是党中央、习近平总书记提出的"构建人类命运共同体"中"命运"质量提升的重要环节。截至 2019 年年底，我国清洁能源发电装机容量 9.3 亿 kW，清洁能源发电装机容量约占全部电力装机容量的 46.4%；其发电量 2.6 万亿 kW·h，占全部发电量的 35.8%。由此可见，以清洁能源替代化石能源是完全可行的。

　　现今我国风电、太阳能等可再生能源装机容量稳居世界之首；在政策制定、项目建设、装备制造、多技术集成等方面亦具有丰富的经验。然而，在取得如此优势的条件下，也存在着消纳利用不充分、区域发展不均衡等问题。目前清洁能源消纳主要面临以下困难：一是资源和需求呈逆向分布，导致跨省区输电压力较大；二是风电、光伏发电的出力受自然条件影响，使之在并网运行后给电力系统的调度运行带来了较大挑战；三是弃风弃光弃小水电现象严重。因此，亟须提高科学技术水平，更加有效促进清洁能源消纳的质和量，形成全社会促进清洁能源消纳的合力，建立清洁能源消纳的长效机制，促进清洁能源高质量发展，为我国能源结构调整建言献策，有利于解决清洁能源产业面临的各种技术难题。

　　"十年磨一剑。"本丛书作者为实现绿色能源高效利用，提高光、风、水、热等多种能源综合利用效率，不懈努力编写了《大规模清洁能源高效消纳关键技术丛书》。本丛书从基础研究、成果转化、工程示范、标准引领和推广应用五个环节着手介绍了能源网协调规划、多能互补电站建模、测试以及快速调节技术、多能协同发电运行控制技术、储能运行控制技术和全国集散式绿色能源库规模化建设等方面内容。展现了大规模清洁能源高效消纳领域的前沿技术，代表了我国清洁能源技术领域的世界领先水平，亦填补了上述科技工程领域的出版空白，望为响应党中央的能源转型战略号召起一名"排头兵"的作用。

这套丛书内容全面、知识新颖、语言精练、使用方便、适用性广，除介绍基本理论外，还特别通过实测建模、运行控制、测试评估等原创性科技内容对清洁能源上述关键问题的解决进行了详细论述。这里，我怀着愉悦的心情向读者推荐这套丛书，并相信该丛书可为从事清洁能源消纳工程技术研发、调度、生产、运行以及教学人员提供有价值的参考和有益的帮助。

中国科学院院士 卢强

2019 年 9 月 3 日

我国海上风能资源丰富，海上风电开发前景广阔。海上风电风速高、紊流小、发电量大，且开发海上风电占用陆地资源较少，这些都为我国发展海上风电提供了有利条件。近年来，在我国"双碳"战略的支持下，海上风电迎来了黄金发展期，海上风电在我国沿海省份多点开花，装机容量迅速增长。我国在 2021 年超越英国成为全球海上风电装机容量最大的国家，标志着我国海上风电进入规模化和商业化开发的新阶段。

数据被称为数字化时代的"新石油"，在大数据时代，数据的资产属性正成为学术界和实业界的共识，纵观人类利用数据的历史，虽然数据的本质没有变化，但在制度、技术和经济发展的交织作用下，数据完成了从数字到资产的转变，在这个过程中，数据的规模、价值和影响不断扩大，数据将逐步成为企业的重要资产和核心竞争力。

在大数据时代，新能源行业需要打造新能源数据平台，挖掘数据价值，赋能行业发展。海上风电场数据中心作为海上风电行业与大数据技术相结合的产物，是实现数字产业化、产业数字化的重要抓手，建设海上风电场大数据中心是实现海上风电行业数字化转型的必由之路。在海上风电场大数据中心的建设过程中，能源企业必须筑牢大数据中心平台基础，基于能源大数据中心实现数据驱动，将数据作为关键资源和新型生产要素，服务于生产业务，改造提升传统业务，培育壮大数字新业务，这样不仅能够提升企业的竞争力，还可以再造企业的商业模式，以实现创新驱动和业态转变。

海上风电场大数据中心的建设是一个宏大的工程，涉及设计整体规划、组织搭建、应用落地、运营管理等方方面面的工作，而最终大数据中心落地还需要与业务结合，为业务赋能，发挥数据的价值。本书的作者都是来自海上风电行业大数据中心的建设与运营人员，希望重点从海上风电场数据中心的构建、数据标准的建立和数据挖掘的应用落地等方面，把作者在海上风电场数据中心建设运营过程中总结的知识和经验分享给读者们，希望能够对行业内的工程建设人员和科研学者有所帮助。

　　本书共有6章，其中第1章和第6章由中国能源建设集团（简称中国能建）裴爱国撰写，第2章由中国能源建设集团广东省电力设计研究院有限公司（简称中国能建广东院）谭任深、何登富、余建忠撰写，第3章由中国能建广东院谭任深、戚永乐、郑钊颖撰写，第4章由中国能建裴爱国、周冰、何登富、谭任深、王雨和三峡新能源公司刘淑军撰写，第5章由中国能建广东院谭任深、戚永乐、徐龙博、王雨撰写，全书由裴爱国统稿、审稿和完善。

　　本书编写历经1年有余，撰写过程中得到了许多的帮助和支持。感谢中国三峡新能源（集团）股份有限公司和青海省能源大数据中心的领导和专家为本书提供了详实的案例资料。感谢中国水利水电出版社李莉女士和汤何美子女士提供的帮助，感谢中国能建广东院海上大数据中心建设和运营团队，正是你们的努力，让本书得以成型。

　　本书参考了国内外许多专家学者的论文、论著以及相关网站上的资料文献，在编写过程中还得到了行业内诸多专家的指导和帮助，在此不能一一列举，谨向他们表示深深的谢意。限于编者的水平，疏漏与不当之处在所难免，敬请各位批评指正。

2022年2月于广州

Contents 目录

第1章

概　　述

在节能减排、改善环境等政策以及社会经济环境驱动下，开发和利用可再生能源已经成为能源转型的重点发展方向之一。可再生能源包括风能、太阳能、水能、生物质能、地热能、波浪能和潮汐能等多种形式，其中风能的商业开发已较为成熟且形成一定规模，世界各个国家和地区都给予了充分的支持。全球风能理事会（Global Wind Energy Council，GWEC）统计数据显示，2019 年全年风电新增装机容量60.4GW，总装机容量651GW，同比增长 10%。相比于传统的陆上风电，海上风电具备丰富的风能资源和更高的发电利用小时数、可大容量大规模开发、风电传输方式灵活等优势，而上述优势促进了海上风电的发展。但是，由于离岸距离远、运行环境恶劣、巡视检修困难、无人值守等问题，海上风电场对于通过数字化、自动化和智能化技术来提高风电并网能力、风电场运行水平和效益的需求更为迫切，因而建设以大数据中心为核心的智能海上风电场已成为行业的共识，也是较长时期内的发展方向。

1.1　海上风电概述

1.1.1　海上风电发展现状

近年来，世界多国已将海上风电作为未来能源发展的重点并纳入未来的开发计划。全球海上风电发展迅猛，2011—2020 年全球海上风电装机容量如图 1-1 所示。欧洲是海上风电的发源地，也是海上风电开发最充分、技术最成熟的区域，以英国、德国、丹麦、比利时为代表的欧洲国家从 2000 年以来就开始大力发展海上风电，2020 年欧洲新增装机总量占全球海上风电总装机容量的 61% 以上，如图 1-2 所示。中国 2020 年海上风电新增装机容量为 3.06GW（根据 GWEC 发布的数据，截至 2020年年底中国海上风电累计并网装机容量为 9.898GW），约占全球新增装机容量的50%，2021 年我国海上风电装机容量位居世界第一。截至 2021 年 6 月我国各地区海上风电并网容量统计如图 1-3 所示，我国并网海上风电场项目主要分布于江苏、广东、福建、浙江、上海、河北、辽宁等省（直辖市）。

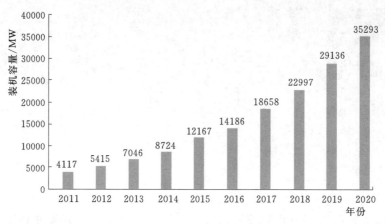

图 1-1 2011—2020 年全球海上风电装机容量

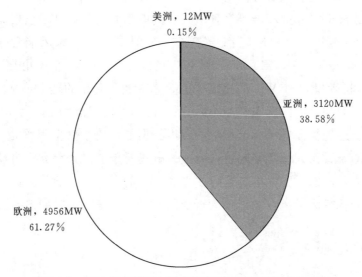

图 1-2 2020 年全球海上风电新增装机容量地区分布情况

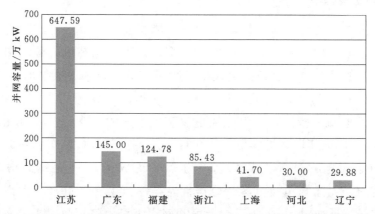

图 1-3 截至 2021 年 6 月我国各地区海上风电并网容量统计
（数据来源：国家可再生能源信息管理平台）

1.1.2 海上风电场构成

不同于陆上风电场，海上风电场电气部分由海上风电机组、海底电缆、海上升压站、高压输送电缆、陆上变电站、基座等组成，如图 1-4 所示。风电机组发出的电能先由海底电缆汇集到海上升压站，接着海上升压站输出的高压电经过高压电缆输送到陆上变电站，然后从陆上变电站进一步输送到电网或者负荷。早期的海上风电场由于容量小，离岸距离近，不需要配置海上升压站，而是直接将风电机组经过变压器后传输到陆上变电站，再与电网连接。随着海上风电场容量的提高和离岸距离变远，需要采用一个甚至多个海上升压站，通过升高电压来减少电能传输损耗，提高电能传输效率。

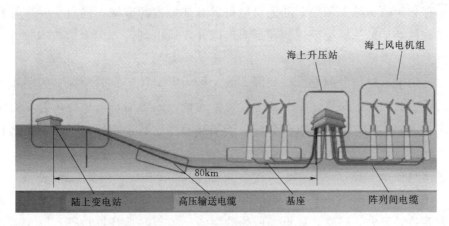

图 1-4　海上风电场主体构成

海上风电场受所处环境的影响，风电机组、升压站、电缆等在选型、建设、运维过程中都需要综合考虑海洋的海风、波浪、海床、冰冻、洋流等自然条件的影响，如图 1-5 所示。有别于陆上风电，海上风电的特殊性体现在风电机组需适应海洋性气候和不同海床特点的基础设计与施工、整体防腐蚀与密封设计、抗台风设计，以及高可靠性设计、发电能力优化设计及可维护性设计等方面。

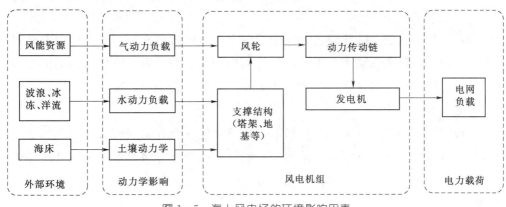

图 1-5　海上风电场的环境影响因素

1.1.3 海上风电的特点

海上风电是可再生能源发电模式中重要的组成部分，其发展对于改善消费能源结构、缓解环境污染和气候问题具有重要战略意义，国际社会对于风力发电的发展都给予了高度的重视。相比于陆上风电，海上风电具有以下特点。

1. 海上风电的优势

（1）海上风能资源较陆地丰富且发电效率较高。相比于陆地，理论上海上平均风速更高，湍流密度更低，更有利于提高风力发电功率和满发小时数，同时，海上风电场的单机装机容量比陆地上的高。

（2）有利于减少陆上用地。陆上用地昂贵且陆地资源有限，同时受噪声等污染的影响，陆地风场地址选择受限。而在远海地区开发风电场一方面土地成本较低，另一方面也可大幅减少陆上用地。

（3）避免了远程输电问题。在我国，陆上风能资源较丰富的地区多为距用电需求较大地区较远的北部、西部、东北部等，将上述地区的电能进行长距离输送将给电网建设带来一定的挑战。海上风电一般建设于东部沿海地区，能够较好地避免远程输电问题。

2. 海上风电的劣势

（1）开发技术要求高。海上风电场与陆上风电场在风电机组设计、安装、运行和维护等方面差异较大。同时，风电场所处的海洋环境与陆地环境也很不同，需要综合考虑洋流、波浪、盐雾、台风等因素的影响，因而在技术上给海上风电场的开发带来一系列的挑战。

（2）开发和运维成本高。海上风电场建设在海上，多变的气候和洋流给施工建设带来较大的困难，其建设成本比陆上风电场高。同样的，在风电场运维阶段，需要根据海上气候条件确定开展航海作业出发和返回的时间与路线。对于海洋环境较为恶劣的区域，可用于正常作业的时间非常有限，这些都给海上风电场的运维带来了极大的挑战，成本也居高不下。

（3）需专用的建设、运维设备和船舶。海上风电机组的安装、运维中的部件更换都需要将各组件从码头运输到安装地，组件的体积大、质量重，需要专用的大型设备运输船运送。随着海上风电机组向大容量发展，安装、运维过程中对于运输船舶的要求也会随之提高。

（4）极端海洋环境的影响。某些海域会季节性地受台风等极端天气的影响，类似的恶劣海上气候比陆上严峻得多，给海上风电机组的设计、风电场开发以及运维带来极大的影响和限制。因此，对海上风电场开发的风险评估和安全性评估比陆上风电场要更严格。

1. 1. 4　海上风电场运维管理的关注点与挑战

成本居高不下始终是掣肘海上风电发展的主要问题。海上作业窗口期短，风电机组的运输、安装、运行和维护都受到很大制约。优化海上风电场运行、维护的目标是要降低风电场的成本，提高风电在价格上的竞争优势，提高企业运营海上风电场的盈利空间。因而，如何有效提升海上风电场的运行和维护管理水平是当前企业所面临的课题。

1. 运行与维护的关注点

同陆上风电一样，海上风电场运行与维护所关注的问题包括可利用小时数、可达性、常规与非常规维护等。

（1）可利用小时数。可利用小时数是指一定时期内一个地区平均发电设备容量在满负荷运行条件下的运行小时数，即发电量与平均装机容量之比，反映了该地区发电设备的利用率，也是反映该地区电力供需形势的主要指标之一。当前，海上风电场受自然环境的影响可利用小时数并不稳定，并且小于陆上风电场。海上风电场运行维护的投入需考虑最佳的可利用小时数，使其整体成本达到最低值。投入过少，会导致风电场性能下降，可利用小时数低，而投入过大也会导致风电场整体经济性下降。

（2）可达性。可达性是指从一个点到另一个点的容易程度。对于海上风电场来说，可达性是影响其运行维护的主要技术因素之一，而影响可达性的因素是运输时间和天气窗口可达性。运输时间视风电场离岸距离而定，距离越远，航行时间越长，用于维护的时间越短。天气窗口可达性是指根据海洋上海浪及天气条件，运输船只可以安全到达风电机组的时间百分比。相比于运输时间，天气窗口可达性影响更大，而整体的可达性对于非常规维护的影响比较大。

（3）常规与非常规维护。海上风电场的常规维护是指对海上风电机组进行周期性的检测与维护，通常会尽量安排在夏天进行，因为夏天的平均风速较低，此时停机维护可减少产能的损失。非常规维护则是在风电机组突发故障时进行的必要维修工作。根据故障类型，可能是短时间的检测维修，也可能是较长时间且复杂的大型设备更换工作，这种维修工作对海上风电场来说是一个挑战。

2. 运行与维护的挑战

海上风电场的运行维护工作包含风电机组维护、升压站巡检、海底电缆维护、海陆运输、备品备件管理等。

（1）风电机组维护。海上风电机组受海洋环境的影响，机组中的机械设备和电子零部件处于水雾和盐雾等外部环境下，从而加速了零部件的损坏。另外，相对陆上风电机组，海上风电机组的塔筒和基础会受到海浪的冲击和冲刷作用，从而发生腐蚀疲劳损伤等安全隐患。因此，海上风电场需根据优化目标来安排运行维护管理工作，包括定期维护、故障检修、状态监控等。

1）定期维护是根据风电机组的维护需求（如定期更换齿轮箱的润滑油、螺旋力矩测试等）对机组零部件进行规律性或周期性的验查、更换等工作。这种维护工作的特点是可以有计划有规律地进行，风电机组的停机时间较短。对于海上风电场，定期维护会受到海洋气候的影响，制订计划时需根据实际的天气和海洋情况。

2）故障检修是指当风电机组已经出现故障迫使机组停运，检修人员必须采取必要的措施对风电机组进行故障检测与维修工作。风电机组出现故障时，一般是设备、部件出现了较为严重的故障，并且具有突发性，此时维修工作需要临时安排，造成停机时间较长，损失也较大。该类维护工作除了受到天气影响以外，还受到备件库存和运输船舶的可用性的影响。

3）状态监控是指根据风电机组实施监测设备反馈的信号或信息进行分析，确认当前风电机组的状态，从而确定必要和最优的维护方案。对风电机组的状态进行监控能及时获悉风电机组的故障隐患，并根据故障所造成的损失和天气窗口安排维修，能够有效缩短风电机组的停机时间。但这种维护方式对风电机组的状态监控系统可靠性要求较高，基于监控状态预测和全面检测故障仍需进一步的开发和研究。

（2）升压站巡检。海上风电场升压站的巡检对象主要包括变压器、隔离开关、断路器、应急交直流电等设备，以及升压站整体结构。检查的内容除了电气设备的温度、绝缘性能、异响、接线等外，还包括升压站整体结构安全性，包括振动、倾斜、腐蚀等。对于升压站整体结构安全性的检查需借助专用的设备开展。

（3）海底电缆维护。海底电缆承担着海上风电场电能传输和通信的任务，其敷设、维护需专用的船舶和工具。海底电缆受损的主要原因有自然灾害，如地震、海底滑坡等，以及人为破坏，包括捕鱼、海水养殖、航运和海洋工程船施工等。为保护电缆，在浅海敷设电缆时应将海底电缆深埋，日常维护时还可派警戒船阻止渔船靠近电缆。此外，也可通过近岸视频监控、红外夜视监控手段对海面船只进行监控，实现对海底电缆的全方位保护。海底电缆的维护船需要有灵活的机动性，能在第一时间响应海底电缆的故障。海底电缆运营维护船维修一次电缆需要 2～3 周，对海上长时间作业的船员有一定的挑战。

（4）海陆运输。海陆运输的任务是在港口的支持下，将运营维护人员、备品备件安全准时送达运营维护现场或返回运营维护基地，完成海上风电机组的维护、巡检等工作。对于海上运输，风电场的离岸距离、海上风电机组数量及大小、海上升压站的设计、风电场海况是决定其运输形式的主要因素。海上运输形式主要有运营维护船运输、运营维护船与直升机协作以及基于海上运营维护基地的运输三种模式。运营维护船运输模式具有搭载能力强、成本低的特点，但受海况条件制约大；运营维护船与直升机协作模式的特点是航行能力强、受海况条件制约小，但成本高、搭载能力有限；

基于海上运营维护基地的运输模式能有效缩短航行时间，搭载能力强，但成本为三种模式中最高。

陆上运输主要是基于港口的运输组织工作，其主要任务是为海上运输提供必要的港口支持，包括备品备件的陆上运输及仓储空间；运营维护船上设备的装卸载；运营维护船舶的停泊港；直升机停机坪。另外，陆上运输组织形式随着风电场的规模增大、离岸距离增加而发生变化，如单港口向多港口变化。

（5）备品备件管理。备品备件管理的任务是及时更新备品备件的库存情况，并对风电机组未来的备件使用情况进行一定的预测，以便在备品备件价格低廉及运输条件允许的情况下及时购置。

1.2　风电场数据中心的概念及应用与发展

风电机组是技术性很强且复杂度很高的机器，在运行过程中发生故障不可避免，同时故障率也较高，随之带来了不可忽视的高运维成本。风电场选址多为偏僻山地、草原、戈壁、海洋等，对其进行运营和维护管理比较困难，需要大量人员保证风电场的稳定运行，人工成本、管理成本都比较高。为有效缓解上述问题，建设集成多种风电机组远程监控系统的数据中心是当前风电企业普遍采取的措施，从而实现无人值班或少人值守，减少现场运行人员数量，提升风电机组管理水平，降低运维成本，提高风电场经济效益。同时，风电场数据中心的建设也为利用大数据技术优化风电机组运行、改进风电场运维模式、挖掘风电场大数据价值、提升风电企业竞争力奠定了基础。

1.2.1　数据中心概述

传统的数据中心（Data Center）又称为仓库级计算机（Warehouse - Scale Computers，WSCs）。根据谷歌在 2009 年发布的 *The Datacenter as a Computer* 文件中的定义，数据中心是"具有共同的环境、物理安全要求的众多服务器和通信设备集中放置、便于维护的一个物理建筑"。实际上，按功能定义，数据中心是指在建筑内集中服务器、网络通信设备、存储设备，以及电力、空调、消防等设施设备，集中部署关键业务系统，实现组织计算机集中事务处理、数据采集、集中存储、共享、分析和管理的信息化支撑平台。按照工业和信息化部的定义，数据中心可分为超大型、大型和中小型数据中心。按照国内外通行的企业规模，数据中心可分为微型企业、中小型企业、大型企业、运营商等四类数据中心。按照应用，数据中心分为在线和离线数据中心，在线数据中心主要为计算机事务处理和数据管理，直接服务于客户或用户；离线数据中心是数据备份存储或数据批量处理。

风电场数据中心是随着风电场监控系统的技术进步以及在风电场运维管理中应用发展起来的，包括风电机组的数据采集与监视控制（Supervisory Control And Data Acquisition，SCADA）系统、风电机组辅控系统、升压站监控系统以及陆上集控中心监控系统。SCADA 系统最具有代表性，如第一代 SCADA 系统是基于专用计算机和专用的操作系统；第二代 SCADA 系统是随着通用计算机平台的诞生而诞生，并广泛采用 VAX 等计算机和通用工作站，操作系统一般采用通用的 DOS 系统；第三代 SCADA 系统诞生于 20 世纪 90 年代，按照开放的原则，基于分布式计算机网络以及关系数据库技术实现了大范围联网的 SCADA 系统；第四代 SCADA 系统的主要特征是采用互联网技术、面向对象技术、神经网络技术以及 JAVA 技术，并扩大与其他系统的集成，综合安全经济运行以及商业化运营的要求。随着 SCADA 系统技术和计算机信息技术的发展，学者和企业对 SCADA 系统在风电场中的应用开展了研究。如：秦常贵应用虚拟专用网络（VPN）技术设计了一种基于互联网的风电 SCADA 系统框架；王成等提出了采用无线局域网作为风电场监控系统通信线路的系统实现方案；叶剑斌等以传统电力调配一体化系统为基础，参照公共信息模型（CIM）和 IEC 61400 - 25 标准，通过对其模型、数据和功能方面的改进和扩展，实现了风电场群远程集中 SCADA 系统，并在长江新能源开发有限公司上海控制中心得到成功应用；针对风电场 SCADA 系统扩展性差的问题，杨玉坤设计和实现了基于 CIM 模型的风电场集控中心 SCADA 系统；针对海上风电场特点，谢源等设计了包含 SCADA 在内的海上风电机组远程状态监测系统。在 SCADA 系统实现方面，国外大型风电企业如 Vestas、Enercon、GE、Gamesa、GH 都开发了和自己公司风电相配套的 SCADA 系统，如 Vestas Online、GH SCADA 系统等。国内风电机组的起步较晚但发展较快，主要厂家有金风科技、华锐风电、东汽集团，这些企业也分别有自己的 SCADA 系统。

风电场 SCADA 系统、风电机组 SCADA 系统、在线振动检测系统、风电机组视频监控、维护调度综合系统、智能综合维护系统、零部件供应链管理系统以及 OA 管理系统等诸多系统的综合应用与推广，使风电场产生了数量庞大的数据，而如何方便和有效地使用这些数据，是风电行业面临的新问题。为此，学者和企业开展了数据储存、管理、分析等方面的研究和应用。如：杨立研究了数据库技术在风电场测风数据评估与验证中的应用；杨茂等为加强风电场运行数据的高效管理，也为优化风电运行和风电产业的进一步发展提供数据支撑，设计开发了风电场大规模数据库管理系统；王韬研究了 PI 数据库的特点，并将其应用于风电场的实时监控系统，同时对 PI 系统存储数据进行深度挖掘，实现对生产运行数据的综合分析；高洋为更好管理风电场数据存储和开发利用，设计了风电场监测数据管理系统并应用于兴和风电场。

随着大数据技术、物联网技术、云计算技术等信息技术发展，国内外风电企业对大数据平台或数据中心的建立开展了研究。如：2012 年，GE 首先提出工业互联网的概念，通过构建 Predix 平台帮助客户将海量数据转化为准确的决策，及时、主动地确保设备安全稳定运行，最大限度减少意外停机时间；2013 年，远景能源（Envision）率先提出智慧风电场管理系统，基于智能物联网技术和云计算技术，将风电机组、风电场、电网、风机厂家、运营商等数据集成到智慧风电场系统中，帮助开发商提升发电量、降低运维成本，提高风电场综合效益；中国能源建设集团广东省电力设计研究院有限公司针对海上风电场监控特点，将 SCADA 系统、风电机组辅控系统、升压站监控系统、陆上集控中心监控系统等整合成一体化监控系统，为智慧海上风电场的建设打下了良好的基础。

1.2.2　风电场数据中心的应用与发展

大数据技术的发展促进了风电场数据中心的应用，包括风功率预测、状态监测与故障诊断、智能维护、海洋环境数据分析等，在提升风电场管理水平、节约运维成本等方面起到了积极的作用。

1. 风功率预测

随着风力发电技术日臻成熟，风电占电力系统发电总量的比例逐年增加。同时，风电场穿透功率也不断加大，给电力系统带来一系列问题，严重威胁电力系统。因此，有必要对风功率进行及时准确的预测，进而增强电力系统的安全性、稳定性、经济性和可控性。

由于风功率预测的重要性，国家电网有限公司于 2011 年发布了《风电功率预测功能规范》（Q/GDW 588—2011）的企业标准。标准对预测建模数据准备、数据采集与处理、预测功能要求、统计分析等方面给出了详细的规定。而对于风功率预测方法，学者开展了大量研究，并形成多种有效的计算方法和模型，如基于数字天气预报的预测、以时间序列法为代表的统计预测、以神经网络法为主的机器学习预测、基于支持向量机的预测法、基于风速数据正态过程的预测等。

在功率预测软件方面，由于国外研究起步较早，已有成套的软件系统应用于多个风电场，如美国的 eWind、丹麦 Risoe 实验室的 Prediktor、西班牙的 Sipreolico 等短时风功率预测精度已经能够达到平均绝对误差 10%～15%；德国 ISET 开发的 WPMS 系统采用人工神经网络方法，以天气预报数据和风电功率历史数据进行训练，其预测均方根误差可达 7%～19%；澳大利亚可再生能源局（ARENA）资助的 Vestas 高精度风功率预测系统在澳大利亚试运行。在国内，2008 年投入试运行的中国电力科学研究院研究开发的 WPFS Ver1.0 是我国首个风功率预测系统，通过组合方法进行风功率预测，预测误差低于 20%；清华大学研发的风功率预测系统是由气象服务部门提供 NWP 服务的综合风功率预报系统；由内蒙古电力集团开发的预测系统已经进入试运行阶段，预测误差大约在 22%。

2. 状态监测与故障诊断

现代风电场中对于风电机组装备状态的监测大多采用先进的数据采集与监视控制系统（SCADA），以及在线振动状态监测系统（CMS）。根据长期积累的经验和学者们的研究成果，对故障易发生部件或需关注的重点部位布置各类传感器，从而实时监控风电机组各装备的运行状态，及时获取各装备存在的问题和隐患并采取相应的处理措施，提高风电机组整体运行的可靠性。

应用 SCADA 系统数据开展风电机组装备故障诊断的研究受到学者们的广泛关注，其方法主要包括非线性状态估计方法、神经网络分析法、数据挖掘方法等。非线性状态估计方法可用于齿轮箱温度预警、变桨距系统运行趋势以及故障类型分析、风电机组大型部位故障预警和诊断等。神经网络系列算法实现故障诊断是当前研究的热点，其方法可应用于风电机组装备状态监测、风电齿轮箱故障检测、润滑油压力监测、风电机组关键部件故障识别等。数据挖掘的各类方法也应用较多，如用于风电机组的停运分析、变桨距系统状态在线辨识、风电机组部件状态评估和预测、离群风电机组故障预警等。

风电机组传动系统存在多种复杂的弹性机械结构，由于非平稳外部载荷作用，制造、装备误差和结构特性影响，运行中的风电机组传动系统不可避免地会产生振动，而风电机组传动系统的故障会引发相应的异常振动，因此，振动信号是风电机组传动系统故障诊断的重要依据。同时，风电机组传动系统受非平稳载荷的影响，其振动信号表现出非平稳、非线性的特点，使得故障特征与故障类型之间的映射关系变得更为复杂，应用传统的稳态或准稳态的振动信号处理方法来提取或识别非稳态下的故障比较困难，鉴于此，采用时频分析法、阶次分析法、智能故障分析法等方法来诊断风电机组传动系统故障是当今研究的热点。时频分析法中常用的方法包括短时傅里叶变换、小波变换、经验模态分解、Wigner - Ville 分布分析、希尔伯特-黄变换（HHT）等，可用于叶片裂纹损伤程度的故障诊断、风电机组齿轮箱故障特征的提取、风电机组关键部件振动分析、风电机组支座松动的故障诊断等。阶次分析法能将齿轮箱变速过程产生的与转速有关的振动信号有效地分离出来，并对与转速无关的信号进行一定的抑制。智能故障分析法一般是应用智能算法、机器学习方法等，挖掘信号中未知的信息，并应用于齿轮箱故障诊断。

3. 智能维护

风电机组是复杂的机电设备，对其进行有效和高效的维护已经成为获得业务竞争优势的关键。设备发生故障或故障维护不足都会造成重大的经济损失，如更高的成本、利润减少和客户满意度下降。为了避免不可预见的设备失效，需要对设备进行精确地预测性维护，这就涉及智能维护系统（Intelligent Maintenance System，IMS）领域的问题。智能维护（Intelligent Maintenance，IM）是指建立在基于状态的维护（Condition Based Maintenance，CBM）之上的新型预测性维护，是 CBM 的高级发展阶段；而 IMS 是指在信息电子技术基础上对设备进行退化状态评估和故障预测，根据设备需要制定维护计划，使设备接近零故障的新型维护系统。

对于风电机组，实施智能化维护是未来风电场的发展趋势，也是研究的热点。如：E. Admin 设计了一套应用于风电场故障检测和维护调度的综合系统，该系统的重点是维护调度（包括资源、备件、天气等）等；D. Pattison 等提出了一种新的风电机组智能综合维护架构和系统，包括智能状态监测（ICM）、可靠性与维护建模以及维护决策多个集成模块，可为可再生能源发电领域提供动态、高效的解决方案；P. Saalmann 等则提出基于 IMS 系统和零部件供应链（SPSC）管理与规划集成的面向服务的体系架构。

4. 海洋环境数据分析

海上风电场的服役条件比较恶劣，海洋环境的复杂性、不确定性影响着海上风电场的建设和运营，因而基于海洋环境的监测来实现对海洋数据的分析并用于海洋气象预测等应用是国内外学者关注的热点。

海洋环境的数据具有时空耦合和地理关联的特点，分析过程需要同时从时间和空间两个维度进行，而在时间和空间上综合分析所需考虑的因素又是高维的，这给海洋数据的分析带来了极大的挑战。而海洋数据来源也存在多样性，包括海洋调查船、海洋浮标、深潜器、海洋遥感、海洋观测网络等，充分体现了数据量大、类型繁多、价值密度低、速度快、时效高等大数据特点。数据的储存管理是分析的重要基础，受到广泛关注，如美国国家海洋资料中心（NODC）在 1998 年建立了交互式资料查询检索系统，将海洋温盐、浪流、浮标等数据进行组织整合；美国海洋大气局（NOAA）、航空航天局（NASA）、地球物理数据中心（NGDC）等机构将全球气象数据、风暴预警、气候监测、渔业管理、物理海洋、海洋地质、测探数据以及卫星遥感数据等进行了有效管理；欧盟则发起了海洋搜索计划，并建立、推广了欧洲 30 个沿海国家的海洋数据资源和信息资源的泛欧洲目录；自 20 世纪 90 年代以来，我国不断有国家机构、高校和科研院所从各个角度积极探索、设计并构建面向不同海区或特定需求的海洋信息服务平台。

从海量的海洋数据中提取有效数据是海洋环境数据分析另一备受关注的焦点。海洋大数据在信息挖掘过程中从传统的经验模态正交法（EOF）发展到了具有时空解耦特性的四维谐波提取法，但海洋大数据的时空耦合及地理关联特性，导致传统的数据挖掘算法无法有效地进行时空解耦与地理分解，使得挖掘算法成为海洋大数据分析中亟待改进的问题。

海洋大数据表达可视化是海洋数据分析中的重要环节。利用可视化技术展示海洋数据以更进一步地挖掘海洋时空数据规律，是建立从感知到认知的关键技术桥梁。海洋矢量场可视化算法主要有图表法、几何法、纹理法、拓扑法等。标量场可视化算法在大规模体绘制、实时光照、多变量特征提取、二维时空可视化等方面都取得了重要成果。但是随着海洋数据体量的继续增大，对可视化表达方式、处理效能等方面都提出了非常高的要求，一方面需要尽可能真实地反映数据的特性，另一方面需要充分提高系统的承载能力和处理能力，以及数据的更新和绘制能力。

在海洋气候预测决策支撑方面，海洋大数据主要是建立在高性能集群基础上的完备数值预报体系，如美国大气海洋局（NOAA）计划在 2023 年推出 WoF（Warn-on Forecast）系统，为美国及其临近海域提供精细化天气预报和灾害预警。中国系列海洋卫星产品在赤潮/绿潮监测、海冰监测、渔业生产和水质调查等方面也得到了全面的业务化应用。

第 2 章

风电场数据中心关键技术

为更好地服务于风力发电业务，风电场对大型关键装备、设施配置了力、温度、风载、温度、气象、洋流等监控系统以及对应的业务软件，进而会产生大规模的数据。这些数据类型多、量大、产生的速度快、单类型价值密度低，如何有效地从大规模数据中创造出新价值是当前风电行业所面临的问题，而大数据技术是实现该需求的基础和关键。

大数据技术是从各种类型的数据中快速获取有价值信息的技术，一般包括大数据采集、大数据预处理、大数据存储、大数据分析以及大数据可视化等，如图 2-1 所示。

图 2-1　大数据技术体系

2.1　大数据采集

大数据技术的核心是从数据中获取价值。在风电场企业生产、运行过程中，数据无所不在，但若不能正确获取或者没有能力获取，那么也就浪费了数据资源。

2.1.1　大数据的分类与来源

1. 大数据的分类

按照数据的结构特点，可以将数据分为结构化数据、半结构化数据和非结构化数据。

（1）结构化数据。结构化数据是指行数据，具有固定结构，每个字段有固定的语义和长度，计算机程序可以直接处理。此类数据一般存储在关系数据库中，并用二维表结构通过逻辑表达实现。结构化数据的特点是每一列数据具有相同的数据类型，每一列数据不可以再进行细分。这些数据库基本能够满足高速存储的应用需求和数据备份、数据共享以及数据容灾等需求。

（2）半结构化数据。半结构化数据就是介于完全结构化数据和完全无结构化数据之间的数据，例如，邮件、HTML、报表、具有定义模式的 ML 数据文件等。半结构化数据的格式一般为纯文本数据，其数据格式较为规范，可以通过某种方式解析得到其中的每一项数据。常见的有日志数据、XML、JSON 等格式的数据。此种数据中的每条记录一般会有预定义的规范，但是其包含的信息具有不同的字段数、字段名或者包含不同的嵌套格式。此类数据通过解析进行输出，输出形式一般是纯文本形式，便于管理和维护。风电场运维过程中，计算机等设备根据要求会产生大量的日志文件，用于记录系统的日常事件与误操作的日期和时间戳等信息，如数据库日志、Web 日志等。而各类软件系统在信息交互中则存在 XML 文档、JSON 格式信息的数据。

（3）非结构化数据。随着网络技术的不断发展，非结构化数据的数据量日趋增大，用于管理结构化数据的传统基于关系的二维表数据库的局限性更加明显，因此非结构化数据库的概念应运而生。非结构化数据是指数据结构不规则或不完整，没有预定义的数据模型，不方便用数据库二维逻辑表来表现的数据，如声音、图像、超媒体等。由于非结构化数据没有标准格式，无法直接解析出相应的值，因此不易收集和管理，且难以直接进行查询和分析。在风电企业生产和运行过程中，非结构化数据也无处不在，常见的有各种视频、音频、图像文件、即时消息或者事件数据等。

2. 大数据的来源

大数据的来源多种多样，如传统的关系数据库、NOSQL 数据库中的数据，也包括直接来自生产系统的传感器、互联网爬取的数据、运行系统日志数据等。如何获取这些规模大、产生速度快的大数据，并且能够使这些多源异构的大数据得以协同工作，从而有效地支持大数据分析等应用，是大数据采集阶段的工作，也是大数据的核心技术之一。

（1）感知测量。通过感知设备获得数据，如传感器数据、科学仪器产生的数据、摄像头监控数据、医疗影像数据、RFID 和二维码或条形码扫描数据等。其特点是：结构化、半结构化和非结构化数据共存；数据规模极大，数据更新快；受设备运行影响，数据质量参差不齐，需在充分理解产生数据机器的机理后，方可明确数据语义；数据价值密度较低。

（2）人工记录。通过人脑识别外部信息、录入计算，形成计算机可识别的数据。

一类数据包括关系型数据库和数据仓库中的数据，如企业资源计划系统、客户关系管理系统等产生的数据。其特点为：以结构化形式存在，模式清晰；数据规模通常不大，数据增长速度不快；有专门的管理人员维护，数据质量较高，数据语义明确，数据价值密度较大。另一类数据是用户在使用信息系统过程中记录的行为，如运行维护、在线交易日志等。这类数据的特点是：结构化、半结构化和非结构化数据共存，部分数据存在预定的模式；数据规模较大，数据更新较快；由于缺乏专门的数据管理人员，同时缺少数据顶层设计，其质量低、语义不明确、价值密度低。

（3）计算机生成。通过模拟、仿真等程序生成数据，如通过海洋气象模拟、风电机组传动链动态仿真等。其特点是：数据规模和更新速度可控，数据模式固定；数据质量很高；数据的语义明确；数据价值密度视模拟程序而定。

2.1.2 多源数据的采集

大数据采集是大数据知识服务体系的根本，通过识别技术、传感器、摄像头、交互型社交网络以及移动互联网，获得各种类型的结构化、半结构化（或称弱结构化）及非结构化的海量数据。根据数据来源，大数据采集方法大致可分为基于物理感知设备的数据获取、基于系统日志的数据获取、基于网络的数据获取三种。

1. 基于物理感知设备的数据获取

依托于智能感知系统和基础支撑平台构成的业务系统，风电企业在生产运行过程中通过信号传感、网络通信、传感适配、智能识别及软硬件资源接入实现多类型海量数据的识别、定位、跟踪、接入、传输、信号转换等，包括声音、振动、化学、电流、天气、压力、温度、距离等。而基础支撑则提供大数据服务平台所需要的虚拟服务器，结构化、半结构化及非结构化数据的数据库以及物联网资源等基础支撑环境。

2. 基于系统日志的数据获取

部署于企业生产、运行过程中的业务平台每天会产生大量的日志数据，而系统日志中包含了系统的行为、状态以及用户与系统间的交互。同物理传感器相比，系统日志可以看作是"软件传感器"，对此数据进行采集、收集，并进行诊断系统错误、优化系统运行效率、发现用户行为偏好等分析，挖掘公司业务平台日志数据中的潜在价值，为企业决策和企业后台服务器平台性能评估提供可靠的数据保证。设计系统日志的关键在于对用户/系统行为的认知，需要根据应用的要求选择日志需要包含的内容，并且根据其包含内容的形式和应用的方法设计有效的存取格式。当前的日志采集系统主要有 Hadoop 的 Chukwa、Cloudera 的 Fume、Facebook 的 Scribe 等，这些工具均采用分布式架构，能满足每秒数百兆字节的日志数据采集和传输需求。

3. 基于网络的数据获取

网络数据采集是指通过网络"爬虫"或网站公开 API 等方式从网站上获取数据信

息。"爬虫"顺序地访问初始队列中的一组网页链接，并为所有网页链接分配一个优先级，从队列中获得具有一定优先级的 URLs，下载该网页，随后解析网页中包含的所有 URLs，并添加这些新的 URLs 到队列中。这个过程一直重复，直到"爬虫"程序停止。该方法可以将非结构化数据从网页中抽取出来，将其存储为统一的本地数据文件，并以结构化的方式存储。它支持图片、音频、视频等文件或附件的采集，附件与正文可以自动关联，是网站应用（如搜索引擎和 Web 缓存）的主要数据采集方式，其数据采集过程由选择策略、重访策略、礼貌策略以及并行策略决定。在网络"爬虫"的设计中，考虑到爬取数据的效率和质量，需要关注链接的发现和网页质量评估、深层网络爬取策略和大规模网页爬取效率等方面的研究。目前常用的网页"爬虫"系统有 Apache Nutch、Crawler4j、Scrapy 等框架。

除了网络中包含的内容之外，对于网络流量的采集可以使用深度包检测（Deep Packet Inspection，DPI）或深度动态流检测（Deep/ Dynamic Flow Inspection，DFI）等带宽管理技术进行处理。

2.2 大数据预处理

数据预处理是数据分析和挖掘的基础，是将接收数据进行抽取、清洗、集成、转换、归约等并最终加载到数据仓库的过程。

2.2.1 数据抽取

对于数据源为关系数据库的数据主要分全量抽取和增量抽取两种方式。

1. 全量抽取

全量抽取即将数据源库中的所有数据原封不动地从数据库中抽取，并转换成 ETL 工具可识别的格式。由于全量抽取不需要进行其他的复杂处理，因此抽取过程比较直观、简单，但源数据库数据是实时增加的，全量抽取时会重复抽取上次已经抽取的历史数据，这样不仅产生大量冗余数据而且也降低了抽取的效率，在实际中应用较少。

2. 增量抽取

增量抽取只抽取自上次抽取以来数据库中新增或修改的数据。捕获变化的数据是增量抽取的关键，而优秀的捕获方法能够将数据库中的变化数据以较高的准确率获得同时不会对业务系统造成大的压力而影响现有业务。常用的捕获变化数据的方法有日志比对、时间比对、触发方式、全表比对等。

（1）日志比对。通过分析数据库的日志来判断变化的数据。如 Oracle 数据库具有改变数据捕获（Changed Data Capture，CDC）的特性，帮助用户识别从上次抽取之后发生变化的数据。

（2）时间比对。对数据表增加时间戳字段，用于记录更新修改表数据的时间，便于进行数据抽取时，比较系统时间与时间戳字段的值来决定抽取哪些数据。时间戳方式的性能比较好，数据抽取相对清楚简单，但给业务系统带来额外开销，尤其是对不支持时间戳的自动更新的数据库。

（3）触发方式。在数据源表上建立触发器，每当源表中的数据发生变化，就通过相应的触发器将变化的数据写入一个临时表，从临时表中抽取数据后，临时表中抽取过的数据被标记或删除。触发方式的优点是数据抽取的性能较高；缺点是要求业务表建立触发器，对业务系统有一定的影响。

（4）全表比对。典型的全表比对的方式是采用 MD5 校验码，即为要抽取的表建立结构类似的 MD5 临时表，该表记录源表（即待抽取的表）的主键以及根据所有字段的数据计算出来的 MD5 校验码。数据抽取时，对源表和 MD5 临时表进行 MD5 校验码的比对，之后抽取变化的数据，同时更新 MD5 校验码。MD5 方式的优点是对源系统的倾入性较小（仅需要建立一个 MD5 临时表）。与触发器和时间戳方式中的主动通知不同，MD5 方式是被动地进行全表数据的比对，性能较差。

除了关系数据库外，TXT 文件、Excel 文件、XML 文件等也是数据源，对此类文件数据一般进行全量抽取。

2.2.2　数据清洗

现实世界中接收到的数据一般可能含有残缺、错误、重复、噪声且不一致等的"脏"数据，而数据清洗过程则试图填充空缺值、光滑噪声并识别离群点、纠正数据中的不一致，将"脏"数据转化为满足数据质量要求的数据，是数据预处理不可或缺的过程。其流程如图 2-2 所示，即在分析数据源特点的基础上，找出数据质量问题的原因，确定清洗要求，建立清洗模型，应用清洗算法、清洗策略和清洗方案对应到数据识别与处理中，最终清洗出满足质量要求的数据。

数据清洗的方法主要有一致性检查及修复，无效值和缺失值的处理，相似、重复数据清洗三种。

1. 一致性检查及修复

根据每个变量的合理取值范围和相互关系，检查数据是否合乎要求，发现超出正常范围、逻辑上不合理或者相互矛盾的数据。而具有逻辑上不一致性的数据可能以多种形式出现。修复方法为：①检测数据源中的数据格式，对数据格式进行预处理；②检测预处理数据后的数据是否符合完整性，如果不符合，则要修复数据。如果在数据修复之后依然存在与数据完整性约束不一致的情况，则要再次修复数据，直到数据符合要求。数据修复完成后，将其还原成原格式，为数据录入系统打下基础。

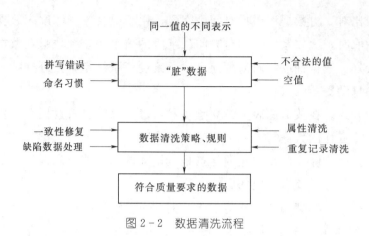

图 2-2　数据清洗流程

2. 无效值和缺失值的处理

常用的处理方法有估算、整例删除、变量删除和成对删除。估算，可用某个变量的样本均值、中位数或众数代替无效值和缺失值，该办法简单但误差可能较大；也可根据变量之间的相关分析或逻辑推论进行估计。整例删除，即剔除含有缺失值的样本，适合关键变量缺失或者含有无效值或缺失值的样本比重很小的情况。变量删除，即某一变量的无效值和缺失值很多，且对于所研究的问题并不重要，则可以考虑将该变量删除。成对删除，即用一个特殊码（如 99、999 等）代表无效值和缺失值，同时保留数据集中的全部变量和样本，这是一种保守的处理方法，最大限度地保留了数据集中的可用信息。

3. 相似、重复数据清洗

在采集的数据中，相似、重复数据是数据清理的重点，其具体表现为多种形式的描述但目标相同，或多条同样数据表达同样含义。其产生的原因主要包括数据录入拼写错误、存储类型不一致、缩写不同等。相似、重复数据的识别难度较大，须借助重复检测算法进行检测，以保证相似、重复记录数据的清洗效率，避免数据冗余。相似、重复数据检测是对字段和记录是否存在重复性进行检测，可采用编辑距离算法、优先列队算法、排序邻居算法、N-Gram 聚类算法等。

2.2.3　数据集成

在应用中需要将多个数据源中的数据合并一起使用，从而产生新的价值，但由于多源数据的自治，使得难以确保数据的模式、模态、语义等的一致性，而解决上述问题是数据集成的任务。数据集成是把不同来源、格式、性质的数据在逻辑上或物理上有机地集中，通过统一、精确、可用的表示法，对同一种现实世界中实体对象的不同数据做整合的过程，从而提供全面的数据共享，并经过数据分析挖掘产生有价值的信息。

根据数据的来源，可分为同域数据集成和跨域数据集成，如图2-3所示。

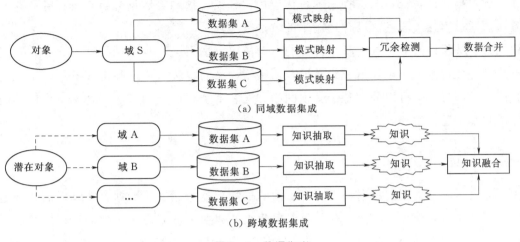

（a）同域数据集成

（b）跨域数据集成

图2-3　数据集成

1. 同域数据集成

同域数据集成也称为传统数据集成，相关的技术较多，包括模式匹配、数据映射、语义翻译等。

（1）模式匹配。模式匹配是标识两个数据对象语义相关的过程，而实现自动模型匹配是同域数据集成的基本任务之一。由于两种模式的语义不同且经常缺少解释或文档化的语义，使得完全自动确定两种模式之间的对应关系存在困难，即在于面向关系数据库模式甚至于非关系模型的数据库自动识别模式语法和语义上的异构性。当前，模式匹配主要通过模式信息进行，可用的信息包括模式元素的常用属性，如名称、描述、数据类型、关系类型、约束和模式结构。

（2）数据映射。数据映射指数据在两个不同的数据模型之间进行转换的过程，是各种数据集成任务的重要步骤，其任务包括：数据源和目标之间的数据转换；确定数据关系；发现隐藏的敏感数据；将多个数据库融合成单一数据库，并确定冗余的数据列以便合并或消除。

（3）语义翻译。语义翻译是使用语义信息来帮助将一个数据模型中的数据转换为另一种表示或数据模型的过程。

2. 跨域数据集成

跨域数据集成指基于不同领域多个数集中数据对象的隐含关联性进行数据集成，协同发现新知识，其难度在于不同领域的数据存在不同的模态，如不同表达、不同分布、不同规模和不同密度。跨域数据集成可以分为以下类型：

（1）基于阶段的方法。基于阶段的方法在数据分析挖掘的不同阶段使用不同的数据集，因此不同数据集可以是低耦合的，并不要求不同数据集的数据形式必须一致。

（2）基于特征的方法。基于特征的方法指在从不同数据集合中提取出来的原始特征中学习出新的特征，把这种新的特征应用于分类、预测等数据分析挖掘任务，这种方法可通过直接关联和深度神经网络的方法来实现。

（3）基于语义的方法。基于特征的数据集成方法不关心每一个特征的含义，仅仅把这种特征视为一个真实值或绝对值，而基于语义的方法需要清晰地理解每一个数据集语义。该方法又可以分为基于多视图的方法、基于相似性的方法、基于概率依赖的方法和基于迁移学习的方法。

2.2.4　数据转换

从数据源采集到的数据经常具有不同的量纲和范围，这些数据可能是对的，但是并不能直接用来计算，因此经常需要对采集来的数据进行变换，将数据转换成"适当的"形式以便更好地理解数据或对数据进行可视化展示，达到有效应用数据的目的。数据转换主要分为五类。

1. 函数变换

函数变换包括平方、开方、对数变换和差分运算等，可以将不具有正态分布的数据变换成具有正态分布的数据。对于时间序列分析，有时简单的对数变换和差分运算就可以将非平稳序列转换成平稳序列。

2. 标准化

标准化是将数据按比例缩放，使之落入一个小的特定区间。由于指标体系的各个指标度量单位不同，使得所有指标能够参与计算，需要对指标进行规范化处理，通过函数变换将其数值映射到某个数值区间。数据的标准化包括 0-1 标准化和 Z-score 标准化。

3. 归一化

归一化是把数据变为 [0，1] 之间的小数，即把数据映射到 0~1 范围之内处理，把有量纲表达式变为无量纲表达式，消除不同数据之间的量纲，方便数据比较和共同处理。

4. 数据编码

数据编码是指研究、制定和推广应用统一的数据分类分级、记录格式及转换、编码等技术标准的过程。数据编码主要体现在对数据信息的分类和编码上。对数据信息的分类是指根据一定的分类指标形成相应的若干层次目录，构成一个有层次的逐级展开的分类体系。数据的编码是在分类体系基础上进行的，数据编码要遵循系统性、唯一性、可行性、简单性、一致性、稳定性、可操作性和标准化的原则，统一安排编码的结构和码位。

5. 数据平滑

数据平滑是指去掉数据中的噪声波动使得数据分布平滑，可采用的技术包括分箱、回归和聚类。

2.2.5 数据归约

数据归约指在尽可能保持数据原貌的前提下，最大限度地精简数据量，处理过程主要针对较大的数据集。虽然数据集的简化表示比原数据集的规模小很多，但仍然能够产生同样（或几乎同样）的分析结果。数据归约包括维归约和数值归约。其中：维归约使用数据编码方案，以便得到原始数据的简化或"压缩"表示，包括数据压缩技术、属性子集选择和属性构造；数值归约使用参数模型或非参数模型，并用较小的表示取代数据。

大数据的预处理可采用 ETL 方法进行操作，许多公司展开 ETL 工具的开发，目前市面上的 ETL 工具众多，如 Informatica PowerCenter、DataStage、Kettle、ETL Automation、OWB（Oracle Warehouse Builder）、ODI（Oracle Data Integrator）、Data Integrator、Decision Stream 等。表 2-1 给出了三种主流 ETL 工具的特点。

表 2-1　　　　　　　　三种主流 ETL 工具的特点

对比维度	DataStage	Informatica PowerCenter	Kettle
数据源	目前市场上的大部分主流数据库，并且具有优秀的文本文件和 XML 文件读取和处理能力	大部分主流数据库，用于访问和集成几乎任何业务系统、任何格式的数据	大部分主流数据库
免费与否	需购买	需购买	免费开源
软件安装和升级	图形化安装，安装步骤较为复杂	完全图形化安装，无需额外安装平台软件，且不需修改系统内核参数	绿色安装，直接使用
处理性能	支持并行处理，此外 DataStage 企业版可以在多台装有 DataStage Server 的机器上并行执行。并行执行能力使得 DataStage 处理数据的速度可以得到趋近于线性的扩展，轻松处理大量数据	可并行运行多个 Session 提高性能，可使用分区写目标数据以提高速度，可建立多个 PowerCenter Server，并发运行多个 Session 和 Workflow。结合 Streaming 和文件交换区的技术，优化硬盘和内存的资源利用，Session 支持多线程和管道技术（Pipeline）	使用 JDBC，性能与 DataStage、Informatica 相比要差很多，适合于数据量较小的 ETL 加工使用
元数据管理	元数据信息不公开	元数据资料库可基于所有主流系统平台的关系型数据库（Oracle、DB2、Teradata、Informix、Sql server 等）	无元数据管理
抽取容错性	没有真正的恢复机制	抽取出错可恢复，可实现断点续传的功能	无恢复功能

对比维度	DataStage	Informatica PowerCenter	Kettle
操作便捷性	全图化开发，无编码	全图化开发，无编码，操作简单	全图化开发，无编码，操作简单
编码支持	几乎支持目前所有的编码格式	支持编码格式十分丰富	支持常见的编码格式
系统安全性	只提供 Developer 和 Operator 两个角色，系统较安全	多范围的用户角色和操作权限（只读、操作和设计等），权限可以分到用户或组	简单的用户管理功能

2.3　大数据存储

对于大数据的全过程，其采集的原始数据、过程临时数据以及数据处理结果都需要高效的存储与管理，因此，数据存储贯穿了整个大数据的处理过程。而随着存储的数据类型和应用场景的演化，尤其是在大数据时代，处理的数据量急剧增大，数据类型日趋复杂，使用场景从通用向特定需求过渡，以及对性能与效率的要求不断提高，传统的关系型数据库越来越难以支撑，因此，分布式文件系统、分布式数据库、NO-SQL 数据库、云数据库等应运而生。

2.3.1　分布式文件系统

在大数据应用场景中，各类应用系统会产生大量的以文件形式保存的数据，如设备操作日志、用户操作日志等，以及视频、图片、音频。这些文件数据具有价值高、数据大、流式产生等特点。当前，这类的数据是通过分布式文件系统来存储的。

分布式文件系统是建立在由多台服务器构成的系统节点上，并将需要存储的文件根据一定的策略划分成多个片段分散于各节点，每个节点分布在不同的地点，通过网络进行节点间的通信和数据传输。用户则无须关心数据是存储在哪个节点上，如同使用本地文件系统一样管理和存储文件系统中的数据。分布式文件系统改变了数据的存储和管理方式，具有比本地文件系统更优异的数据备份、数据安全、规模可扩展等优点。

1. 分布式文件系统的关键技术

分布式文件系统的关键技术主要包括统一命名空间、锁管理机制、副本管理机制、数据存取方式、安全机制、可扩展性等。

（1）统一命名空间。为供前端主机访问节点数据文件，分布式文件系统将所有节点的命名空间整合为统一命名空间，形成包含所有节点的存储容量的虚拟存储池。在这个空间当中，每个文件和目录均有统一的、唯一的名字。统一的命名空间将整个文件系统的目录树存储在名字空间服务器的文件中。该文件按要求的格式记录整个系统的目录树，包括文件的属性、存储服务位置等。由于统一命名空间实现简单、管理方便，是众多分布式文件系统实际采用的方式，如 GFS、FastDFS、KFS 等。

（2）锁管理机制。分布式文件系统为多进程并行访问提供高速 I/O，而这些进程分布于服务器集群或节点上，同时涉及多个应用或客户端对文件系统的访问。分布式文件系统的锁管理机制更为复杂，实现良好的锁管理机制对于数据的一致性非常重要，因而，分布式文件系统必须同步多个节点对共享文件数据的访问。而分布式锁管理（Distributed Lock Manager，DLM）为实现这种同步提供了一种有效手段，在很多商业应用中也集成了分布式锁管理，如 RHGFS、GPFS、Lustre 等。

（3）副本管理机制。在实际应用环境中，一旦出现软硬件的差错，并导致数据丢失后，应该有针对性的处理措施。分布式文件系统中通过副本管理机制来实现容错，即将文件划分成多个块，每一块数据可以根据用户的需求存储多个副本，若某一副本丢失，可应用其他副本代替，达到容错的效果。相比于 RAID 的数据备份，副本管理对于硬件性能要求较低，对系统运行性能影响较小。

副本创建策略通常有两种：一是利用经验值确定文件副本创建的参数；二是使用智能副本创建策略。副本创建的位置也是一个难点，要求文件块的几个副本尽可能存储在不同的服务器上，确保文件块的万无一失。为方便客户端的读取，副本应尽量分布在不同的数据中心。副本复制的位置还需考虑服务器的运行状况以及负载，设置空闲时复制副本的机制。同时，副本的读取也是副本管理机制的优势，减少了网络传递的负载。

（4）数据存取方式。数据的存取包括文件分块和文件存储位置选择。对于分布式文件系统，高效的文件数据分片技术是其关注的问题，用以提高文件数据存取的并发性能。同时，为提高文件数据的高可靠性和 I/O 服务器的负载平衡能力，数据文件放置策略需要考虑加快应用对数据的访问速度。多数文件系统采用将文件均分成块的简单分块技术，存储位置则循环放置在所有服务器上。

（5）安全机制。分布式文件系统对文件的操作须经过元数据服务器，因此整个文件系统的访问权限在元数据服务器实现控制，一般采用身份验证和访问授权的形式。

（6）可扩展性。在使用过程中，分布式文件系统通过扩充系统规模来取得更好的性能和更大的容量，以满足使用过程中对于系统性能要求不断增长的需求。不过，HDFS 采用单点服务器的设计易限制分布式文件系统的扩展。

2. HDFS

Hadoop 是基于 Java 模仿 Google MapReduce 开发的开源 MapReduce 并行计算框架和系统，而 HDFS（Hadoop Distributed File System）是其子项目。HDFS 具有以下方面特性：适合大文件存储和处理，其处理文件的能力已经达 PB 级；集群规模或者存储节点可动态扩展；采用数据流式读写的方式，用以增加数据的吞吐量；具有开放、良好的跨平台移植性。

（1）HDFS 体系架构。HDFS 体系架构主要包含名节点（NameNode，或称主节点）与数据节点（DataNode），一个 HDFS 集群（Cluster）由一个名节点和多个数据节点构成，并由一台专门的机器运行名节点实例。HDFS 的体系架构如图 2-4 所示。其中，两种节点间的通信以及客户端与名节点服务器的通信是基于 TCP/IP 协议。客户端通过一个可配置的 TCP 连接到名节点，使用客户端协议（Client Protocol）与名节点交互。

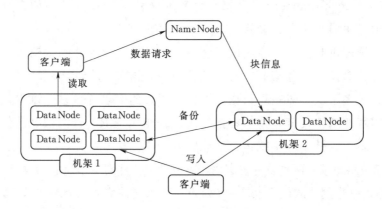

图 2-4　HDFS 的体系架构

HDFS 体系架构的设计原则如下：

1）元数据与数据分离。主要体现在名节点与数据节点的分离，而这种分离是 HDFS 最为关键的设计决策。

2）主从结构。其表现在组件（Component）之间的关系，即由主组件控制从组件，这与名节点和数据节点是一脉相承的，即名节点是一个中心服务器，负责管理文件系统的名字空间（Namespace）以及客户端对文件的访问，数据节点负责管理它所在节点上的存储。

3）一次写入多次读取（Write Once Read Many）。这是 HDFS 针对文件访问采取的访同模型，用以确保数据的一致性，即 HDFS 中的文件只能写一次，且在任何时候只能有一个写入程序，而且当文件被创建、写入数据、关闭之后就不能再修改。

4）移动计算比移动数据更划算，也就是将运算的执行"移动"到离数据最近的地方，使得网络消耗最低。

（2）HDFS 数据读写。HDFS 的多数据服务器集群架构下，数据文件被分成大小固定的块，并作为独立的单元存储，因此，数据文件的读/写操作是运行在块级的。具体操作时，需事先联系主服务器获取该文件被分成的所有数据块，以及这些数据块在服务器中的位置，然后定位到数据块进行读和写。用户操作在某一个文件块时，会直接与存储该文件块的数据服务器进行通信，而此时主服务器只起到监督和协调的作用。

多用户并发操作文件时，为防止出现数据不一致问题，主服务器通过租约机制对正在被修改的文件进行加锁。主服务器会给提交写请求的用户分配租约，只有获得写文件许可的用户才可进行写操作。文件写操作执行完后，用户归还租约，此时才可允许其他用户进行读写。

（3）副本策略。为提高数据文件的可靠性，HDFS 系统提供了副本机制，即每一数据文件块都拥有副本，而副本数在部署集群时设置，默认情况下是三副本。副本被放置于不同的节点或数据服务器上，在保证某一副本丢失文件仍能继续使用的情况下，也支持了并行访问，减小了文件高发访问频次时的数据服务器负担，从而提升了性能，均衡了系统负载。另外，多个副本的存在，使得用户访问所需文件时，系统自动选择与用户最近的副本，从而减小了访问时的延迟及数据传输时间。

整体上看，HDFS 是专门为 Hadoop 的计算而生，更适合离线批量处理大数据，对于经常对文件进行更新、删除的在线业务并不适用。当前，随着 Hadoop 架构的流行，HDFS 已在多个领域得到广泛应用。

2.3.2 分布式数据库

在数据存储领域，传统的关系数据库已发展出非常成熟稳定的数据库管理系统，具备面向磁盘的存储和索引结构、多线程访问、基于锁的同步访问机制、基于日志记录的恢复机制和事务机制等功能。但随着 Web 2.0 应用的不断发展，面对大量的半结构化和非结构化数据，传统的关系数据库在数据高并发、高可扩展性和高可用性方面都显得力不从心。此外，关系数据库完善的事务机制和高效的查询机制对于 Web 2.0 的应用也成为"鸡肋"，包括 HBase 在内的分布式数据库的出现，有效弥补了传统关系数据库的缺陷，在 Web 2.0 应用中得到了广泛使用。

1. HBase 的生态系统

HBase 分布式数据库是基于谷歌分布式存储系统 Big Table 的开源实现，具有高可靠、高性能、面向列、可伸缩的特点，主要用来存储非结构化和半结构化的松散数据。HBase 的目标是处理非常庞大的表，通过水平扩展的方式，利用廉价的计算机集群处理由超过 10 亿行数据和数百万列元素组成的数据表。Hadoop 生态系统如图 2-5 所示。HBase 利用 Hadoop Map Reduce 来处理 HBase 中的海量数据，实现高性能计算；利用

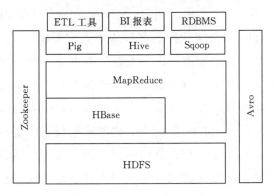

图 2-5 Hadoop 生态系统

Zookeeper 作为协同服务，实现稳定服务和失败恢复；使用 HDFS 作为高可靠的底层存储，利用廉价集群提供海量数据存储能力；Sqoop 为 HBase 提供了高效、便捷的 RDBMS 数据导入功能，Pig 和 Hive 为 HBase 提供了高层语言支持。

2. HBase 与传统数据库

HBase 与传统的关系数据库的区别主要体现在以下方面：

（1）数据类型。关系数据库采用关系模型，具有丰富的数据类型和存储方式。HBase 则采用了更加简单的数据模型，它把数据存储为未经解释的字符串，用户可以把不同格式的结构化数据和非结构化数据都序列化成字符串保存到 HBase 中，用户需要自己编写程序把字符串解析成不同的数据类型。

（2）数据操作。关系数据库中包含了丰富的操作，如插入、删除、更新、查询等，其中会涉及复杂的多表连接，通常是借助于多个表之间的主外键关联来实现的。HBase 操作则不存在复杂的表与表之间的关系，只有简单的插入、查询、删除、清空等，因为 HBase 在设计上就避免了复杂的表与表之间的关系，通常只采用单表的主键查询，所以它无法实现关系数据库中那样的表与表之间的连接操作。

（3）存储模式。关系数据库是基于行模式存储的，元组或行会被连续地存储在磁盘页中。在读取数据时，需要顺序扫描每个元组，然后从中筛选出查询所需要的属性。如果每个元组只有少量属性的值对于查询有用，那么基于行模式存储就会浪费许多磁盘空间和内存带宽。HBase 是基于列存储的，每个列族都由几个文件保存，不同列族的文件是分离的，它的优点是：①因为仅需要处理可以回答这些查询的列，而不需要处理与查询无关的大量数据行故可以降低 I/O 开销，支持大量并发用户查询；②同一个列族中的数据会被一起进行压缩，由于同一列族内的数据相似度较高，因此可以获得较高的数据压缩比。

（4）数据索引。关系数据库通常可以针对不同列构建复杂的多个索引，以提高数据访问性能。与关系数据库不同的是，HBase 只有一个行键索引，通过巧妙的设计，HBase 中的所有访问方法，或者通过行键访问，或者通过行键扫描，从而使得整个系统不会慢下来。由于 HBase 位于 Hadoop 框架之上，因此可以使用 Hadoop MapReduce 来快速、高效地生成索引表。

（5）数据维护。在关系数据库中，更新操作会用最新的当前值去替换记录中原来的旧值，旧值被覆盖后就不会存在。而在 HBase 中执行更新操作时，并不会删除数据旧的版本，而是生成一个新的版本，旧有的版本仍然保留。

（6）可伸缩性。关系数据库很难实现横向扩展，纵向扩展的空间也比较有限。相反，HBase 分布式数据库就是为了实现灵活的水平扩展而开发的，因此能够轻易地通过在集群中增加或者减少硬件数量来实现性能的伸缩。

3. HBase 数据模型

（1）数据模型的概念。数据模型是一个数据库产品的核心。HBase 实际上是一个稀疏、多维度、排序的映射表，它采用行键（Row Key）、列族（Column Family）、列限定符（Column Qualifier）和时间戳（Timestamp）进行索引，每个值都是未经解释的字节数组字符串，没有数据类型。用户在表中存储数据，每一行都有一个可排序的行键和任意多的列。表在水平方向由一个或者多个列族组成，一个列族中可以包含任意多个列，同一个列族里面的数据存储在一起。列族支持动态扩展，可以很轻松地添加一个列族或列，无须预先定义列的数量以及类型，所有列均以字符串形式存储，用户需要自行进行数据类型转换。由于同一张表里面的每一行数据都可以有截然不同的列，因此对于整个映射表的每行数据而言，有些列的值就是空的，所以说 HBase 是稀疏的。

在 HBase 中执行更新操作时，并不会删除数据旧的版本，而是生成一个新的版本，旧的版本仍然保留，HBase 可以对允许保留的版本的数量进行设置。客户端可以选择获取距离某个时间最近的版本，或者一次获取所有版本。如果在查询时不提供时间戳，那么会返回距离现在最近的那一个版本的数据，因为在存储时，数据会按照时间戳排序。

（2）数据坐标。HBase 使用坐标来定位表中的数据，即每个值都通过坐标来访问。对于关系数据库而言，数据定位可以理解为采用"二维坐标"，根据行和列就可以确定表中一个具体的值。但 HBase 中需要根据行键、列族、列限定符和时间戳来确定单元格，因此可以视为［行键，列族，列限定符，时间戳］的"四维坐标"。

（3）面向列的存储。HBase 是面向列的存储，也被称为列式数据库。而传统的关系数据库采用的是面向行的存储，被称为行式数据库。

行式数据库使用 NSM（N-ary Storage Model）存储模型，一个元组（或行）会被连续地存储在磁盘页中，即数据是按行存储的。从磁盘中读取数据时，需要从磁盘中顺序扫描每个元组的完整内容，然后从每个元组中筛选出查询所需要的属性。如果每个元组只有少量属性的值对于查询有用，那么 NSM 就会浪费许多磁盘空间和内存带宽。

列式数据库采用 DSM（Decomposition Storage Model）存储模型，于 1985 年提出，目的在于最小化无用的 I/O。对于采用 DSM 存储模型的关系数据库，DSM 会对关系进行垂直分解，并为每个属性分配一个子关系。因此，DSM 是以关系数据库中的属性或列为单位进行存储，关系中多个元组的同一属性值（或同一列值）会被存储在一起，而一个元组中不同属性值则通常会被分别存放于不同的磁盘页中。

行式数据库主要适用于小批量的数据处理，如联机事务型数据处理。列式数据库主要适用于批量数据处理和即席查询（Ad-Hoc Query）。列式数据库主要用于数据挖掘、决策支持和地理信息系统等查询密集型系统中，因为一次查询就可以得出结果，而不必每次遍历所有的数据库。因此，列式数据库可以降低 I/O 开销，支持大量并发用户查询，具有较高的数据压缩比。

DSM 存储模型也存在缺陷，如当执行连接操作时需要昂贵的元组重构代价；采用 DSM 存储模型频繁处理元组的修改，会带来高昂的开销。不过，随着需求的变化，分析型应用开始发挥着越来越重要的作用，而对于分析型应用而言，一般不会涉及昂贵的元组重构代价。因此 DSM 模型开始受到青睐，并且出现了一些采用 DSM 模型的商业产品，如 Sybase IQ、ParAccel、Sand/DNA Analytics、Vertica、InfiniDB 等。鉴于 DSM 存储模型的许多优良特性，HBase 等数据库也吸收借鉴了这种面向列的存储格式。

4. HBase 系统架构

HBase 系统架构如图 2-6 所示，包括客户端、Zookeeper 服务器、Master 主服务器、Region 服务器。HBase 采用 HDFS 作为底层数据存储，因此图 2-6 中加入了 HDFS 和 Hadoop。

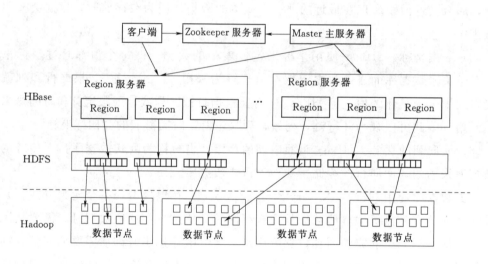

图 2-6　HBase 系统架构

（1）客户端。客户端包含访问 HBase 的接口，同时在缓存中维护着已经访问过的 Region 位置信息，用来加快后续数据访问过程。HBase 客户端使用 HBase 的进程间通信机制（Remote Procedure Call，RPC 机制）与 Master 和 Region 服务器进行通信。其中，对于管理类操作，客户端与 Master 进行 RPC；而对于数据读写类操作，客户端与 Region 服务器进行 RPC。

（2）Zookeeper 服务器。Zookeeper 服务器是由多台机器构成的集群来提供稳定可靠的协同服务，实现集群管理。当有多台服务器组成一个服务器集群时，必须有一个主服务器来掌控当前集群中每台机器的服务状态，一旦某台机器不能提供服务，主服务器管理其他机器做出调整重新分配服务策略。同样，当增加集群的服务能力时，就会增加一台或多台机器工作，也必须由主服务器操控。Zookeeper 不仅能够帮助维护当前的集群中机器的服务状态，而且能够帮助选出主服务器，让其来管理集群。HBase 中可以启动多个 Master，而 Zookeeper 可以帮助选举出一个 Master 作为集群的总管，并保证在任何时刻总有唯一的 Master 在运行，这就避免了 Master 的"单点失效"问题。

（3）Master 主服务器。主服务器 Master 主要负责表和 Region 的管理工作，包括：①管理用户对表的增加、删除、修改、查询等操作；②实现不同 Region 服务器之间的负载均衡；③在 Region 分裂或合并后，负责重新调整 Region 的分布；④对发生故障失效的 Region 服务器上的 Region 进行迁移。

客户端访问 HBase 上数据的过程并不需要 Master 的参与，客户端可以访问 Zookeeper 获取 - ROOT - 表的地址，并最终到达相应的 Region 服务器进行数据读写，Master 仅仅维护表和 Region 的元数据信息，因此负载很低。

Master 可维护当前可用的 Region 服务器列表，以及当前哪些 Region 分配给了哪些 Region 服务器，哪些 Region 还未被分配。当存在未被分配的 Region，并且有一个 Region 服务器上有可用空间时，Master 就给这个 Region 服务器发送一个请求，把该 Region 分配给它。Region 服务器接受请求并完成数据加载后，就开始负责管理该 Region 对象，并对外提供服务。

（4）Region 服务器。Region 服务器是 HBase 中最核心的模块，负责维护分配给自己的 Region，并响应用户的读写请求。HBase 一般采用 HDFS 作为底层存储文件系统，因此 Region 服务器需要向 HDFS 文件系统中读写数据。采用 HDFS 作为底层存储，可以为 HBase 提供可靠稳定的数据存储，HBase 自身并不具备数据复制和维护数据副本的功能，而 HDFS 可以为 HBase 提供这些支持。

2.3.3 NOSQL 数据库

NOSQL（Not Only SQL）是对非关系型数据库的统称，所采用的数据模型并非传统关系数据库的关系模型，而是采用键/值、列族、文档等非关系模型，因此没有固定的表结构，不存在连接操作，也不必严格遵守 ACID（Atomicity 原子性，Consistency 一致性，Isolation 隔离性，Durability 持久性）约束。同时，NOSQL 数据库支持 MapReduce 的编程和海量的键值对、文档、图等类型数据的存储，能较好地应用于大数据的各种数据管理需求。在需要相对简单的数据模型、灵活的 IT 系统、较高的数据库性能和较低的数据库一致性的应用场景中，NOSQL 数据库是一个很好的选择。

1. NOSQL 数据库的特点

(1) 灵活的可扩展性。在大数据应用场景中，数据库负载大为增加，而传统的关系型数据库由于设计机理的因素，需要通过升级硬件来实现纵向扩展。目前，计算机的制造已达到了一定的限度，性能提升速度趋于平缓，寄希望于纵向扩展来提升性能已经远远赶不上数据库负载的增长速度和经济成本。相反，横向扩展仅需要普通的、廉价的标准化刀片服务器，不仅具有较高的性价比，也提供了理论上近乎无限的扩展空间，非常适合大规模数据负载增长的需求。NOSQL 数据库在设计之初就是为了满足横向扩展的需求，因此，具备良好的水平扩展能力。

(2) 灵活的数据模型。关系模型是关系数据库的基础，它以完备的关系代数理论为基础，具有规范的定义，遵守各种严格的约束条件。这种做法保证了业务系统对数据一致性的要求，但过于严格的数据模型无法满足各种新兴的业务需求。而NOSQL 数据库本就旨在摆脱关系数据库的各种束缚条件，摈弃了传统的关系数据模型，转而采用键/值、列族等非关系模型，允许在一个数据元素里存储不同类型的数据。

(3) 与云计算紧密融合。云计算具有很好的横向扩展能力，可以根据资源使用情况灵活伸缩，各种资源也可以动态加入或退出，NOSQL 数据库凭借自身良好的横向扩展能力，能够充分、自由地利用云计算基础设施，很好地融入云计算环境中，从而构建基于 NOSQL 的云数据库服务。

2. NOSQL 与关系数据库的比较

为更为清楚地理解 NOSQL 的特点，从数据库原理、数据规模、数据库模式、查询效率、一致性、数据完整性、扩展性、可用性、标准化、技术支持和可维护性等方面对比了 NOSQL 和关系数据库，其结果见表 2 - 2，从中可得到：

(1) 关系数据库的优势在于：①以完善的关系代数理论为基础；②有严格的标准；③支持事务 ACID 四性；④借助索引机制可以实现高效的查询；⑤技术成熟，有专业公司的技术支持。其劣势在于：①可扩展性较差，无法较好地支持海量数据存储；②数据模型过于严格，无法较好地支持 Web 2.0 应用；③事务机制影响了系统的整体性能等。

(2) NOSQL 数据库的优势在于：①可以支持超大规模数据存储；②灵活的数据模型可以很好地支持 Web 2.0 应用；③具有强大的横向扩展能力等。其劣势在于：①缺乏数学理论基础；②复杂查询性能不高；③一般不能实现事务强一致性，很难实现数据完整性；④技术尚不成熟，缺乏专业团队的技术支持；维护较困难等。

通过上述对比可以看出，两者各有优势，但也都存在不同层面的缺陷。因此，在实际应用中，两者面向的用户群体和市场空间不同，也不存在互相取代的问题。对于关系数据库而言，在特定应用领域，其地位和作用仍然无法被取代，如需要高依赖于关系数据库来保证数据一致性应用领域,如银行。对于 NOSQL 数据库而言,Web 2.0 领域是其主战场,Web 2.0 网站系统对于数据一致性要求不高,但是对数据量和并发读写要求较高,NOSQL 数据库可以很好地满足这些应用的需求。

表 2 - 2   NOSQL 与关系数据库对比

比较标准	关系数据库	NOSQL	备　注
数据库原理	完全支持	部分支持	关系数据库有关系代数理论作为基础; NOSQL 没有统一的理论基础
数据规模	大	超大	关系数据很难实现横向扩展,纵向扩展的空间也比较有限,性能会随着数据规模的增大而降低; NOSQL 可以很容易通过加更多设备来支持更大规模的数据
数据库模式	固定	灵活	关系数据库需要定义数据模式,严格遵守数据定义和相关约束条件; NOSQL 不存在数据库模式,可以自由、灵活地定义并存储各种不同类型的数据
查询效率	快	可以实现高效的简单查询,但不具备高度结构化查询等特性,复杂查询性能不足	关系数据库借助于索引机制可以实现快速查询(包括记录查询和范围查询); 很多 NOSQL 数据库没有面向复杂查询的索引,虽然 NOSQL 可以使用 MapReduce 来加速查询,但是在复杂查询方面的性能仍然不如关系数据库
一致性	强一致性	弱一致性	关系数据库严格遵守事务 ACID 模型,可以保证事务强一致性; NOSQL 放松了对事务 ACID 四性要求,而是遵守 BASE 模型,只能保证最终一致性
数据完整性	容易实现	很难实现	任何一个关系数据都能很容易实现数据的完整性,如通过主键或非空约束实现实体完整性,通过主键、外键实现参照完整性,通过约束或者触发器实现用户自定义完整性;但是在 NOSQL 数据库却无法实现
扩展性	一般	好	关系数据库很难实现横向扩展,纵向扩展的空间也比较有限; NOSQL 在设计之初就充分考虑了横向扩展的需求,可以很容易通过添加廉价设备实现扩展
可用性	好	很好	关系数据库在任何时候都以保证数据一致性为优先目标,其次才是优化系统性能,随着数据规模的增大,关系数据库为保证严格的一致性,只能提供相对较弱的可用性; 大多数 NOSQL 都能提供较高的可用性
标准化	是	否	关系数据库已经标准化(SQL); NOSQL 还没有行业标准,不同数据库都有自己的查询语言,很难规范应用程序接口
技术支持	高	低	关系数据库已经非常成熟,Oracle 等大型厂商都可以提供很好的技术支持; NOSQL 在技术支持方面仍然处于起步阶段,还不成熟,缺乏有力的技术支持
可维护性	复杂	复杂	关系数据库需专门的数据库管理员(DBA); NOSQL 没有关系数据库复杂,但也难维护

3. NOSQL 的四大类型

NOSQL 数据库数量众多，但是归结起来，其典型的数据库包括键值数据库、列族数据库、文档数据库和图数据库四大类型，如图 2-7 所示。

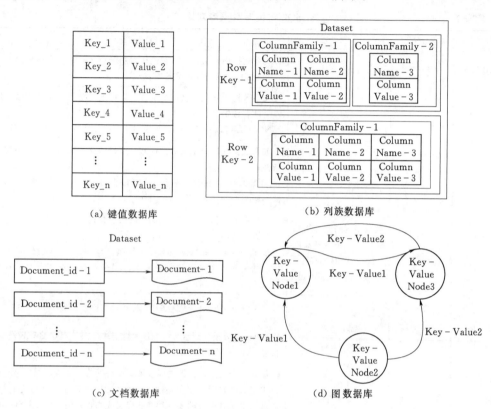

(a) 键值数据库　　　　　　　　　　　　　(b) 列族数据库

(c) 文档数据库　　　　　　　　　　　　　(d) 图数据库

图 2-7　NOSQL 四大类型数据库

（1）键值数据库。键值数据库（Key-Value Database）是 NOSQL 数据库的最简单形式，如图 2-7（a）所示。键值数据库使用哈希表，表有键 Key 和值 Value。Key 用来定位 Value，即存储和检索具体的 Value，而 Value 对数据库而言是透明不可见的，不能对 Value 进行索引和查询，只能通过 Key 进行查询。键值对数据库的数据模型是持久化、分布式的多维散列表，按照键排序。

键用于唯一标识存储在数据库中的值，即存储数据时需要生成唯一标识键并将键值对提交给数据库。键值数据库一般是由多个存储节点组成的分布式体系结构，通过对键使用散列函数，从而获得数据存储的分区号，即使数据跨区存储，也可通过选择合适散列函数使键在区间内合理分布。键值数据库在可存储值的类型方面提供了很大的灵活性。这些键值实际上可以是任何类型的（例如字符串、整数、浮点数、二进制对象等）。大多数键值存储支持远程本地编程语言数据类型。与其表具有固定架构并且列上存在约束的关系数据库不同，在键值数据库中不存在这样的约束。

Dynamo 数据库是 Amazon 开发的键值数据库，是第一个具有极大影响力的 NO-SQL 数据库系统。另外，键值数据库可以进一步划分为内存键值数据库和持久化（Persistent）键值数据库。内存键值数据库把数据保存在内存，如 Memcached 和 Redis；持久化键值数据库把数据保存在磁盘，如 BerkeleyDB、Voldmort 和 Riak。

当然，键值数据库也有自身的局限性，如条件查询就是键值数据库的弱项。因此，如果只对部分值进行查询或更新，效率就会比较低下。在使用键值数据库时，应该尽量避免多表关联查询，可以采用双向冗余存储关系来代替表关联，把操作分解成单表操作。此外，键值数据库在发生故障时不支持回滚操作，因此无法支持事务。

（2）列族数据库。列族（Column Family）数据库的数据存储基本单位是列，它具有一个名称和一个值，由列的集合组成行，并通过行-键标识来标示。列组合在一起成为列族，不同的行可以具有不同数量的列族，属于同一列族的数据会被存放在一起，实现近邻存储。列族数据库以非规格化形式存储数据，以便通过读取单行来检索与应用程序的实体相关的所有信息，并支持高吞吐量的读取和写入，具有分布式和高度可用的体系结构。列族可以被配置成支持不同类型的访问模式，一个列族也可以被设置成放入内存当中，以消耗内存为代价来换取更好的响应性能。

HBase 是一个基于列族存储模型的可扩展、非关系型、分布式的开源 NOSQL 数据库，它不仅可以存储结构型数据也可以存储非结构型数据。与传统关系数据库不同，HBase 的列族下面可以有非常多的列，但列族在创建表的时候就必须指定。

（3）文档数据库。在文档数据库中，文档是数据库的最小单位，以不同的标准化格式进行封装和解码，包括 XML、YAML、JSON 和 BSON 等。如图 2-7（c）所示，文档数据库通过键来定位一个文档，因此可以看成是键值数据库的一个衍生品，而且前者比后者具有更高的查询效率。对于那些可以把输入数据表示成文档的应用，文档数据库是非常合适的。一个文档可以包含非常复杂的数据结构，如嵌套对象，并且不需要采用特定的数据模式，每个文档可能具有完全不同的结构。文档数据库既可以根据键（Key）来构建索引，也可以基于文档内容来构建索引。尤其是基于文档内容的索引和查询这种能力，是文档数据库不同于键值数据库之处。文档数据库的相关产品主要有 CouchDB、MongoDB、Terrastore、Thrudb、Ravendb、SISODB、Raptordb、Cloudkit 等。

（4）图数据库。图数据库以图论为基础，一个图是一个数学概念，用来表示一个对象集合，包括顶点以及连接顶点的边，如图 2-7（d）所示。图数据库使用图作为数据模型来存储数据，完全不同于键值、列族和文档数据模型，可以高效地存储不同顶点之间的关系。图数据库专门用于处理具有高度相互关联关系的数据，可以高效地处理实体之间的关系，比较适合于社交网络、模式识别、依赖分析、推荐系统以及路径寻找等问题。有些图数据库（如 Neo4J）完全兼容 ACID。但是，除了在处理图和关系这些应用领域具有很好的性能以外，在其他领域，图数据库的性能不如其他 NO-SQL 数据库。图数据库的相关产品有 Neo4J、Orient DB、Infogrid、Infinite Graph、Graphdb 等。

4. NOSQL 到 NewSQL 数据库

NOSQL 数据库可以提供良好的扩展性和灵活性，很好地弥补了传统关系数据库的缺陷，较好地满足了 Web 2.0 应用的需求。但 NOSQL 数据库存在不具备高度结构化查询等特性，查询效率尤其是复杂查询方面不如关系数据库，而且不支持事务 ACID 四性。在此背景下，NewSQL 数据库开始逐渐升温。NewSQL 是对各种新的可扩展、高性能数据库的简称，这类数据库不仅具有 NOSQL 对海量数据的存储管理能力，还保持了传统数据库支持 ACID 和 SQL 等的特性。不同的 NewSQL 数据库的内部结构差异很大，但是它们有两个显著的共同特点，即都支持关系数据模型、都使用 SQL 作为其主要的接口。

目前，具有代表性的 NewSQL 数据库主要包括 Spanner、Clustrix、GenieDB、ScalArc、Schooner、VoltDB、RethinkDB、ScaleDB、Akiban、CodeFutures、Scale-Base、Translattice、NimbusDB、Drizzle、Tokutek、JustOne DB 等。

2.3.4 云数据库

云计算是分布式计算、并行计算、效用计算、网络存储、虚拟化、负载均衡等计算机和网络技术发展融合的产物，用户无须掌握云计算技术，只需通过网络就能访问这些资源。云计算主要包括 IaaS（Infrastructure as a Service）、PaaS（Platform as a Service）和 SaaS（Software as a Service）三种类型。以 SaaS 为例，它改变了用户使用软件的方式，不再需要购买软件安装到本地计算机上，只要通过网络就可以使用各种软件。

1. 云数据库的概念

云数据库是部署和虚拟化在云计算环境中的数据库，是在云计算的大背景下发展起来的共享基础架构的方法，它极大地增强了数据库的存储能力，消除了人员、硬件、软件的重复配置，让软、硬件升级变得更加容易，同时也虚拟化了许多后端功能。云数据库具有高可扩展性、高可用性、采用多租户形式和支持资源有效分发等特点。

在云数据库中，所有数据库功能都是在云端提供的，如图 2-8 所示，客户端可以通过网络远程使用云数据库提供的服务。客户端不需要了解云数据库的底层细节，所有的底层硬件都已经被虚拟化，对客户端而言是透明的，就像在使用一个运行在单一服务器上的数据库一样，非常方便容易，同时又可以获得理论上近乎无限的存储和处理能力。

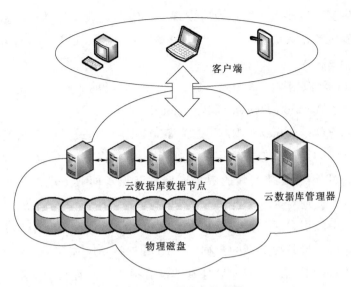

图 2-8　云数据库示意图

2. 云数据库的特性

（1）动态可扩展。在理论上，云数据库具有无限扩展的能力，可满足不断增加的数据存储需求，同时对于不断变化的条件也能表现出良好的弹性。

（2）高可用性。云数据库存在多个节点，单点失效则其余节点接管未完成的事务，因此不存在单点失效问题。另外，在云数据库中，数据通常是冗余存储的，并分布于不同的地理区间，通过在不同地理区间内进行数据复制，可以提供良好的容错能力。

（3）较低的使用代价。云数据库采用多租户的形式同时为多个用户提供服务，节省达到用户的开销。用户采用"按需付费"的方式使用云数据库资源，避免资源浪费。另外，云数据库底层存储采用大量廉价的商业服务器，进一步降低了用户开销。

（4）易用性。用户无须控制数据库的机器，也不必了解其地理位置，只需有效的连接字符串（URL）就可以使用云数据库，与使用本地数据库的体验一样。许多基于 MySQL 的云数据库产品，完全兼容 MySQL 协议，用户可通过基于 MySQL 协议的客户端或者 API 访问实例，并可无缝地将原有 MySQL 应用迁移到云存储平台，无须进行任何代码改造。

（5）高性能。云数据库采用大型分布式存储服务集群，支撑海量数据访问，多机房自动冗余备份，自动读写分离。

（6）免维护。用户不需要关注后端机器及数据库的稳定性、网络问题、机房灾难、单库压力等各种风险，云数据库服务商提供专业的服务，扩容和迁移对用户透明且不影响服务，并且可以全方位、全天候立体式监控数据库故障。

（7）安全。云数据库提供数据隔离，不同应用的数据会存于不同的数据库中而不相互影响；提供安全性检查，可以及时发现并拒绝恶意攻击性访问。数据提供多点备份，确保不会发生数据丢失。

3. 典型的云数据库

（1）Amazon 云数据库。Amazon 是云数据库市场的先行者，其系列云数据库包括 Amazon RDS、Amazon DynamoDB、Amazon Aurora 等。

1）Amazon RDS。Amazon RDS 发布于 2009 年，是最早实现公有云上的云数据库。Amazon RDS 的架构类似在底层的数据库上构建了一个中间层，这个中间层负责路由客户端的 SQL 请求发往实际的数据库储存节点，即业务端的请求需通过中间层代理。因此，可方便地对底层数据库实例进行运维工作，如数据备份、数据迁移等。这些工作隐藏于中间层之后，业务层基本无感知，同时，该中间层基本只是简单的转发请求，所以底层可接各种类型的数据库。RDS 支持 MySQL、Sqlserver、MariaDB、PostgreSQl 等流行的数据库，对兼容性基本没有损失，而且在中间层设计良好的情况下，性能的损失比较小。另外，中间层隔离了底层的资源池，可实现对资源的利用和调度。

2）Amazon DynamoDB。针对 Amazon RDS 在水平扩展方面存在的问题，Amazon 开发 DynamoDB，并于 2012 年发布了 DynamoDB 的云服务，适用于应用业务模型比较简单、并发量和数据量巨大的情况。DynamoDB 的水平扩展能力和通过多副本实现的高可用能力比较突出。

3）Amazon Aurora。Aurora 提供了 5 倍于单机 MySQL 5.6 的读吞吐能力，最大可扩展到 15 个副本，副本越多对写吞吐影响越大，支持高可用以及弹性的扩展。同时，Aurora 在 MySQL 前端设置了一个基于 InnoDB 的分布式共享储存层，实现了较好的数据平滑迁移体验。

（2）Google 云数据库。Google Cloud SQL 是谷歌公司推出的基于 MySQL 的云数据库，使用 Cloud SQL 无须配置或者排查错误。由于数据在谷歌多个数据中心中复制，因此数据比较安全。谷歌使用用户非常熟悉的 MySQL，带有 JDBC 支持（适用于基于 Java 的 App Engine 应用）和 DB-API 支持（适用于基于 Python 的 App Engine 应用）的传统 MySQL 数据库环境，因此多数应用程序不需过多调试即可运行，数据格式对于大多数开发者和管理员来说也是非常熟悉的。

（3）微软云数据库。微软通过 SQL Data Service（SDS）提供 SQL Server 的关系数据库功能，这使得微软成为云数据库市场上的第一个大型数据库厂商。此后，微软对 SDS 功能进行了扩充，并且重新命名为 SQL Azure。微软的 Azure 平台提供了一个 Web 服务集合，可以允许用户通过网络在云中创建、查询和使用 SQL Server 数据库，云中的 SQL Server 服务器的位置对于用户而言是透明的。对于云计算而言，这是一个重要的里程碑。SQL Azure 具有以下特性：

1）属于关系型数据库。支持使用 TSQL（Transact Structured Query Language）来管理、创建和操作云数据库。

2）支持存储过程。它的数据类型、存储过程和传统的 SQL Server 具有很大的相似性，因此应用可以在本地进行开发，然后部署到云平台上。

3）支持大量数据类型。包含了几乎所有典型的 SQL Server 2008 的数据类型。

4）支持云中的事务。支持局部事务，但是不支持分布式事务。

2.4 大数据分析

数据被采集后以特定的形式存在于计算机的存储器中，但是此时的数据并不能体现它的价值和规律，也不能直接被人们利用。从大量的数据中揭示其中隐含的内在规律、发掘有用的知识以指导人们进行科学的推断与决策，还需要对数据进行分析，这是将数据转化为知识的关键，也是大数据价值体现的核心环节。在大数据分析过程中，对于数据的描述（包括格式、度量等）和数据特征识别、提取是实现大数据分析的前置任务。大数据分析过程中，典型的机器学习方法是应用广泛的数据智能分析方法，而数据的可视化分析则是数据智能分析的重要补充。

2.4.1 数据描述性分析

在大数据分析中，获取到数据后初步的做法是从一个相对宏观的角度来观察这些数据，也就是分析数据的特征。比如对于风电场中单台风电机组关键部件的状态，可通过监测该部件的温度变化反映其健康情况，或者通过相对应的振动信号分析关键部件的运行状态。这些能够概括数据位置特性、分散性、分布特性、相关性等数字特征的分析方法，称为数据描述性分析。

1. 位置特性

均值是表示数据位置特征的指标之一，常见的一维数据均值计算公式为

$$\overline{x} = \frac{1}{n}\sum_{i=1}^{n} x_i \qquad (2-1)$$

式中　$\overline{x}$——均值；

　　n——数据个数；

　　i——数据序号。

均值可以用来反映数据的平均水平，若想得到更为细节性的结论仍需进一步对数据进行考察。

与均值有类似表达能力的还有中位数，是数据中按大小排序后，处于中间位置的数，可表示成

$$M = \begin{cases} x_{\frac{n+1}{2}} & n \text{ 为奇数} \\ \dfrac{1}{2}(x_n + x_{n+1}) & n \text{ 为偶数} \end{cases} \qquad (2-2)$$

式中 M——中位数。

相较均值，中位数有着更好的抗扰性。均值虽然能够反映数据的平均值，但是如果数本身较大，均值会极大地受到影响，而中位数对此并没有那么敏感。如果把中位数的概念推广可以得到 P 分位数，也就是排在序列长度 P（$0 \leqslant P \leqslant 1$）位置的数，其中四分位数（$P=0.25$，$P=0.75$）最为常用。

2. 分散性

数据分散程度反映了数据的均匀性，常用方差 s^2 或标准差 s 来表示，即

$$s^2 = \frac{1}{n} \sum_{i=1}^{n} (x_i - \overline{x})^2 \qquad (2-3)$$

$$s = \sqrt{\frac{1}{n} \sum_{i=1}^{n} (x_i - \overline{x})^2} \qquad (2-4)$$

这两种指标的值越大，数据的分散性越高。

数据分散性关注数据上下界的指标极差 R，其定义为数据的最大值 x_{max} 与最小值 x_{min} 之差，即

$$R = x_{max} - x_{min} \qquad (2-5)$$

位置特性和分散性更多地从局部数值的大小上来反映数据的特征，若要更加准确地掌握数据的整体性，则需要知道其分布特性。

3. 分布特性

对于有限数量的数据，可通过数据区间的频次分布直方图来分析其分布，如图 2-9 所示。从图中可以看到，数据被等间隔划分成了若干区间，统计了每一区间内数据个数占总数的比值。当数据和区间足够多，间隔趋于 0 时，可得到图中光滑曲线与横坐标围成的"直方图"。其中，光滑曲线反映了频次随数值大小变化的规律，即概率密度函数 $f(x)$，其在某一区间上的积分就是数据落在这一范围内的概率，即

$$P(a \leqslant X \leqslant b) = \int_a^b f(x) \mathrm{d}x \qquad (2-6)$$

基于式（2-6）定义累积分布函数（Cumulative distribution function）$F(x)$ 为

$$F(x) = \int_{-\infty}^{x} f(u) \mathrm{d}x \qquad (2-7)$$

从而得到

$$P(a \leqslant X \leqslant b) = F(b) - F(a) \qquad (2-8)$$

足够多的数据可称为总体，而有限的数据可看成样本，那么通过样本可得到图 2-9

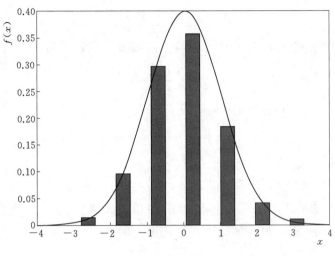

图 2-9　数据频次分布直方图

中的直方图，进而估计总体的分布，更进一步的内容可参见相关的概率论与数据统计著作。

　　数据的分布会趋向于某种特定分布，其中正态分布（高斯分布）是最为常见的一种。如果想通过样本来判断总体是否服从正态分布或者总体是否和假设一致，可以采用假设检验的方法，相关内容参见统计学方面的著作。

　　另外，数据的分布往往不是对称的，可用偏度 g 来衡量数据的对称性，即

$$g=\frac{n}{(n-1)(n-2)s^3}\sum_{i=1}^{n}(x_i-\overline{x})^3 \qquad (2-9)$$

　　偏度接近于 0 时，数据分布相对比较对称；偏度大于 0 时，比均值小的数据较多，反之则是比均值大的数据较多。另外，对正态分布，可用峰度 q 指标衡量分布形状指标，峰度为正，则更多的数据分布于两侧极端，曲线趋于平坦；峰度为负，则更多的数据分布于均值附近，曲线趋于尖锐，即

$$q=\frac{n(n+1)}{(n-1)(n-2)(n-3)s^4}\sum_{i=1}^{n}(x_i-\overline{x})^4-\frac{3(n-1)^2}{(n-2)(n-3)} \qquad (2-10)$$

　　上述的均值、方差、标准差都是针对一维数据，对于多维数据则有均值向量、协方差矩阵（Covariance Matrix）以及 Pearson 相关矩阵。对于多维数据的分布，可将一维分布进行拓展。

　　4. 相关性

　　相关性可用相关系数（Correlation coefficient）来表达，即衡量两变量之间的相关程度，而相关系数的定义涉及概率理论中的数学期望的定义。对于离散型随机变量 x，当 $x=x_i(i=1,2,\cdots,n)$ 的概率为 $P=P_i(i=1,2,\cdots,n)$，那么，x 的期望为

$$E(x) = \sum_{i=1}^{n} P_i x_i \qquad (2-11)$$

基于数学期望的定义，随机变量 x 与 y 的相关系数定义为

$$\rho_{x,y} = \frac{\text{Cov}(x,y)}{s(x)s(y)} \qquad (2-12)$$

式中 $s(x)$、$s(y)$——随机变量 x、y 的标准差；

Cov(x, y)——期望值，分别为 $E(x)$ 和 $E(y)$ 的两个随机变量 x 与 y 的协方差。

$$\text{Cov}(x,y) = E[(x - E[x])(y - E[y])] \qquad (2-13)$$

式 (2-13) 表示两个变量总体误差的期望：如果 x 与 y 的变化趋势一致，则 Cov$(x, y) > 0$；如果 x 与 y 的变化趋势相反，则 Cov$(x, y) < 0$；如果 x 与 y 是统计独立的，则 Cov$(x, y) = 0$。

由相关系数的定义可知，相关系数的取值范围是 $[-1, 1]$。相关系数绝对值越大，表明 x 与 y 相关度越高，当 x 与 y 线性相关时，相关系数取值为 1（正线性相关）或 -1（负线性相关）。

2.4.2 特征工程

特征工程是机器学习应用的基础，是指利用数据领域的相关知识来创建能够使机器学习算法达到最佳性能的特征的过程。数据和特征决定了机器学习的上限，而模型和算法只是逼近上限而已，可见特征工程在机器学习中占有相当重要的地位，也是机器学习成功的关键。简言之，特征工程是把原始数据转变成特征的过程，从而很好地描述这些数据，并且利用它们建立的模型在未知数据上的表现性能可以达到最优（或者接近最佳性能）。

1. 特征工程的意义

（1）利于算法模型的选择。对于数据的特征，良好的选择可使算法、模型获得很好的性能。同时，好特征允许选择不复杂的模型，同时运行速度也更快，更容易理解和维护。

（2）利于构建简单的模型。构建好的数据特征，可使模型、算法性能表现良好，无须花费大量的时间去寻找最优参数，降低了模型、算法的复杂度，使模型、算法趋于简单。

（3）利于提升模型的性能。特征工程的最终目的在于提升模型的性能。

2. 特征构建

特征构建是指将数据转化为有利于后续分析和处理的形式而进行的一种形式化表示和描述。其研究对象是原始的数据，不同的原始数据类型使用不同的特征构建方

法；特征表示的研究须以应用目标为导向；一般特征表示的研究输入的是特征向量，该向量应能如实地、无歧义地表征原始数据在应用目标上的属性特征；对于给定的原始数据，研究特征表示时需要领域专家的知识和经验，使得特征表示具备一定的物理意义；构建的特征对于模型训练是有益的并且具有一定的工程意义。

3. 特征提取

特征提取，也称为特征抽取，是指从原始特征重构出一组具有明确物理意义或者统计意义的新特征的过程，也是原始特征到新特征的降维转换或映射过程。在机器学习应用中，使用特征提取后的降维特征数据而不是利用原始的特征数据的原因在于：

（1）原始的高维特征向量空间中包含有冗余信息以及噪声信息，不利于后续分析的准确性，而通过降维能减少冗余信息所造成的误差，提高后续分析的精度。

（2）仅在原始特征层面上分析可能会忽略变量之间的内在联系，而通过降维，一方面加速后续计算的速度，另一方面能够得到数据内部的结构特征。

（3）高维空间本身具有稀疏性，如一维正态分布有 68% 的值落在正负标准差之间，而在十维空间上只有 0.02%，那么通过降维能有效解决原始数据中的稀疏性问题。

常见的特征提取方法有主成分分析（Principal Component Analysis，PCA）、线性判别分析（Linear Discriminant Analysis，LDA）、独立分量分析（Independent Component Analysis，ICA）和粗糙集属性约简等。

4. 特征选择

特征选择的目的是从特征集合中挑选一组最具统计意义的特征子集。在机器学习的应用中，特征数量比较多（特征向量维度非常大），可能存在与应用目标不相关、相关性小的特征，或者特征之间存在相互依赖，容易导致后续诸如训练时间长、模型过于复杂、模型的泛化能力弱等问题。因此，需要从原始特征中找出最有效的特征，从而达到降低维度、提取有效信息、压缩特征空间、减少计算量、发现更有意义的潜在变量等的目的。

特征选择过程一般包括产生过程、评价函数、停止准则和验证过程四个部分。产生过程是搜索特征子集的过程，负责为评价函数提供特征子集；评价函数是评价一个特征子集好坏程度的准则；停止准则是与评价函数相关的，一般是一个阈值，当评价函数值达到这个阈值后就可停止搜索；验证过程，在验证数据集上验证选出来的特征子集的有效性。

2.4.3 机器学习

机器学习是基于数据本身自动构建解决问题的规则与方法。本节从非监督学习、监督学习和半监督学习来详细介绍常用的机器学习方法和算法。

1. 非监督学习

在非监督学习中，数据并不会被标识，学习模型是为了推断出数据的一些内在结构，即所属的类别都是未知的情况下使用的分类方法。对于类别未知的数据，非监督学习常用寻找数据中的近似点对数据进行聚类，一般采用关联规则挖掘、k - Means 算法等。

(1) 关联规则挖掘。关联规则挖掘是指从数据背后发现事物之间可能存在的关联。在关联规则挖掘场景下，一般用支持度（同时包括不同变量的百分比）和置信度（指条件概率）两个阈值来度量关联的相关性。关联规则挖掘的步骤是：首先从数据中找出所有的高频项目组（满足最小支持度的集合）；然后进行关联规则挖掘（同时满足最小支持度和最小置信度的规则）。

(2) k - Means 算法。k - Means 算法是基于距离的聚类算法，该算法认为：两个对象的距离越近，相似度越大；相似度接近的若干对象组成一个聚集；k - Means 的目标是从给定数据集中找到紧凑且独立的族。计算步骤为：①选择常数 k，随机选取数据中的 k 个点作为"中心"；②计算各数据与所有"中心"之间的距离，并归入最近的"中心"；③更新"中心"的位置——"中心"的位置为此"中心"中所有元素的重心；④返回步骤②，进行迭代，直到结果收敛为止；输出每个"中心"的位置以及分类方式。

在 k - Means 算法之后，人们还提出了 k - Means＋＋，x - Means 等扩展 k - Means 的聚类方法。

2. 监督学习

不同于非监督学习，监督学习是将已知的数据作为训练数据，每组训练数据都有一个明确的标识或结果。在建立预测模型时，监督学习建立一个学习过程，将预测结果与训练数据的实际结果进行比较，不断地调整模型直到预测结果达到一个预期的准确率。监督学习的常见应用场景包括分类问题和回归问题，常见算法有逻辑回归和反向传递神经网络。

(1) kNN 分类算法。不同于 k - Means 算法，若已知数据中的部分标签，那就可以利用这些标签进行 k 最近邻（k - Nearest Neighbor，kNN）分类。k 最近邻是指 k 个最近的邻居，即每个样本都可以用它最接近的 k 个邻近数据来代表。kNN 算法中，所选择的邻居都是已经正确分类的对象，该方法在定类决策上只依据最邻近的一个或者几个样本的类别来决定待分样本所属的类别。由于 kNN 方法主要靠周围有限的邻近样本，而不是靠判别类域的方法来确定所属类别的，因此对于类域交叉或重叠较多的待分样本集来说，kNN 方法较其他方法更为适合。

(2) 回归分析。在统计学中，回归分析是指确定两种或两种以上变量间相互依赖的定量关系的一种统计分析方法。回归分析的分类包括：①按照涉及自变量的多少，分为一元回归分析和多元回归分析；②按照因变量的多少，可分为简单回归分析和多重回归分析；③按照自变量和因变量之间的关系类型，可分为线性回归分析和非线性回归分析。在大数据分析中，回归分析是一种预测性的建模技术，它研究的是因变量（目标）和自变量（预测值）之间的关系。

回归分析一般通过因变量和自变量建立回归模型，并根据训练集求解模型的各个参数，然后评价回归模型是否能很好地拟合测试集实例。如果能够很好地拟合，则可以根据自变量进行因变量的预测，其主要步骤为：①寻找 h 函数（即 hypothesis）；②构造 $J(W)$ 函数（又称损失函数）；③调整参数 W 使得 $J(W)$ 函数最小。

（3）神经网络。神经网络是一种模拟人脑的神经网络，以期能够实现类人工智能的机器学习技术。典型的神经网络包含输入层、中间层和输出层三层次的神经网络结构。最早的人工神经网络是单层神经网络，由输入层和输出层组成，功能非常有限，只能解决简单的线性分类问题。为实现更加复杂的功能，人们发明了两层神经网络，其中，反向传播（back propagation，BP）算法，即 BP 神经网络是最具代表性的模型，由输入层、隐含层和输出层组成。然而，BP 神经网络的一次神经网络的训练仍然耗时太久，而且困扰训练优化的一个问题就是局部最优解问题，这使得神经网络的优化较为困难。同时，隐含层的节点数需要调参，使用不方便。2006 年，Hinton 提出了"深度信念网络"的概念，可通过"逐层初始化"克服神经网络训练上的难度，多层次或深度神经网络开始兴起。

3. 半监督学习

在半监督学习下，输入数据部分被标识，部分没有被标识。这种学习模型可以用来进行预测，但是模型首先需要学习数据的内在结构，以便合理地组织数据进行预测。其应用场景包括分类和回归。常见算法包括一些对常用监督学习算法的延伸。这些算法首先试图对未标识的数据进行建模，然后在此基础上对标识的数据进行预测。

2.4.4　大数据分析常用工具

大数据分析常用的工具包括统计分析、数据挖掘和可视化设计三大类。常用的统计分析工具主要包括 Excel、SPSS、SAS、MATLAB 等；数据挖掘工具主要包括 Weka、Mineset 等，通过这些工具可以在数据集上进行深度分析；可视化设计工具主要包括 D3、ECharts、Openlayers 等。

1. 统计分析工具

（1）Excel。Excel 是微软公司研发的办公软件 Microsoft Office 的组件之一，可以进行各种数据的处理、分析并用于辅助决策，广泛地应用于管理和统计及财经、金融、零售等众多领域。Excel 提供了基础的运算和图表的制作，以及各类分析工作用到的函数和数据透视等。

（2）SPSS。统计产品与服务解决方案（Statistical Product and Service Solutions，SPSS）是最早的统计分析软件，是 IBM 公司推出的用于统计学分析运算、数据挖掘、预测分析和决策支持任务的软件产品及相关服务的总称。其基本功能包括数据管理、统计分析、图表分析以及输出管理等。

统计分析的内容包括描述性统计、均值比较、参数检验、方差分析、非参数检验、一般线性模型、相关分析、回归分析、对数线性模型、聚类分析、生存分析、数据简化、时间序列分析、多维尺度分析、多重响应等多个大类。每类中又有多种专项的统计方法，如回归分析中又分为线性回归、非线性回归、曲线估计、Logistic 回归、加权估计、最小二乘法等多个统计过程。对于分析结果的展现有专门的绘图系统，可以根据数据和用户需求绘制各种图形。

（3）SAS。统计分析系统（Statistics Analysis System，SAS）主要用于大型集成信息系统的决策支持。SAS 系统由数十个专用模块构成，功能包括数据访问、数据储存及管理、应用开发、图形处理、数据分析、报告编制、运筹学方法、计量经济学与预测等。SAS 系统基本上可以分为 SAS 数据库部分、SAS 分析核心、SAS 开发呈现工具、SAS 对分布处理模式的支持及数据仓库设计四大部分。

SAS 系统具有灵活的功能扩展接口和强大的功能模块，在 Base SAS 的基础上可通过增加不同的模块来增加不同的功能，如 SAS/STAT（统计分析模块）、SAS/GRAPH（绘图模块）、SAS/QC（质量控制模块）、SAS/OR（运筹学模块）、SAS/ETS（计量经济学和时间序列分析模块）等。在数据结果展现方面，SAS 提供了智能型绘图系统，可绘各种统计图、地图等。

（4）MATLAB。MATLAB 是 matrix 和 laboratory 两个词的组合，意为矩阵实验室（矩阵工厂），是由美国 Math Works 公司出品的商业数学软件，主要包括 MATLAB 和 Simulink 两大部分。MATLAB 主要面向科学计算、可视化以及交互式程序设计的高科技计算环境，可用于算法开发、数据可视化、数据分析以及数值计算等场合。

2. 数据挖掘工具

（1）Weka。Weka 的全名是怀卡托智能分析环境（Waikato Environment for Knowledge Analysis），是一款免费的，非商业化的，基于 Java 环境下开源的机器学习以及数据挖掘软件。Weka 系统得到了广泛的认可，是现今最完备的数据挖掘工具之一。Weka 作为一个公开的数据挖掘工作平台，集合了大量能承担数据挖掘任务的机器学习算法，用户可以通过 Java 编程和命令行来调用其分析组件。同时，Weka 也提供了图形化界面，称为 Weka Knowledge Flow Environment 和 Weka Explorer。Weka 在机器学习方面较强，包括对数据进行预处理、分类、回归、聚类、关联规则以及在新的交互式界面上的可视化。

（2）Mineset。Mineset 是一个多任务数据挖掘系统，由 Standford 大学和 SCI 公司联合开发。它将可视化工具和多种数据挖掘算法结合起来，为用户在挖掘、理解隐藏在数据背后的大量知识或规律时提供更加实时、直观的帮助。Mineset 中使用了 6 种可视化工具来表现数据和知识。在进行数据挖掘前，可对不必要的数据项进行剔除，并提供了对数据进行统计、集合、分组，转换数据类型，构造表达式，由已有的数据项生成新的数据项，以及对数据进行采样等多种数据挖掘模式。

3. 可视化设计工具

常见的大数据可视化设计工具主要分为三类：①底层程序框架，如 Opengl、Jawa2D 等；②第三方开源库，如 D3、ECharts、Openlayer、Highcharts、Vega、Google Chart Apls 等；③软件工具，如 Tableau、Dephi 等。目前，常用的工具以可方便二次开发的第三方开源库为主，其中 D3、Echarts 和 OpenLayers 的特点如下：

（1）D3。D3（data - driven documents）是一个 JavaScript 库，包含针对各类主流数据类型的大量交互式可视化组件库，并且将学术界产生的各类新颖可视化算法进行封装供各领域用户定制使用。D3 提供了基于数据文档的使用机制，并且很好地支持了 HTML、SVG 与 CSS，目前已成功应用于各个领域。

（2）ECharts。ECharts 也是 JavaScript 库，可支持 PC 端以及移动设备端运行，低层依赖轻量级的 Canvas 类库，兼容大部分浏览器，可提供大量交互式可视化组件用于用户个性化定制领域应用。

（3）OpenLayers。OpenLayers 是一个用于开发 WebGIS 客户端的 JavaScript 库。OpenLayers 支持的地图来源包括 Google Maps、Yahoo、Map 及微软 Virtual Earth 等，用户可用简单的图片地图作为背景图，与其他的图层在 OpenLayers 中进行叠加。除此之外，OpenLayers 实现访问地理空间数据的方法符合行业标准。OpenLayers 支持 Open GIS 协会制定的 WMS（web mapping service）和 WFS（web feature service）等网络服务规范。

2.5　大数据可视化

在大数据时代，数据容量和复杂性的不断增加，限制了用户从大数据中直接获取知识。另外，让枯燥的数据以简单友好的图表形式展现出来，可以让数据变得更加通俗易懂，有助于用户更加方便快捷地理解数据的深层次含义，有效参与复杂的数据分析过程，提升数据分析效率，改善数据分析效果。因此，应用可视化手段进行数据分析是大数据分析流程的主要环节之一。

数据可视化，是关于数据视觉表现形式的科学技术研究。这种数据的视觉表现形式被定义为，一种以某种概要形式抽提出来的信息，包括相应信息单位的各种属性和变量。数据可视化的基本思想是将数据库中每一个数据项作为单个图元素表示，大量的数据集构成数据图像，同时将数据的各个属性值以多维数据的形式表示，可以从不同的维度观察数据，从而对数据进行更深入的观察和分析。虽然可视化在数据分析领域并非是最具技术挑战性的部分，但数据的可视可协助更好地理解和分析数据，是大数据分析最后的一环和对用户而言最重要的一环。

1. 文本数据可视化

文本信息是典型的非结构化数据类型，在物联网中是各种传感器采集后生成的主要信息类型，也是人们日常工作和生活中接触最多的电子文档类型。文本可视化的意义在于：能够将文本中蕴含的语义特征（例如词频与重要度、结构、主聚类、动态演化规律等）直观地展示出来。

文本中通常蕴含着逻辑层次结构和一定的叙述模式，为了对结构语义进行可视化，研究者提出了文本的语义结构可视化技术。基于主题的文本聚类是文本数据挖掘的重要研究内容，为了可视化展示文本聚类效果通常将一维的文本信息投射到二维空间中，以便对类中的关系予以展示。另外，文本的形成与变化过程与时间属性密切相关，因此，如何将动态变化的文本中时间相关的模式与规律进行可视化展示，也是文本可视化的重要内容。

2. 时空数据可视化

时空数据是指带有地理位置与时间标签的数据。传感器与移动终端的迅速普及，使得时空数据成为大数据时代典型的数据类型。时空数据可视化与地理制图学相结合，重点对时间与空间维度以及与之相关的信息对象属性建立可视化表征，对与时间和空间密切相关的模式及规律进行展示。大数据环境下时空数据的高维性、实时性等特点，也是时空数据可视化的重点。

为了反映信息对象随时间进程与空间位置所发生的行为变化，通常通过信息对象的属性可视化来展现，如流式地图是一种典型的方法。为了突破二维平面的局限性，另一类主要方法称为时空立方体，即以三维方式对时间、空间及事件直观展现出来。

3. 多维数据可视化

多维数据是指具有多个维度属性的数据变量，广泛存在于基于传统关系数据库以及数据仓库的应用中，例如企业信息系统以及商业智能系统。多维数据分析的目标是探索多维数据项的分布规律和模式，并揭示不同维度的属性之间的隐含关系。多维可视化的基本方法包括基于几何图形、图标、像素、层次结构、图结构以及混合方法。大数据背景下，除了数据项规模扩张带来的挑战，高维所引起的问题也是研究的重点。

散点图是最为常用的多维可视化方法。二维散点图将多个维度中的两个维度属性值集合映射至两条轴，在二维轴确定的平面内通过图形标记的不同视觉元素来反映其他维度属性值。二维散点图能够展示的维度十分有限，研究者将其扩展到三维空间。散点图适合对有限数目的较为重要的维度进行可视化，通常不适用于需要对所有维度同时进行展示的情况。

投影是能够同时展示多维的可视化方法之一。基于投影的多维可视化方法一方面反映了维度属性值的分布规律，另一方面也直观展示了多维度之间的语义关系。

平行坐标是研究和应用最为广泛的一种多维可视化技术。近年来，研究者将平行坐标与散点图等其他可视化技术进行集成，提出了平行坐标散点图，支持分析者从多个角度同时使用多种可视化技术进行分析。

第3章

海上风电场数据采集传输体系

海上风电场规模发展的过程中，呈现出与陆上风电场不同的技术难点，包括离岸距离远、运行环境恶劣、巡视检修困难、无人值守等。因此，对于通过数字化、自动化和智能化提高风电并网能力、风电场运行水平和效益的需求十分迫切。国内外的风电企业已开始尝试规划、论证和实施建设智慧海上风电场，建设智慧海上风电场已成为行业共识的目标。风电机组设备状态、环境信息、运营维护信息等数据的采集、传输和处理是智慧海上风电场运行的首要环节，构建数据采集完备、信息传输高效的数据采集体系是建设智慧海上风电场的关键。因此，本章从信号来源出发，探讨海上风电场的数据采集体系建设，包括数据采集设备、通信标准和信息模型以及多层次数据采集传输系统。

3.1 数据采集设备

数据采集设备是海上风电场核心数据的来源，用于感知风电场风电机组、升压站、海缆以及电气设备的载荷、速度、位移、振动、倾斜、温度、湿度、腐蚀、电气信息状态（电流、电压、功率、频率、保护动作、综合告警）等设备状态。本节主要从传感器、测量仪器以及数据源设备选用三方面展开介绍。

3.1.1 传感器

传感即是将被测的量或被观察的量通过传感器转换成电、气动或其他形式的物理量输出，被测或被观察的量与被转换的输出量之间根据可利用的物理定律应该具有一种明确的关系，而用来完成这种转换的装置称为传感器。根据被测和被观察的量，本节主要介绍海上风电场涉及的传感器种类并简要说明其工作原理。

3.1.1.1 力测量传感器

力的传感测量方法也称为间接比较法，采用测力传感器将被测力转换为其他物理量，再与标准值（指预先对传感器进行标定时确定的量值）作比较，从而求得被测力的大小。该方法能用于动态测量，其测量精度主要受传感器及其标定的精度影响。用于测力的传感器很多，按作用原理可分为应变片力传感器、电感式力传感器、磁弹性力传感器、压电力传感器、振弦式力传感器等。

1. 应变片力传感器

在所有的电气式力传感器中，应变片力传感器具有重要的意义，应用最为广泛。应变片力传感器的测量范围达 5N～10MN 以上，其精度等级为 0.03%～2.00%。

应变片力传感器由弹性变形体元件和应变片构成，以轴向受载的变形杆为例，如图 3-1 所示，这类传感器用在额定力为 10kN～5MN 的范围内。受载时，变形杆变粗，其周长也变大，四周按纵向和横向各布置一个应变片并与电桥相连。为获得高精度，电桥电路还附加有其他电路元件，以补偿各种与温度有关的效应，如零漂移、弹性模量变化、变形体材料热膨胀、应变片灵敏度变化以及传感器特性曲线线性度变化等。电桥输出电压正比于应变片相对长度变化，根据虎克定理，该长度变化与测量杆所受载荷成正比。

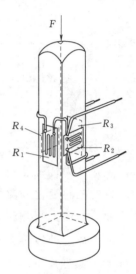

图 3-1　应变片力传感器

其他的还有管状变形体，其额定力更高（1～20MN），可获得更好的力分布；对较小的额定力（5N 左右），一般采用专门制造的变形体；采用剪切效应方法是用应变片来测量位于扁平杆侧面、与剪切平面成 ±45° 角的方向上出现的伸长。

应变片力传感器能测量的位移一般很小（0.1～0.5mm），既可用于静态测量，又可用于动态测量。由于变形体刚度大，这种传感器具有很高的固有频率，可达数千赫，适合于较高频率和持续交变载荷的情况。另外，应变片法测量的重复性很高。

但是，应变片力传感器存在变形体在受载及受载变化时具有蠕变特性的缺点，需通过适当的应变片配置方式来补偿，以得到稳定的数据。

2. 电感式力传感器

电感式力传感器的原理是测量力作用下变形体两点间的距离变化。为减小不对称力作用的影响，一般将变形体做成旋转对称的形式。图 3-2 是两种典型的差动变压器式测力传感器。

电感式力传感器可得到较大的测量信号，其精度等级为 0.2%～1.0%，额定受力下限可达 10mN 以下，而上限可达 200kN～10MN。该类传感器的灵敏度很高，边缘力敏感度很小，工作温度可达 200℃。电感式力传感器须用一个载频放大器来驱动，其频率范围为 4～10kHz，也有一些类型的电感式力传感器的载频被设计为 50Hz，即电源频率，且有些在测量距离较大时无须加中间测量放大器即可获得显示值。

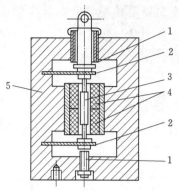
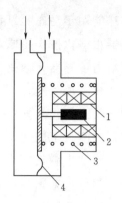

(a) 差动变压器式力传感器　　　　　　(b) 差动变压器式压力传感器
1—过载挡块；2—测量弹簧；3—铁芯；　　1—线圈；2—铁芯；3—弹簧；
4—线圈；5—壳体　　　　　　　　　　4—环状波纹膜片

图 3-2　差动变压器式测力传感器

3. 磁弹性力传感器

磁弹性力传感器由一个铁磁材料测量体组成，在其中心有一扼流圈。受载时线圈中产生的电感变化经测量电路转换成指示值，如图 3-3 所示。由于这种传感器测量效应大，因而无须测量放大器。磁弹性力传感器主要用于承载大的静态或准静态测量。由于在这种传感器中单位面积受载并不很高，因此测量元件的变形量一般小于 0.1mm，其精度等级为 0.1%～0.2%。

4. 压电力传感器

压电力传感器用石英晶体片作为主动测量元件，适用于测量动态、准静态的力，也可有条件地测量静态力。受载时，石英晶体片表面产生与载荷成正比的电荷，所产生的电荷及电荷变化经后接的电荷放大器转换为相应的电压输出。石英晶体片具有很高的机械强度、线性的电荷特性曲线和很小的温度依赖性，并具有很高的电阻率。由于在力作用的瞬间即产生电荷，因此石英晶体片传感器尤其适合测量快变和突变的载荷，同时也适用于高温环境。

图 3-4 为一个典型压电力传感器结构，在两个钢环之间配置有环状的压电晶体

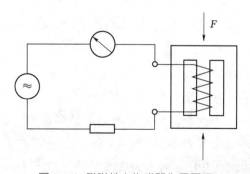

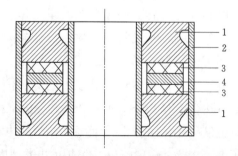

图 3-3　磁弹性力传感器作用原理　　　图 3-4　压电力传感器结构
　　　　　　　　　　　　　　　1—钢环；2—外壳；3—石英晶体片；4—电极

片，两晶体片之间为一电极，用于接受产生的电荷。根据传感器的不同尺寸，石英晶体片可做成环状薄片，也可做成多个石英晶体片埋在一环形绝缘体中的形式。将多个不同切片类型的石英晶体片互相叠起来，可得到一种测量两个或三个分力的传感器，如既可测压力又可测剪切力。

压电力传感器具有很好的刚度，受载时的变形仅为几微米，可用于测量高频（大于 100kHz）的动态变化力。由于它的分辨率高，因而可用来测量微小的动态载荷，其精度等级为 1%。

5. 振弦式力传感器

振弦式力传感器是以拉紧的金属弦作为敏感元件的谐振式传感器。当弦的长度确定之后，其固有振动频率的变化量即可表征弦所受拉力的大小，通过相应的测量电路，就可得到与拉力成一定关系的电信号。振弦式力传感器如图 3-5 所示，弦线受电磁铁的"弹拨"作用，其自振频率被用作接收器的另一电磁铁所接收，并被转换为等频的电压信号。

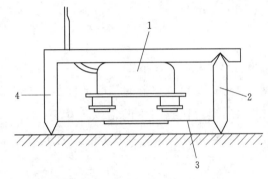

图 3-5 振弦式力传感器
1—电磁铁；2—活动刀口；3—振弦；4—主体

振弦式力传感器用于标称力范围为 200N～5MN 之间的拉、压力测量，测量精度约为 1%。根据其测量原理可知它只能测量较低频率的交变力，但它可在绝缘状态较差的状况下经数公里长的导线进行传输，同时抗环境干扰能力强且能长时间地保存仪器数据。

3.1.1.2 转矩测量传感器

力矩测量在过程监测、控制中，以及在实验室对旋转机电设备的转矩特性等技术指标进行运转研究中都有着重要的意义。一般采用电测法对旋转部件进行转矩测量，因为这种方法可以简单可靠地将测量值传送到静止的仪器上，以下介绍常用的转矩测量传感器。

1. 应变片式转矩传感器

转矩传感器的主要部件是一个测量轴，它受到传递到它上面的转矩的扭曲作用，在外表面上产生的伸长、转动变化则是该转矩的度量，一般用应变片来测量该变化量。应变片粘贴的方向与纵轴成 45°角，并接入电桥电路。电源电压和测量信号用滑环来传递，也可采用无滑环的传递方式，应变片电路与静止壳体的连接经滑环和移动电刷组来完成，如图 3-6 所示。

应变片式转矩传感器的工作转速一般为 3000～30000r/min，精度为 0.2%～1.0%。

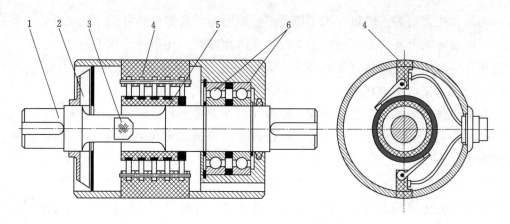

图 3-6　应变片式转矩传感器

1—测量轴；2—风扇；3—应变片；4—电刷组；5—滑环组；6—轴承

2. 电感式转矩传感器

电感式转矩传感器的核心部件是一根扭杆，它的扭转由一个差动式电感线圈系统来获取。通过让线圈中的衔铁产生移动，或者让线圈在一个变压器电路中作相对运动，两者均可在线圈系统中产生一个电压值，该电压值正比于扭杆的扭转量，即正比于被测转矩。

电感式转矩传感器的测量范围大，可从 0～0.001N·m 到 0～100kN·m。根据不同类型，其工作转速可为 2000～30000r/min，最高可达 45000r/min。扭角为 0.3°～1°。

3.1.1.3　振动测量传感器

振动是经常发生的一种现象，会使机器的零部件加快失效，破坏机器的正常工作，降低设备的使用寿命，甚至导致机器部件损坏而产生事故。因此，除了有目的地利用振动原理工作的机器和设备外，其他种类的机器设备均应将振动量控制在允许的范围之内。旋转机器的各种振动现象也是潜在的或业已产生机器故障的指示，如转动部件的位移、不允许变形所引起的不平衡、转子叶片因松动所引起的不平衡、轴承失效等。因此，对于机电系统的运行，要规定振动特性指标，并对振动状况进行不间断的监测和诊断，从而及时地发现运转机器的性能变化及故障，防止事故的发生。

用于振动测量的传感器主要采用位移、速度和加速度传感器，但在某些情况下仅需确定机器的负荷，此时也可采用力传感器和应变仪。在测量振动时，有时仅需测出振动的位移、速度、加速度和振动频率，但有时要对用上述传感器所测得的振动信号作进一步的分析和处理，如频谱分析、相关分析等，从而进一步确定机器或系统的固有频率、阻尼、刚度、振型等模态参数（模态分析），确定其频率响应特性，从而采取对策来改善机器性能，优化机器部件和系统的设计。

1. 磁电式速度传感器

磁电式速度传感器是一种将被测物理量转换为感应电动势的装置，亦称电磁感应式或电动力式传感器。该传感器可分为绝对式速度传感器和相对式速度传感器两种，工作原理是法拉第电磁感应定律，其中感应线圈输出的感应电动势正比于线圈相对于磁场的速度。因此它适合用来测量振动物体的绝对和相对振动速度。磁电式速度传感器的固有频率是一个重要的参数，它决定了传感器测量的频率下限。为扩展传感器的工作频率范围，设计中应使固有频率做得尽可能低。目前常用磁电式速度传感器的工作频率下限一般为 $10\sim15\,\mathrm{Hz}$。

磁电式速度传感器一般都结合有微分和积分机构，从而可以依据所测的速度值来求得振动的加速度或位移值。

2. 涡流位移传感器

涡流位移传感器的工作原理是通过传感器中的高频线圈头靠近被测导电材料（一般为金属），从而在导体中感应出涡流，通过改变线圈的阻抗来进行测量，因此涡流位移传感器可直接用于位移测量。目前商用的涡流位移传感器可测的范围为 $0.25\sim30\,\mathrm{mm}$，非线性度为 0.5%，最高分辨率为 $0.0001\,\mathrm{mm}$。

涡流位移传感器也可用于测非导电材料，此时要在被测物表面连接一层具有足够厚度的导电材料。目前商用上已可提供一种背面有胶黏剂的铝箔带，其探头测量的范围开始时有一段"死压"距离，约为探头标称距离的 20%。比如，若探头的额定测量范围为 $0\sim1\,\mathrm{mm}$，则探头应被用于探头—被测物距离为 $0.2\sim1.2\,\mathrm{mm}$ 的范围。材料表面的光洁度对测量基本无影响，但轴类材料的表面因热处理和硬度等非均匀性导致的磁导率的变化会影响测量，给出虚假的输出结果。如果这种影响很大，则应采取径向相对的两个探头组成差动式测量结构、轴表面镀镍以及滤波等手段来辅助。

3. 电感式振动传感器

电感式振动传感器是利用电磁感应原理，将被测的非电量转换成电磁线圈的自感或互感量变化的一种装置，分自感式和互感式两种，可用来测量位移、力和加速度等量。测量振动位移时，在传感器内部构建一个二阶质量—弹簧—阻尼系统，结合简谐振动函数、输出电压与螺管线圈位移关系，实现振动位移的测量。由于输出电压是激励电源频率的调幅信号，要求该频率远高于被测振动的频率，同时也要求被测振动的频率远高于传感器系统的固有频率。

利用上述的差动变压器原理还可用来构成测量振动加速度的传感器。

4. 压电加速度振动传感器

压电加速度振动传感器也是利用某些材料的压电效应来实现测量，即某些材料（如石英、硫酸锂、钛酸钡等）在承受机械应变作用时，内部会产生极化作用，从而在材料的相应表面产生电荷；反之，当它们承受电场作用时会改变几何尺寸。由于压电加速度振动传感器所固有的基本特征，其对恒定的加速度输入并不给出响应输出。其主要特点是输出电压大、体积小以及固有频率高，这些特点对测振都是十分必要的。压电加速度振动传感器材料的迟滞性是它唯一的能量损耗源，除此之外一般不再施加阻尼，因此传感器的阻尼比较低（0.002～0.250），但由于其固有频率十分高（高达 100000Hz），仍可获得很广的线性频率范围。

压电加速度振动传感器的主要优点是灵敏度高、结构紧凑、坚固性好，同时现代信息技术的发展已经能将前置放大器与传感器本身集成在一个壳体中，从而能使这类加速度传感器使用更长的传输电缆而无须考虑信号的衰减，并可直接与大多数通用的输出仪表，如示波器、记录仪、数字电压表等连接。

3.1.1.4　转速测量传感器

转速测量传感器是用于将旋转物体转速状态转换为电信号的一种传感器。转速测量传感器大致分为磁电式、电涡流式、霍尔式和光电式四种类型。其中：①磁电式转速传感器是被动式转速传感器，又称无源转速传感器；②电涡流式、霍尔式和光电式转速传感器是主动式转速传感器，也称有源转速传感器，即需要一个电源电路为传感器提供外部电压供电，在外部供电无法提供时，主动式转速传感器将无转速信号产生。

1. 磁电式转速传感器

磁电式转速传感器基于电磁感应原理，利用电磁感应把被测对象的运动转换成线圈的自感系数和互感系数的变化，再由电路转换为电压或电流的变化量输出，实现非电量到电量的转换。

磁电式转速传感器应用较广，利用磁通量的变化感应电动势，而磁通量的变化频率决定了感应电动势的输出频率。这类传感器按结构不同又分为开磁路式和闭磁路式两种。开磁路式转速传感器结构简单，输出信号小，不宜在振动剧烈的场合使用。磁电式转速传感器如图 3-7 所示，当旋转件运动时，齿圈随半轴转动，齿圈的齿形变化引起齿圈与永久磁铁间隙的变化，继而对磁通量造成影响，感应线圈中的感应电动势随之变化，而感应电动势的频率与旋转件转速成正比。闭磁路式转速传感器由安装在转轴上的外齿轮、内齿轮、线圈和永久磁铁构成。内外齿轮有相同的齿数，当转轴连接到被测轴上一起转动时，由于内外齿轮的相对运动，使得磁阻产生周期性变化，从而在线圈中产生交流感应电动势。感应电动势的频率与被测转速成正比。

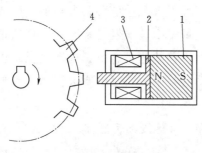

图 3-7　磁电式转速传感器
1—永久磁铁；2—软磁铁；
3—感应线圈；4—测量齿轮

磁电式转速传感器对环境条件要求不高，能在$-150\sim90℃$的温度下工作，也能在油、水雾、灰尘等条件下工作。但它的工作频率下限较高，约为$50\,\text{Hz}$。

2. 电涡流式转速传感器

电涡流式转速传感器基于电涡流效应。当接通传感器电源时，在前置器内会产生一个高频电流信号，该信号通过电缆送到探头的头部，在头部周围产生交变磁场，如果在交变磁场的范围内没有金属导体材料接近，则发射出去的交变磁场的能量会全部释放；反之，则交变磁场将在导体的表面产生电涡流场。该电涡流场与金属导体的电导率、磁导率、几何形状、线圈几何参数、激励电流频率以及线圈到金属导体的距离参数有关，固定其中某些参数就可根据涡流的大小来测量出另外一些参数。

在转速测量实际应用中，被测体通常是凹槽、凸键或齿轮，线圈密封在探头中，线圈阻抗的变化通过封装在前置器中的电子线路处理转换成电压或电流输出。这个电子线路并不是直接测量线圈的阻抗，而是采用并联谐振法。

电涡流式转速传感器的特点：具有高分辨率和高采样率；可选择延长电缆、温度补偿等功能；可测铁磁和非铁磁的所有金属材料；具有多传感器同步功能；不受潮湿、灰尘的影响，对环境要求低。

3. 霍尔式转速传感器

霍尔式转速传感器基于霍尔效应，由霍尔元件结合电子元件组成，霍尔元件外加与电流方向垂直的磁场，在霍尔元件的两端会产生电势差，即霍尔电势差。

霍尔式转速传感器具有磁化轨道的转轴或磁性轴用于产生磁场，永久背磁用于产生偏转磁场。旋转件运动时，编码器转动，霍尔式转速传感器检测到编码器的磁通量的大小变化。通常传感器内部包含两个霍尔元件，运动过程中产生具有一定相位差的波形，两波形经差分放大，实现精度和灵敏度的提高。这种传感器的输出信号不会受到转速值的影响，其频率较高，对电磁波的抗干扰能力强。

4. 光电式转速传感器

光电式转速传感器是根据光电效应原理制作的一种感应接收光强度变化的电子器件，当发出的光被目标反射或阻断时，接收器感应出相应的电信号。该传感器一般包含调制光源、光敏元件组成的光学系统、放大器、开关或模拟量输出装置。按照结构型式，光电式转速传感器可以分为透光直射式、反射式、投射式等。

直射式光电转速传感器由开孔圆盘、光源、光敏元件及缝隙板等组成。开孔圆盘的输入轴与被测轴相连接，光源发出的光，通过开孔圆盘和缝隙板照射到光敏元件上被光敏元件所接收，将光信号转为电信号输出。开孔圆盘上有许多小孔，开孔圆盘旋转一周，光敏元件输出的电脉冲个数等于圆盘的开孔数，因此，可通过测量光敏元件输出的脉冲频率得到被测转速。

反射式光电转速传感器主要由被测旋转部件、反光片（或反光贴纸）、反射式光电传感器组成，在可以进行精确定位的情况下，在被测部件上对称安装多个反光片或反光贴纸会取得较好的测量效果。当测试距离近且测试要求不高时，可仅在被测部件上安装了一片反光贴纸，此时，当旋转部件上的反光贴纸通过光电式转速传感器前时，光电式转速传感器的输出就会跳变一次，而通过测出这个跳变频率就可得到转速。

投射式光电传感器（如光栅传感器）在光电式转速传感器中应用广泛，其通过测量单位时间内角位移来测量物体的转速。具体应用是基于光栅传感器构成的光栅编码器来实现。用光栅编码器输出信号的上升沿触发计数器对高频时钟信号进行计数，用其下降沿触发锁存器，将计数器内的数值进行锁存，依据锁存器的内容可求得角位移所经过的时间，由此可得到实际转速。

3.1.1.5 温度测量传感器

温度测量传感器的温度测量方法一般可分为接触式和辐射式两种测热方法。除了光电温度敏感元件之外，其他所有的温度传感器均以热传递到敏感元件之上的现象为基础。接触式温度传感器是通过热传导和热对流实现测温；辐射式温度传感器则是通过热辐射实现测温。测量时使已知热特性的物体与未知物体达到热平衡状态，在达到稳定状态之后便可以得到待测物体的温度。

按照温度传感器能实现的输出信号，温度测量传感器可分为机械的和电气的两种接触式温度传感器。其中，电气接触式温度传感器利用了材料在温度变化时电特性发生变化的性质，其中最重要的方法有利用金属或半导体材料的正、负电阻值的变化，以及金属对或金属—合金对的热电压值的变化进行测温。由于要处理电信号，因此这种温度传感器的费用和价格较机械接触式温度传感器高，但测量精度、测量范围及测量动特性都要好得多。

1. 电阻式温度传感器

电阻式温度传感器是基于导体或半导体的电阻值随温度的变化而变化这一物理效应而制成，实现将温度的变化转化为元件电阻的变化。

测量电阻元件的材料可分为热电阻和热敏电阻。热电阻的作用原理主要是在金属导体金属晶格中自由电子运动变化导致材料电阻的变化，当温度降低时，电阻值随之降低。热敏电阻由半导体材料制成，而半导体材料通常缺少导电电子，当输入热能时，温度升高，参与导电的自由电子便增多，电阻降低。

热电阻温度传感器常用的材料为铂、镍和铜，其中铂最为常用，与其他金属相比，它的电阻率在高温时变化很小，且在不同环境条件下比较稳定。铂热电阻的测温范围一般为 $-200 \sim 800\ \text{℃}$，同时以其精度高、性能稳定、互换性好、耐腐蚀及使用方便等特点成为工业测控系统广泛使用的一种温度传感器。

2. 热电偶温度传感器

热电偶温度传感器是以热电效应为基础的测温仪表，即在由两根不同的金属或合金导线组成的回路中，如果两根导线的接触点具有不同的温度，那么回路中便会产生电势，如图 3-8 所示。

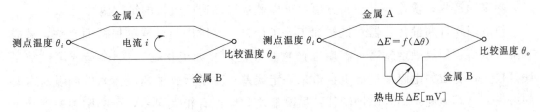

图 3-8 热电效应

热电偶温度传感器的结构简单、测量范围宽、使用方便、测温准确可靠，信号便于远传、自动记录和集中控制，因而在工业生产中应用极为普遍。热电偶温度传感器由热电偶（感温元件）、测量仪表（动圈仪表或电位差计）、连接热电偶和测量仪表的导线（补偿导线）三部分组成。热电偶是工业上最常用的一种测温元件。它是由两种不同材料的导体 A 和 B 焊接而成。焊接的一端插入被测介质中，感受被测温度，称为热电偶的工作端或测量端，另一端与导线连接，称为冷端或补偿端（参比端）。

根据使用环境特点，热电偶温度传感器可分为无罩式和带罩式两种类型。由于热电偶材料的特性，只要物理和化学特征允许，无罩式热电偶可以不加任何保护罩而直接置于环境中，这一点优于其他所有接触式温度传感器，因为它可以被放入难以接近的地点，而且当采用很小的热电偶时能显示很好的动态特性。而带罩式则应用于高温及具有侵蚀性介质的环境中。

3.1.1.6 腐蚀测量传感器

材料发生腐蚀是一种自发现象，腐蚀对人类生产和生活造成的损失越来越严重。因此随时掌握材料的腐蚀状况，对材料进行连续、准确的腐蚀监测、检测显得尤为重要，而基于腐蚀测量传感器的腐蚀监测技术目前已经在工业领域得到很好的应用。按腐蚀结果是否可以直接获得腐蚀测量传感器可以分为直接监测和间接监测两种。可直接得到一个腐蚀结果（如腐蚀失重、腐蚀电流等）的腐蚀监测称为直接监测，否则为间接监测。

1. 直接监测

适用于直接监测的腐蚀测量传感器主要有电阻探针腐蚀传感器、电化学阻抗谱腐蚀传感器、电位型腐蚀传感器、电流型腐蚀传感器等。

（1）电阻探针腐蚀传感器。电阻探针腐蚀传感器根据测量金属试件腐蚀时电阻值的变化计算金属在介质中的腐蚀速度。当金属元件遭受腐蚀时，金属横截面积会减小，电阻相应增加。通过计算电阻增加与金属损耗的关系可换算出金属的腐蚀速度及腐蚀深度。

电阻探针腐蚀传感器可用于在线监测腐蚀，不受介质导电率的影响，适用于各种不同的介质，可用于绝大部分工作环境中，包括气相、液相、固相和流动颗粒等，其使用温度仅受制作材料的限制；与样片法不同，不需要从腐蚀介质中取出试样，也不必去除腐蚀产物；快速、灵敏、方便，可以监控腐蚀速度较快的结构腐蚀。

但电阻探针腐蚀传感器对试样加工要求严格。灵敏度与试样的横截面有关，试样越细、越薄，则灵敏度越高；若腐蚀产物是导电体（如硫化物），则会造成测试结果误差较大；介质的电阻率过低也会带来一定误差；对于低腐蚀速度体系的测量所需时间较长，且不能测定局部腐蚀特征；监测非均匀腐蚀有较大误差，所测腐蚀速度随不均匀程度的加重而偏离。

（2）电化学阻抗谱腐蚀传感器。电化学阻抗谱腐蚀传感器是在传感器中埋设一个线圈，通过其感抗的变化来反映敏感元件厚度的减少。具有高磁导率强度的敏感元件强化了线圈周围的磁场，因此敏感元件厚度的变化将影响线圈的感抗。该传感器应用暂态电化学技术，属于交流信号测量的范畴，具有测量速度快，对研究对象表面状态干扰小等特点。

电化学阻抗谱腐蚀传感器应用频率范围广（$10^{-2} \sim 10^{5}\,\mathrm{Hz}$），响应时间短，适用范围广，可直接测量结构的腐蚀速率和潮湿程度，可探测不可见腐蚀；可获得实时数据。但该传感器监测区域小，不足 $0.0929\,\mathrm{m}^2$，局部监测需要腐蚀区域的信息，耗材电极的价格较高。

（3）电位型腐蚀传感器。电位型腐蚀传感器是最早研究和应用的电化学传感器，它是根据电极平衡时测定指示电极与参比电极的电位差值与响应离子活度的对数呈线性关系来确定物质活度的一类电化学传感器。电位型腐蚀传感器直接检测的响应信号有平衡电位、pH、电导等与腐蚀产物浓度有关的热力学参量，输出的电位值可根据能斯特方程计算出腐蚀产物的量，从而反应腐蚀状况。

由于热力学平衡不可能很快建立，因此易受外来因素干扰，使得电位型腐蚀传感器在响应速度、选择性和灵敏度等重要性能指标方面受到限制。

（4）电流型腐蚀传感器。电流型腐蚀传感器是将工作电极与对电极之间的短路电流作为输出信号的电化学传感器，其通过电极表面或其修饰层内氧化还原反应产生的电流随时间的变化来分析腐蚀状况。电流型腐蚀传感器又分为电流型气体传感器、电流型生物传感器等。在腐蚀监测、检测方面电流型气体传感器应用较为广泛。

与电位型腐蚀传感器相比，电流型腐蚀传感器具有以下的特点：电极的输出直接与被测物浓度呈线性关系，不像电位型电极那样和被测物浓度的对数呈线性关系；电极输出值的读数误差所对应的待测物浓度的相对误差比电位型电极小；电极的灵敏度比电位型电极高。

2. 间接监测

（1）光纤腐蚀传感器。光纤腐蚀传感器技术是目前应用得较为广泛的腐蚀监测技术。为了反映腐蚀所造成的影响，以光纤为传输元件，将腐蚀过程中材料的体积、颜色、折射率、湿度等诸多特性的改变量，转化为光纤中传输的光信息的变化，通过测量传输光的反射、透射、偏振态等诸多特性的变化来实现对腐蚀的检测。这种传感器可以埋入密封剂中，且可对结构上较长的范围进行检测。

相比于大多数普通腐蚀传感器，光纤腐蚀传感器具有以下优点：轻便简洁，易于集成处理，可进行内部结构的多点监控；抗电磁干扰，对环境的使用要求低；特别适用于隐蔽部位以及人无法看到和接触到的危险区域的腐蚀监测。

（2）声发射传感器。声发射是将固体变形或破坏时产生的声音作为弹性波放出来的现象，该弹性波可由声发射传感器探测到。声发射传感器的检测元件一般基于PZT（钛酸铅锆）加力后产生电荷的特性，金属表面传播的声发射波传到声发射传感器内的 PZT 上，转换为电信号输出。小的变形或微小裂纹的发生和发展都伴随声发射的发生。因此，通过该方法可探测到人所不能感知的危险信号，可预知和发现材料或构造物的缺陷或破损。目前，在腐蚀监测领域，声发射传感器广泛用于检测腐蚀扩展和应力腐蚀开裂。

声发射传感器的特点是：轻便，可遥控实时监测腐蚀破坏的扩展；使用多个声发射传感器可对腐蚀破坏位置进行定位；可对运转中的设备进行诊断，能实现永久性记录。但是也存在以下缺点：探头必须良好地耦合在被检物表面，要求位置适当；检测结果不直观；适用范围窄，目前只适用于应力腐蚀和腐蚀疲劳裂纹扩展的监测；对试验系统及环境噪声干扰很敏感，对于高塑性材料还会因其声发射信号幅度小而影响检测灵敏度等。

（3）pH 传感器。基于离子浓度的 pH 传感器，其工作原理主要是检测被测结构的 H^+ 浓度并转换成相应的可用输出信号。根据 H^+ 浓度的变化，可判断腐蚀的发生以及腐蚀程度。pH 传感器通常由化学部分和信号传输部分构成。

pH 传感器比传统腐蚀传感器适应力更强，可适应长期的潮湿环境，寿命更持久，可以长期监测环境情况，当到达腐蚀阈值时发出预警。因此，其对安全结构的监控更有效，但 pH 传感器在使用前必须进行校准，且校准时间较长。

3.1.1.7 电气状态测量传感器

1. 电流互感器

在风电装备的线路上电压比较高，若直接测量电流对仪器、仪表和人都非常危险；同时，线路中的电流大小不一，需要转换为比较统一的电流。电流互感器就起到变流和电气隔离的作用，并反映电气设备的正常运行参数和故障情况。

电流互感器是依据电磁感应原理将一次侧大电流转换成二次侧小电流来测量的仪

器，其结构较为简单，由相互绝缘的一次绕组、二次绕组、铁芯以及构架、壳体、接线端子等组成，如图 3-9 所示。其工作原理与变压器基本相同，一次绕组的匝数较少，直接串联于电源线路中，一次负荷电流通过一次绕组时，产生的交变磁通感应产生按比例减小的二次电流；二次绕组的匝数较多，与仪表、继电器、变送器等电流线圈的二次负荷串联形成闭合回路。

电流互感器是电能计量装置的重要组成部分，其选用时需要综合考虑额定电压、额定变比、额定二次负荷、额定功率因数、准确度等级、互感器的接线方式、互感器二次回路导线等。

2. 电压互感器

电压互感器主要是用来测量线路的电压、功率和电能，或者用来在线路发生故障时保护线路中的贵重设备、电机和变压器，基本结构同电流互感器类似，包括铁芯和原、副绕组，其特点是容量小且比较恒定。

电压互感器结构如图 3-10 所示，其工作原理与普通变压器空载情况相似。使用时，应把匝数较多的高压绕组跨接至需要测量其电压的供电线路上，而匝数较少的低压绕组则与电压表相连。电压互感器阻抗很小，副边发生短路时，电流将急剧增加从而烧毁线圈。为此，电压互感器的原边接有熔断器，副边需要可靠接地，以免绝缘损毁时，出现对地高电位而造成人身和设备事故。

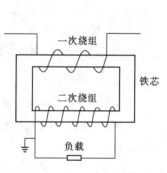

图 3-9　电流互感器结构示意图

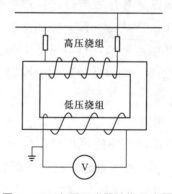

图 3-10　电压互感器结构示意图

电压互感器的种类较多，大致可分为测量用电压互感器、实验室用电压互感器和保护接地用电压互感器。测量用电压互感器一般都做成单相双线圈结构，其原边电压为被测电压可以单相使用，也可以两台接成 V-V 形作三相使用。实验室用电压互感器往往是原边多抽头，以适应测量不同电压的需要。保护接地用电压互感器带第三线圈，被称为三线圈电压互感器，而第三线圈接成开口三角形，其两引出端与接地保护继电器的电压线圈连接。线圈出现零序电压则相应的铁芯中就会出现零序磁通。为此，三相电压互感器采用旁轭式铁芯（10kV 及以下时）或采用三台单相电压互感器，同时第三线圈的准确度要求不高，但要求有一定的过励磁特性（即当原边电压增加时，铁芯中的磁通密度也增加相应倍数而不会损坏）。

3. 功率变送器

功率变送器是一种将输入电压信号变换为与有功功率、无功功率、功率因数等参量成函数关系的标准量输出的、方便二次设备使用的测量装置。根据输出标准量是模拟量还是数字量，功率变送器可分为模拟量输出功率变送器和数字量输出功率变送器。对于模拟量输出功率变送器，一次转换器输出为与被测参量成函数关系的模拟量信号，模拟信号经传输系统与二次仪表相连，同时只能输出如有功功率或功率因数等一种参量。对于数字量输出功率变送器，一次转换器输出与输入电压、电流信号瞬时值成正比的数字编码信号，经过传输系统与数字量输入的二次仪表相连，而二次仪表对数字量进行处理，可以得到与被测回路相关的电压、电流、频率、有功功率、功率因数、谐波等多种参量。

功率变送器主要由三相隔离采样电路、A/D 转换器、单片机、DSP 器件、D/A 转换器、定标放大器和专用厚膜集成 U/I 转换器组成。三相交流输入信号经三相隔离采样电路后，形成三相电流、三相电压信号的共地跟踪电压信号，在单片机控制下由 A/D 转换器对其进行多点同步采样，采样得到的数据由 DSP 器件按电工原理计算出被测信号的三相有功功率（数字量），再经 D/A 转换器把代表三相功率的数字信号转换为模拟量，由定标放大器放大、定标后，形成直流电压输出。同时，输出的直流电压经专用厚膜集成 U/I 转换器后可形成直流电流输出。

4. 频率变送器

频率变送器是指将频率信号根据傅里叶变换转换成电压信号，再把电压信号通过硬件转换成所需要的电流、电压等信号的装置。

3.1.2 垂直和倾斜测量仪器

对于高耸建筑物，轻微的地基不均匀沉降将使建筑物产生较大的水平偏差，在外部载荷作用下，会产生较大偏心弯矩，进而促进建筑物整体的倾斜度，给建筑物的安全、维护等带来隐患。因此，对高耸建筑物的基础进行沉降等监测具有重要意义。

1. 静力水准仪

静力水准仪是用于测量基础和建筑物各个测点的相对沉降的精密仪器，利用了连通器的原理。在使用中，多个静力水准仪用通液管连接在一起，通过将不同储液罐的液面高度与静力水准仪的基点（不动点）进行对比，得到各个静力水准仪的相对差异。

静力水准仪结构示意图如图 3-11 所示，由液缸、浮标、测杆、位移计、连通管等部件组成。

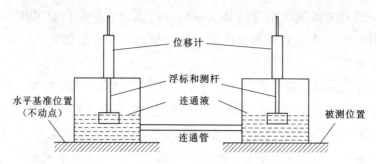

图 3-11　静力水准仪结构示意图

2. 倾角传感器

倾角传感器又称为倾斜仪、测斜仪、水平仪、倾角计，用于建筑、工程机械设备、航空航海、铁路、石油钻井等的水平角度变化的重要测量工具，其理论基础是牛顿第二定律。

当倾角传感器静止时，也就是侧面和垂直方向没有加速度作用，那么作用在它上面的只有重力加速度。若重力垂直轴与加速度传感器灵敏轴之间存在角度，那么该夹角就是倾斜角。一般意义上的倾角传感器是静态测量或者准静态测量，一旦有外界加速度，那么加速度芯片测出来的加速度就包含外界加速度，故而计算出来的角度就不准确了，因此，需要增加陀螺芯片，并采用优先的卡尔曼滤波算法。

3.1.3　数据源设备选用

传感器和传感仪器是保障风电机组监测系统正常获取信号的重要装置，选择合适的传感器是进行关键部件状态监测的关键环节，传感器的各种参数应满足监测系统的要求，主要从测量对象、量程、频率、灵敏度、稳定性、质量和精度等方面考虑。

1. 根据测量对象确定类型

传感器类型的选择要区分测量的物理值。以振动测量为例，涉及位移传感器、速度传感器、加速度传感器。位移传感器主要测量频率范围为 100Hz 以下，应用于位移量比较大的位移量；速度传感器测量频率范围为 $10\sim1000\text{Hz}$，具有较高的信噪比速度信号；加速度传感器频率范围为 $1\sim1\times10^4\text{Hz}$，适用于高频振动信号测量。

2. 量程要适合

量程又称为测量范围，是传感器的重要指标。若超量程测量，不仅测量结果不可靠，还可能会损坏传感器。

3. 频率范围要合适

传感器的频率范围是一个重要指标，该特性决定了被测量结果的频率范围，测量要求在允许的频率范围内不失真。但传感器的频率范围并非越高越好，一般要从采集频率要求、后期信号处理要求、数据储存等方面考虑。

4. 灵敏度适度

一般情况下，传感器的灵敏度越高，对微弱信号的测量越好，这对于早期故障信号的获取非常有利。但过高的灵敏度会使得传感器容易同时采集外部环境的冗余信号，从而调制正常信号，增加系统的负担，干扰信号分析。

5. 稳定性要好

稳定性是指传感器在特殊工作环境中运行时性能保持不变的能力，且在长期的监测运行过程中其性能保持不变。

6. 质量要适合

传感器对于被测对象属于附加结构，若质量过大，则会影响监测对象的运行和测量结果。

7. 精度够用

一般而言，传感器精度越高，成本越高，选择时在满足测量要求的前提下要考虑成本。

3.2 通信标准和信息模型

海上风电场数据来源于大量的多种类传感器和智能控制设备，采集的数据需要在风电机组 SCADA 系统、风电机组振动监测系统、升压站综合监控系统、风电机组辅控系统等系统之间进行传输，采用统一的信息模型和数据通信标准实现各监控系统的无缝通信，是实现信息传输高效的数据采集体系的基本要求。

3.2.1 通信标准

海上风电场信息共享标准化和统一信息建模主要依托于 IEC 61400-25 通信标准，该标准是 IEC 61850 标准在风力发电领域的拓展和延伸，旨在实现风电场中不同供应商的设备之间的自由通信。通过对风电场的信息进行模型化、标准化，使用信息交换模型并将其映射至标准通信协议，实现各设备之间的互联性、互操作性和可扩展性。基于 IEC 61400-25 通信标准，可直接通过以太网接入风电场数字化网络，中间无须转换设备即可实现风电机组直接监控。

1. IEC 61850 标准基本情况

IEC 61850 标准是由国际电工委员会第 57 技术委员会于 2004 年颁布的、应用于变电站通信网络和系统的国际标准，在风电场中适用于升压变电站的通信。作为基于网络通信平台的变电站唯一的国际标准，IEC 61850 标准吸收了 IEC 60870 系列标准和由美国电科院制定的变电站和馈线设备通信协议体系（Utility Communication Architecture，UCA）的经验，同时吸收了很多先进的技术，对保护和控制等自动化产品和变电站自动化系统（SAS）的设计产生深刻的影响。IEC 61850标准不仅应用在变电站内，而且运用于变电站与调度中心之间。

IEC 61850系列标准共10大类、14个标准，具体如下：

（1）IEC 61850-1（DL/T 860.1）基本原则。

（2）IEC 61850-2（DL/T 860.2）术语。

（3）IEC 61850-3（DL/T 860.3）一般要求。

（4）IEC 61850-4（DL/T 860.4）系统和工程管理。

（5）IEC 61850-5（DL/T 860.5）功能和装置模型的通信要求。

（6）IEC 61850-6（DL/T 860.6）变电站自动化系统结构语言。

（7）IEC 61850-7-1（DL/T 860.71）变电站和馈线设备的基本通信结构——原理和模式。

（8）IEC 61850-7-2（DL/T 860.72）变电站和馈线设备的基本通信结构——抽象通信服务接口（ACSI：Abstract Communication Service Interface）。

（9）IEC 61850-7-3（DL/T 860.73）变电站和馈线设备的基本通信结构——公共数据级别和属性。

（10）IEC 61850-7-4（DL/T 860.74）变电站和馈线设备的基本通信结构——兼容的逻辑节点和数据对象（DO：Data Object）寻址。

（11）IEC 61850-8-1（DL/T 860.81）特殊通信服务映射（SCSM：Special Communication Service Mapping）：到变电站和间隔层内以及变电站层和间隔层之间通信映射。

（12）IEC 61850-9-1（DL/T 860.91）特殊通信服务映射：间隔层和过程层内以及间隔层和过程层之间通信的映射。

（13）IEC 61850-9-2（DL/T 860.92）特殊通信服务映射：间隔层和过程层内以及间隔层和过程层之间通信的映射，映射到ISO/IEC 8802-3的采样值。

（14）IEC 61850-10（DL/T 860.10）一致性测试。

2. IEC 61850标准的特点

（1）定义了变电站的信息分层结构。变电站通信网络和系统协议IEC 61850标准草案提出了变电站内信息分层的概念，将变电站的通信体系分为三个层次，即变电站层、间隔层和过程层，并且定义了层和层之间的通信接口。

（2）采用了面向对象的数据建模技术。IEC 61850标准采用面向对象的建模技术，定义了基于客户机/服务器的结构数据模型。每个智能电子装置（Intelligent Electronic Device，IED）包含一个或多个服务器，每个服务器本身又包含一个或多个逻辑设备。逻辑设备包含逻辑节点，逻辑节点包含数据对象。数据对象则是由数据属性构成的公用数据类的命名实例。从通信而言，IED同时也扮演客户的角色。任何一个客户可通过抽象通信服务接口（ACSI）和服务器通信可访问数据对象。

（3）数据自描述。IEC 61850标准定义了采用设备名、逻辑节点名、实例编号和数据类名建立对象名的命名规则；采用面向对象的方法，定义了对象之间的通信服务。例如，获取和设定对象值的通信服务，取得对象名列表的通信服务，获得数据对象值列表的服务等。面向对象的数据自描述在数据源就对数据本身进行自我描述，传输到接收方的数据都带有自我说明，不需要再对数据进行工程物理量对应、标度转换等工作。由于数据本身带有说明，所以传输时可以不受预先定义限制，简化了数据的管理和维护工作。

（4）网络独立性。IEC 61850标准总结了变电站内信息传输所必需的通信服务，设计了独立于所采用网络和应用层协议的抽象通信服务接口（ACSI）。在 IEC 61850 - 7 - 2 中，建立了标准兼容服务器所必须提供的通信服务的模型，包括服务器模型、逻辑设备模型、逻辑节点模型、数据模型和数据集模型。客户通过 ACSI，由专用通信服务映射（SCSM）到所采用的具体协议栈，例如制造报文规范（MMS）等。IEC 61850 标准使用 ACSI 和 SCSM 技术，解决了标准的稳定性与未来网络技术发展之间的矛盾，即当网络技术发展时只需要改动 SCSM，而不需要修改 ACSI。

3. IEC 61400 - 25 标准基本情况

IEC 61400 - 25 标准规定了风电场的专用信息、信息交换机制以及通信协议的映射，其应用范围涵盖包括风电机组、气象系统、电气系统以及管理系统，适用于风电场的组件和外部监控系统之间的通信。通过面向对象的概念阐述了风电场信息模型、信息交换模型及其建模方法，并对 ACSI 如何映射到特定的通信协议进行了说明。标准中采用了面向对象的数据结构，可以用更少的时间、更高的效率传输和处理风电场的大量信息。整个标准支持可扩展性、互联性和互操作性，其应用将有效降低风电场的运营成本，提高设备通信的稳定性。IEC 61400 - 25 系列标准作为未来风电场监控的统一通信基础，是风电场监控技术的发展趋势，包括以下 6 个部分：

（1）IEC 61400 - 25 - 1　风电场监控通信原理和模型概述。这部分是一个导向性的介绍，包括对必要条件、基本工作原理以及模型概貌的介绍。

（2）IEC 61400 - 25 - 2　风电场监控通信的信息模型。这部分对风电场信息模型和逻辑节点、公共数据类进行了详细的介绍。

（3）IEC 61400 - 25 - 3　风电场监控通信的信息交换模型，其内容包括对信息交换的功能模型和抽象通信服务接口的描述。

（4）IEC 61400 - 25 - 4　风电场监控通信中面向通信协议的映射。

（5）IEC 61400 - 25 - 5　风电场监控通信的一致性测试。这部分建立在 IEC 61850 - 10 的基础上，是 IEC 61400 - 25 的扩展，详细介绍了执行一致性测试的标准技术以及申报性能参数时所用的测量技术。

（6）IEC 61400-25-6　风电场监控通信中用于环境监测的逻辑节点类和数据类，主要是对环境监测系统信息模型和信息转换模型进行定义。

3.2.2　信息模型

海上风电场信息化系统的信息建模示意图如图 3-12 所示，风电机组信息和升压站信息分别根据 IEC 61400-25 标准和 IEC 61850 标准进行建模。本节简要介绍标准通信模型、标准信息模型、标准信息交换模型和抽象通信服务接口。

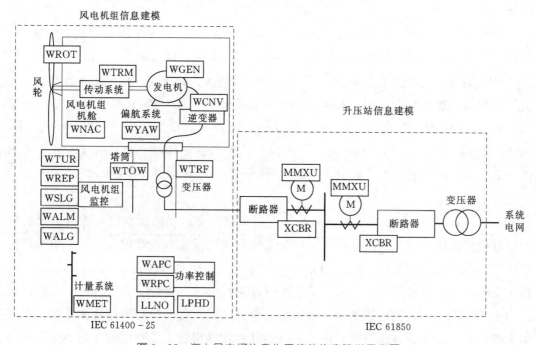

图 3-12　海上风电场信息化系统的信息建模示意图

1. 标准通信模型

IEC 61400-25 标准基于客户机（Client）-服务器（Server）通信模式，定义了三方面的内容，包括信息模型（IEC 61400-25-2）、信息交换模型（IEC 61400-25-3），以及上述 2 种模型在标准通信规约上的映射（IEC 61400-25-4）。

IEC 61400-25 标准通信模型如图 3-13 所示，该模型嵌入在一个抽象环境中。其中，风电场信息模型和信息交换模型一起构成了客户机与服务器的接口，通过通用信道进行通信，并应用服务器向客户提供统一的面向实际组件的风电场数据表。

2. 标准信息模型

IEC 61400-25 标准利用对象模型的概念来表示风电场监控系统和各部分组件之间的通信。这就意味着实际风电场当中的所有组件都被定义成了具有模拟量、二进制状态、命令、设定点数据的对象。这些对象和数据又被映射成实际组件的通用逻辑表

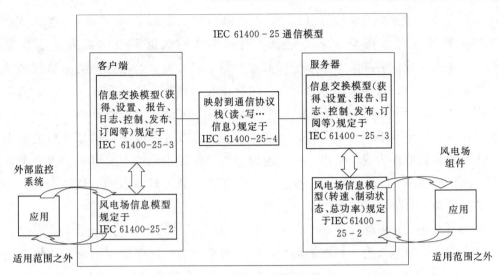

图 3-13　IEC 61400-25 标准通信模型

示，并且每个数据都拥有一个数据名称和数据类型，这就是风电场的信息模型。

（1）海上风电场信息。从建模角度来看，信息可以是逻辑节点、数据和数据属性。数据由数据属性组成，有自己的名称、时间、质量、精度、单位等。其中，数据属性可以是测量值、状态值、设定值等。海上风电场包含不同的信息种类，除了源数据，各类监控系统通常会生成大量信息，如 10min 平均值、报警、日志、计数器、计时器等，这些重要的信息在本地储存供以后使用或分析。

（2）信息模型建模。IEC 61400-25 标准定义的通用风电场信息模型，是基于IEC 61850-7-1 定义的建模方法，将风电场的信息模型结构进行分层，将公用信息划分为不同的级别，并将其集合成类，低级别的类会自动继承上一级别的类所具有的特性。风电场信息模型的结构如图 3-14 所示。

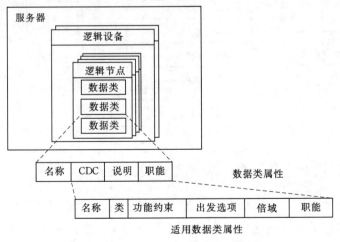

图 3-14　风电场信息模型的结构

其中，最上层称为逻辑设备（LD），往下被分解为逻辑节点（LN）。逻辑节点由一组相关的数据即数据类（DC）组成。有些基本的数据类被定义为公用数据类（CDC），其他的数据类都继承某个公用数据类的一组特性。公用数据类由数据属性组成，数据的最基本、最详细部分可以在公用数据类的类型定义中找到。

IEC 61400 - 25 标准将风电场某一特定的风电机组设定为逻辑设备，并按其功能系统（如风轮、传动系统、发电机、偏航系统等）分成各个能进行信息交换的最小实体，这些实体就被称为逻辑节点。一个逻辑设备包含属于该风力发电机的逻辑节点的集合。IEC 61400 - 25 标准为风电场定义了一套专用的逻辑节点类（IEC 61400 -25 -2），某些类是固有的，其他的则是可选的。

3. 标准信息交换模型

信息交换机制是依附在标准的风电场信息模型上的，这些信息模型和建模方法是 IEC 61400 - 25 标准的核心。标准中对所有可以同其他组件进行交换的信息做了定义，这种模型为风电场自动化系统提供了一种与现实世界各电力系统过程、发电机等对应的图像。IEC 61400 - 25 标准用抽象模型的概念定义了信息和信息交换。标准中用到了虚拟化的概念，通过对虚拟化逻辑设备的描述来统计逻辑节点。

风电场信息交换模型如图 3 - 15 所示，WROT 是虚拟的用以表示风电机组风轮的标准化名称。右侧的实际组件被建模成图中间的虚拟模型。逻辑节点对应于实际物理设备的功能。根据功能，逻辑节点包括一系列数据（如风轮转速等）信息。数据有分层结构，语意定义明确，在风电场系统代表特定含义。由数据表示的信息按照信息交换服务定义的服务进行交换。

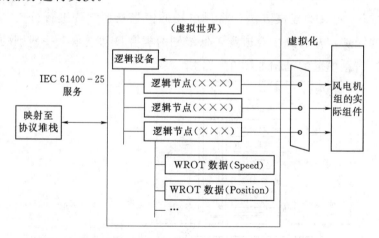

图 3 - 15　风电场信息交换模型

信息交换模型（IEM）实际上定义了一种服务器，不仅包含信息模型的实例，还包含访问这些模型的服务功能。客户机通过发送请求报文向服务器提出服务请求，并从服务器接收应答报文或报告，如图 3 - 16 所示。

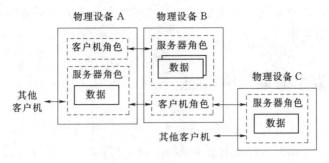

图 3 - 16　客户机和服务器角色

4. 抽象通信服务接口

用来实现同外部世界和各种实际组件进行信息交换的基本服务集称为抽象通信服务接口（ACSI），其基本方法在 IEC 61850 - 7 - 1 和 IEC 61850 - 7 - 2 标准中有具体描述。ACSI 模型组件如图 3 - 17 所示，描述了一个典型设备如何使用服务器与外部世界相结合。

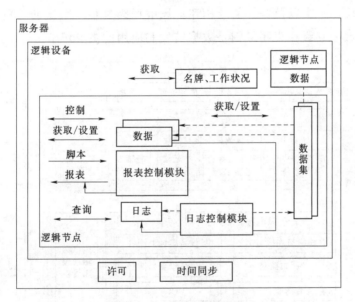

图 3 - 17　ACSI 模型组件

用服务器代表带通信接口的物理设备，并带有网络通信地址，外部客户机可以通过网络对其进行访问。服务器接受外部客户机的访问，通过验证并支持对客户机提供信息服务。服务器包含逻辑设备，而逻辑设备又包含逻辑节点。逻辑节点包含的数据可以单独执行读、写和数据集操作，响应控制输入，提供征求性和非征求性报告，并且包含可以查询的日志。模拟量信息和状态信息通常是只读的，控制和配置信息通常是可读可写的。IEC 61400 - 25 - 3 标准中 ACSI 不定义具体的报文，主要描述各种组件之间的服务。ACSI 模型采用的是面向对象的方法，将每一类服务抽象成一个类，其中每个服务都是类的实例，抽象服务通过类的实例与其相对应的具体服务映射进程间的相互传递来实现接口。

3.3 多层次数据采集传输系统

数据采集传输系统贯穿于多层次的海上风电场一体化监控平台，用于海上风电场各类数据的采集、传输，支持其他应用系统的数据需求，是实现智慧海上风电场的基础。本节主要从概述、设备监测体系以及各层级涉及数据采集传输的系统展开介绍。

3.3.1 概述

根据海上风电场监控系统、海上风电场运行维护特点、多层级生产经营要求等，海上风电场的数据采集传输是基于设备监控体系的多层次系统，其架构如图 3-18 所示，包括设备级、风电场级、区域中心级和集团级。设备级是核心数据的来源，需要根据地理、气候、水文以及监控需求构建；风电场级是整个系统的关键环节，整合了多种系统；区域中心级和集团级则是数据转发和应用的主要环节。

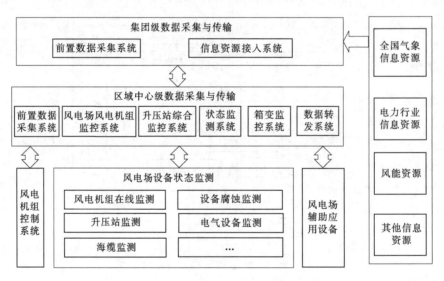

图 3-18 多层次数据采集传输系统架构

3.3.2 设备监测体系

海上风电场所处环境不同于陆上风电，对风电机组装备、升压站、海缆以及主要电气设备的可控性、自适应性、安全性等方面提出了更高的要求，而基础设备监控系统是满足上述要求的关键。本节在阐述风电机组整体、海上升压站、海上大型设备海缆和主要电气设备监控需求的基础上，介绍相对应的监控系统。

1. 风电机组在线监测系统

风电机组的工作环境恶劣，风速也有很高的不稳定性，同时，暴雨、闪电、冰雪、盐雾等恶劣天气严重考验着风电机组的运行状态。如交变负载作用下，叶片、传动轴、齿轮箱等更容易出现疲劳现象，塔架系统也更易损坏；台风等极端天气使得整个风电机组系统受到严重的冲击载荷，极易出现载荷过载、风电机组超速等危害；海上盐雾气候的存在，会加速机械部件的腐蚀。另外，机舱离地、离海面几十上百米，对其进行维护需要额外的大型机械装备、直升机等，这使得维护成本居高不下。因此，对风轮、主轴、齿轮箱、发电机、塔架等主要部件进行状态监测，进而降低风电机组维修和操作成本具有重要意义。

（1）风轮健康监测。风轮包括叶片、轮毂等，是风电机组接受并捕获风能的部件。由于风电机组长期工作于比较恶劣的环境中，易造成风轮不平衡、叶片和轮毂腐蚀、损伤等故障。叶片更换成本高，对其进行在线监测并诊断其早期故障、损伤有利于维护，减小损失。因此，对于风轮结构损伤的诊断国内外学者进行了大量试验研究，包括声发射技术、红外技术、超声波技术、振动检测技术等。

综合来看，相比于其他检测技术，基于振动理论的振动检测技术是一种适用于叶片结构健康监测的方法，具有以下优势：可以对在运行叶片进行损伤检测，无须风电机组停机，不影响机组发电效率；叶片运行时所受风等环境动载可以作为振动检测方法的激振源；由于该方法属于一种全局检测方法，故对于巡检任务非常繁重的大型叶片能大大提高检测效率。

应用振动理论对风轮进行监测主要是监测叶片内表面挥舞和摆振方向的动力学特征，从而定位叶片的早期故障。采用低频振动传感器进行数据采集，一般布置于主轴承座、叶片靠近根部位置。对于叶片本身传感器的布置可根据叶片振型进行选择，振动传感器可选择加速度传感器、光纤光栅振动传感器等，同时还可布置应变片获取叶片受力信息。

利用传感器采集信号的历史数据，计算叶片的挥舞和摆振方向结构动力学特征，建立风轮振动模型。基于模型、历史数据，将监测系统实时采集的叶片振动数据进行计算和分析，实现叶片的裂纹、雷击、结冰、不平衡、断裂等异常的早期定位和故障诊断。

（2）传动系统监测。传动系统是用来连接风轮和发电机的部件，作用是将风轮系统所产生的机械转矩传递给发电机。采用齿轮进行升速的风力发电机组是典型方案，其传动部件包括主轴、主轴承、增速齿轮箱和联轴器。风轮系统收集的能量经主轴、齿轮箱和联轴器传送至发电机，其状态直接影响到整个风电机组系统的正常运转。实际使用过程中，主要从转速、振动、温度、电压等方面进行监测。

主轴连接轮毂和齿轮箱，用滚动轴承支撑在主机架上，需在主轴的径向方向、轴承布置低频振动传感器，也可以在轴承上安装温度传感器监测其运转过程中的温度。

齿轮箱结构复杂，是传动系统的主要部件，需要承受来自风轮载荷、电网反向载荷、高空机舱摆、环境温度变化、海上盐雾腐蚀等复杂条件的影响，容易发生轴不对中、轴不平衡、齿轮损伤、轴承损坏、润滑不良、油温过高等故障，是风电机组主要故障源之一。运行过程中，需在齿轮箱的输入端、第一级行星轮系布置低频振动传感器，第二级行星轮系（若有）、低速轴输出端、高速轴输出端布置振动传感器，在高速轴输出端安装转速传感器。

发电机具体实现将旋转的机械能转化为电能。风电机组采用最多的是双馈式异步发电机，一般配有增量编码器来测量发电机转子转速，其冷却系统有风冷和水冷两种，并配有防雷保护装置。风电机组的故障类型多样，常见的有振动过大、噪声过大、过热、杂声、轴承过热和绝缘损坏等。因此，发电机需要布置振动传感器、温度传感器、电压传感器，用于监测发电机前后端振动、滑环温度、绕组温度、绕组电压等。

（3）偏航和变桨系统监测。偏航系统也称为对风装置，其作用在于当风速矢量的方向变化时，能够快速平稳地对准风向，以便风轮获得最大的风能。偏航系统一般包括感应风向的风向标、偏航电机、偏航行星齿轮减速器、偏航制动器（偏航阻尼或偏航卡钳）、回转体大齿轮等，常出现齿面磨损、轮齿损坏、偏航定位不准确等故障。使用过程中，偏航系统常布置风速风向仪、速度传感器、位移传感器等，用于监测风速、风向、偏航速度、偏航角等。

变桨系统是风电机组叶片调节装置，借助控制技术和辅助动力系统，通过叶片和轮毂之间的轴承机构转动叶片的桨矩角来改变叶片翼型的升力，从而改变叶片的气动特性，改善叶片和整机的受力状况，对风电机组的安全、稳定、高效运行有十分重要的作用。使用过程中，需要布置速度传感器、位移传感器、温度传感器等，用于监测变桨速度、叶片位置、轴承温度、桨矩角、电机温度、变桨温度等。

（4）机舱辅助系统监测。机舱辅助系统主要由机械制动系统、齿轮箱强制润滑系统、水冷却系统、机舱温度调节系统等组成。机舱辅助系统能根据内外部条件的变化，调节机舱内各部件的运行状态，使风电机组保持长期正常运行，是风电机组不可缺少的组成部分。

机械制动系统是指在齿轮箱高速轴端或（小风机）低速轴端安装盘式刹车，利用液压或弹簧的作用，使刹车片与刹车盘作用，产生制动力矩的机械装置，用于紧急情况下的制动和维护时的锁定。该系统由制动器本体、液压站、连接管路等组成，一般布置有液压传感器、温度传感器等，用于监测使用过程中的刹车压力、液压油温等。

齿轮箱强制润滑系统由油泵、过滤器和功能阀构成。油泵提供动力促使齿轮箱内部的润滑油循环；过滤器实时对润滑油进行过滤，以保证齿轮箱工作所需求的润滑油清洁度；功能阀根据不同温度对润滑油流向进行控制。使用过程中，润滑系统需安装液压传感器、温度传感器，用于监测的滤网入口和出口油压，以及润滑油的温度。

水冷却系统是作为齿轮箱润滑系统的辅助冷却手段，由水冷风扇、散热器等组成。使用过程中，需安装传感器对温度进行监测。

机舱温度调节系统是指能直接调节机舱内部气温的总成，主要包括机舱内部加热器、排气扇以及齿轮箱润滑油加热系统等。齿轮箱、发电机会产生热量，而机舱内部过热不仅影响部件工作环境，而且会影响电气元件性能。齿轮箱的润滑油黏度较高，气温较低时需要配备合适的加热措施。实际使用过程中，机舱温度调节系统主要在机舱内部、齿轮箱润滑系统布置温度传感器。

另外，需在机舱的水平和垂直方向布置位移传感器、振动传感器等，用于对机舱高空运行状态的监测。

（5）塔筒和塔基沉降监测。塔筒就是风力发电的塔杆，在风电机组中主要起支撑作用，同时吸收机组振动。塔筒的晃动和塔基的沉降对于风电机组运行产生影响，严重的发生风电机组明显倾斜甚至倒塌。塔筒和塔基监测示意图如图 3-19 所示，在塔筒上部安装高精度倾角传感器，监测塔筒两个相互垂直方向的晃动角度，为塔筒实时晃动位移分析、塔筒刚度分析以及塔筒预检修提供依据；而对于塔基，主要是在塔底安装固定倾斜仪，用于测量风电机组塔底基础面的倾斜量。对于高塔筒风电机组，还需在风电机组塔筒轴向方向、水平正交方向安装低频加速度传感器，用于塔筒振动监测。

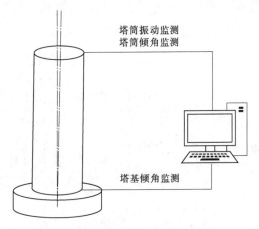

图 3-19　塔筒和塔基监测示意图

（6）风电机组螺栓载荷监测。螺栓连接在风电机组中大量存在，如轮毂与叶片间的螺栓连接、各段塔筒间的螺栓连接等，而不当紧固造成螺杆、螺母丢失，以及螺栓的机械承载系统能力随着时间的推移发生过载或者疲劳会带来安全隐患以及反复人工巡检造成的高成本。主要通过安装螺栓载荷用声发射传感器，以实现对螺栓载荷的不间断在线监测。

2. 海上升压站结构监测

升压站是海上风电场的重要配套设备，用于将风电机组所发的电能进行升压转换后，通过海底电缆送到陆基集控中心接入外部电网，决定着整个风电场的电力输出，其安全性、可靠性极为重要，需要对升压站进行振动监测、钢管桩应力监测、基础沉降监测。

基于此，升压站主要布置静力水准仪、应变传感器、倾角传感器等，用于升压站的倾斜度监测、水平位移及振动加速度的监测、升压站基础承台内部钢筋应力状况的监测、基础钢管桩的应变监测等。

3. 海上大型设备腐蚀监测

由于所处的环境存在高温、高湿、高盐度和长日照等异常苛刻的腐蚀环境，使得设备腐蚀和老化成为海上风电设备面临的最大问题。除了设计过程中考虑腐蚀裕量、选用耐蚀材料、涂层防护、阴极保护等措施外，实时的腐蚀监测是当前海上风电机组重要的保护措施。

对于塔架和升压站，需要在塔筒基础、基础钢管桩上安装温度传感器、腐蚀传感器等，监测温湿度、硫化氢、氯气及氯化氢等参数，进而实现腐蚀速率的实时监测。除此之外，对于塔筒基础的阴极保护电位也需在线监测，如图 3-20 所示。根据离水面不同高度采集的保护电位信号进行实时监测、数据存储、电位超限报警、电位趋势预测等，掌握塔筒基础的腐蚀情况。

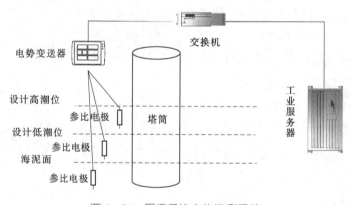

图 3-20 阴极保护电位监测系统

4. 海缆监测

海底电缆是海上风电场电能传输的关键，对于海上风电场的运行起着至关重要的作用。由于传输功率的变化、海底环境的复杂、海洋昼夜温度变化、季节性的温差，以及捕鱼、航运和海底活动，海底电缆容易发生超温、锚害等故障，造成经济损失。

为确保海底电缆的安全运营，海底电缆布置光纤传感器，用于最常见的电缆全长度范围内的温度、应力变化等监测，实现对电缆异常的报警和定位。

5. 主要电气设备监测

根据电气设备的特点，布置局部放电传感器、温度传感器、电流传感器等，用于电气设备的局部放电、温度、电流等的在线监测。

6. 状态监测系统

对于海上风电场，由于其离岸距离远、所处自然环境恶劣，日常巡视维护和事故抢修十分不便，一旦出现故障将造成重大经济损失，因此海上风电场的设备检修维护是风电场建成运行后的主要问题，需要配置主要电气设备的状态监测系统，及时发现设备异常和隐患，实现故障早期预警、在线诊断和设备全生命周期综合优化管理。

风电机组振动状态变化由风电机组状态监测系统监测，在线评估风电机组健康水平，极早期发出故障预警。

海底电缆状态监测系统采用分布式光纤传感技术，通过复合在海缆内的光纤传感器实现海缆分布式温度、应变、扰动测量及故障预警与定位。

风电场海上大型设备的腐蚀保护状态由阴极保护电位在线监测系统进行监测，实时监测设备基础桩在不同水位、不同潮位的阴极保护电位信号，实现监测数据的自动化收集、传输、通信和数据处理，自动判断仪器和数据的异常，并对监测对象的安全隐患进行初步分析判断。

3.3.3 风电场级数据采集和分析系统

风电场级数据采集和分析系统是风电场各类数据汇总的关键环节，涉及数据采集传输的主要有风电机组监控（SCADA）系统、风电机组辅助监控系统、风功率预测系统、通风空调监控系统、火灾预警系统、风电场电气监控系统等。

1. 风电机组监控（SCADA）系统

风电机组监控（SCADA）系统即数据采集与监视控制系统，是以计算机、控制和通信技术为基础的生产过程控制与调度自动化系统，可对现场的运行设备进行监视和控制，实现数据采集、设备控制、测量、参数调节以及各类信号报警等。其具体的功能主要包括：①对整个风电场进行在线监测，实现远程中央控制，使运行和维护更为容易；②自动显示和记录发电量，包括瞬时发电量，日、月、年发电量等；③对单台风电机组的运行状态进行监测，包括风速、风轮转速、发电机转速、偏航角度、电流、电压、功率因素等，以便于风电机组维护和故障排除，从而尽量缩短风电机组停机时间；④对风电机组的发电机绕组温度、齿轮箱油温、机舱内部温度、液体联轴器温度、油冷器进口和出口温度、控制面板等关键部件进行监测；⑤历史运行数据的保存、查询及维护；⑥储存风电机组故障报警、故障数据；⑦统计风电机组运行数据，包括日报表、月报表、年报表，实现报表自动生成，从而提高效率和管理水平；⑧风电机组的远程控制，包括远程开机、停机、左右偏航、复位等。

2. 风电机组辅助监控系统

相比对陆上风电场，海上风电场分布广阔、海上气候环境恶劣，风电场运行巡检工作困难，虽然通过风电机组监控系统（SCADA）可以远程操控风电机组，监测功率、风速、电流、电压以及温度、压力等，但对于风电机组大部件早期机械损伤监测缺乏有效的手段。同时，整合各风电机组状态监测，实现对多个关键部件全面的状态监控和故障诊断是降低海上风电场运营维护成本的关键所在。针对上述问题和需求，海上风电场设立了风电机组辅助监控系统。

基于风电机组监控（SCADA）系统，风电机组辅控系统可实现风电机组的动力设备、环境、安防的统一监控，以提高设备、系统维护的及时性和准确数据的存储与处理，使风电场智能化监控和故障早期预警成为可能，其主要功能包括实时视频监视、风电机组及塔筒在线状态监测、实时振动及基础状态监测、风电机组螺栓载荷监测、叶片状态监测、实时发电机绝缘电阻监测、箱变运行状态实时监测、齿轮箱润滑油质监测、雷电远程检测、火灾预警以及 IP 应急等。

根据以上功能需求，风电机组辅控系统需集成的子系统包括测风系统、润滑油监测系统、自动消防系统、发电机绝缘电阻监测、塔筒及机舱应力监测、风电机组螺栓载荷在线监测、干式变运行状态监测（弧光监测）、机组在线振动监测、叶片状态监测、视频监控系统以及 IP 语音电话系统等。

3. 风功率预测系统

风能是一种不稳定的资源，随着时间、空间的变化，风能会表现出不同程度的波动性，而这种波动性会对海上风电场的安全稳定运行造成影响。针对上述问题，海上风电场建立了风功率预测系统，并根据风电场的历史风功率、风速、地理环境、天气预报等数据实现对未来一段时间内的风速、风向等的预测，为风电机组的控制、调度提供参考，实现海上风电场的经济调度、安全控制，提升电力市场竞价能力。

风功率预测系统具备短期功率预测功能和超短期功率预测功能。短期功率预测功能（日前预报）可实现风电场次日零时起 24h 的风电输出功率预测，时间分辨率为 15min，其均方根误差率小于 20%，日预测曲线最大误差不超过 25%。而超短期功率预测功能（实时预报）可实现风电场未来 15min～4h 的风电输出功率预测，时间分辨率不小于 15min，每 15min 滚动执行一次。超短期预测第 4 小时预测值月均方根误差率小于 15%，月合格率应大于 85%，实时预测误差不超过 15%。

海上风电场风功率预测系统包括数据采集、风功率预测及系统平台应用软件等部分。数据采集子系统负责将由测风设备实测气象数据传到数据采集服务器，数据采集工作站负责将测风设备实测数据存入数据库；接收由风电场传输的风电机组实时信息（风电机组工况、单台风电机组实时功率、风电机组机头风速等），解析后存入数据库；接收气象部门通过因特网传输的数值天气预报数据，解析后存入数据库。风功率预测子系统是整个系统的核心部分，经过风功率预测工作站计算获得功率预测数据，通过应用服务器上运行的风功率预测系统人机界面应用可以从数据库中查询风电机组信息、测风塔数据、预测功率数据。软件平台将对监测和预测的数据结果以直观的方式展示并分析。

风功率预测系统需接入测风塔实时测风数据、数值天气预报数据、风电场实时功率数据、风电机组状态数据等。

4. 通风空调监控系统

通风空调监控系统是海上无人值守升压站的温度、湿度和压力的自动化调节系统，由信号采集子系统、通风控制子系统、空调控制子系统、事故排风控制子系统及HMI站等组成，用于实现对海上升压站暖通空调系统压力、温度、湿度的实时采集和处理，并根据相应逻辑对除湿机、空调、电动阀等设备进行自动控制，维持系统压力、温度、湿度在设定范围内。此外，为防止紧急情况发生，还设有事故排风系统，确保无人值守和设备安全。

其中，通风控制子系统实现对通风系统的控制，将采集到的压力和湿度信号经过运算后，对风电机组、泄压阀和除湿机进行控制，使室内压力（维持微正压环境，防止腐蚀气体入侵）和湿度维持在设定范围；空调控制子系统则根据温度控制要求，自动控制空调的启停，维持室内温度在设定范围内，防止室温条件恶劣而影响设备的寿命，同时实现节能降耗；事故排风控制子系统是当房间内出现有毒气体或者紧急情况时，系统通过监视画面发送报警信号，由操作员确认后开启事故风机和排风阀。

5. 火灾预警系统

火灾预警系统用于实现动态采集、计算、分析消防相关数据，提供迅速、快捷、准确的火灾预警，包括早期电气火灾隐患探测、重要场所智能线型热点探测和消防物联网等功能。

早期电气火灾隐患探测主要是针对早期火灾隐患信号微弱、变化缓慢、隐患信号数值一般远低于报警阈值的情况，用于解决常规的探测技术对早期火灾隐患报警弱的问题。通过全时域动态分析、多层次数据处理等方法，构建早期电气火灾隐患探测技术，实现排除容感性干扰消除误报的剩余电流监测、绝缘老化实时在线监测和故障电弧监测，实现预警的功能。

重要场所智能线型热点探测由热偶型测温电缆和智能监控模块组成，用于电缆桥架、电缆沟、变压器本体等重要场所装设智能线型热点探测，实现实时探测热点的温度（$-40\sim260℃$）、位置、受热区域大小，并提供两级超限预警、温升速率预警；对于超260℃的情况，可继续显示温度、位置，报警后仍可重复使用。

消防物联网是通过压力和流量传感器、射频识别装置、近距离无线通信技术、二维码、红外感应器、激光扫描器、视频等信息传感设备，按消防远程监控系统约定的协议，将消防数据动态上传至集团远程监控中心，实现智能化识别、定位、跟踪、监控和管理的一种网络。其采集的动态数据源包括消防给水消火栓系统、自动喷水灭火系统、气体灭火系统、机械防烟和机械排烟系统、火灾自动报警系统等。

6. 风电场电气监控系统

海上风电场电气监控系统是海上升压站、陆上开关站综合自动化系统，实现在陆上集控中心对海上风电场的监视与控制，并进行各类数据的统一管理，建立与电力调度系统的传输通道，将海上风电场各信息上送电力系统，接受电网调度的统一调度指令（包括 AGC、AVC 控制），从而优化海上风电场整体出力控制，实现风电机组效率最优化运行。

海上风电场电气监控系统从功能上划分，主要包括运行监视、操作与控制、信息综合分析与智能告警、运行管理、辅助决策五大应用。其中运行监视功能包括运行状态监视、设备状态监测、远程浏览等；操作与控制功能包括调度控制、站内操作、无功优化、负荷操作、顺序控制、防误闭锁、智能操作票等；信息综合分析与智能告警功能包括风电场内数据辨识、故障综合分析、智能告警；运行管理功能包括权限管理、设备管理、定值管理、检修管理等；辅助决策功能包括电源监控、安全防护、环境监测、辅助控制等。

3.3.4　区域中心级数据采集和分析系统

区域中心设置有中心级数据采集和分析系统，主要用于对区域内海上风电场进行统一的日常远程生产监控、综合数据分析、故障诊断预警和统一运维管理，可根据调度端调度指令远程控制所辖各个风电场，涉及区域内各个风电场监控实时信息的采集、分析和转发。

1. 数据采集

主要采集海上风电场监控系统的数据，主要如下：

（1）风电场风电机组整体实时信息，包括装机容量、日累计发电量、月累计发电量、当前功率、当前风速、风电机组台数、停运台数、运行台数、风电机组地理分布等。

（2）风电场单台风电机组实时信息，包括发电机、齿轮箱、变桨系统、偏航系统、液压系统等运行参数和故障、报警信息。

（3）风电机组运行数据，包括实时风速、风向，有功功率、无功功率、功率因数、电网频率、电压、电流，发电机转速、风轮转速、风向机舱夹角、偏航角度、桨距角、在线振动监测传感器信息，环境温度、塔底温度、机舱温度、塔底控制柜温度、机舱控制柜温度、主轴承温度等。

（4）故障信息，包括故障发生时间、代码、分类，故障时间包括起始时间和结束时间。

（5）风电机组箱变实时信息，包括箱变输入输出侧的总输入开关、模块运行状态、运行告警等遥信信息，电压、电流、有功功率、无功功率、功率因数、机内温度等遥测信息。

（6）风电场升压站综自实时信息，包括隔离开关、接地开关、断路器、手车的开关状态，电压、电流、有功功率、无功功率、功率因数。

（7）AGC/AVC 系统实时信息，包括 AGC 系统功率限定值、实际功率值，AVC 系统电压限定值、电压实际值。

（8）风功率预测系统实时信息，包括测风塔数据、短期、超短期预测值。

（9）测风塔数据，包括 10m 高度的风速、风向、气压、温度、湿度，30m、50m、70m 高度的风速、风向。

（10）故障信息子站实时信息，包括风电场站内所有保护装置的故障、报警信息和故障录波器信息。

2. 数据分析

数据分析用于有效整合异构数据，建立区域内统一、共享的数据资源，以多种方式展示企业的运营情况，避免主观判断和推测，规避潜在风险，实现更科学高效的决策，涉及设备发电量、设备效率、电量指标、辅助决策、故障诊断等。

（1）设备发电量分析是指统计周期内交流侧电量，以直观地了解各设备当天的发电情况，迅速找到异常运行的设备。

（2）设备效率分析主要由能量分布分析、功率分析、转换效率分析等组成，通过对比、分析场站之间的设备运行数据，评估设备运行情况，为合理制定生产计划、进行资源调配、预防设备故障提供科学依据。

（3）电量指标分析并对比风能资源指标，展示并评估生产运行情况，快速找到影响发电量的关键因素。

（4）辅助决策分析用于实现场站集中化的运行状态远程监测，对运行数据进行综合统计分析，为运行人员提供各场站信息查看的便捷途径，有助于对各场站进行更有效的管理。

（5）故障诊断分析是根据远程监控中心的设备故障信息，提取出故障类别与故障规则，并形成相应的解决方案知识库供运维人员查阅和学习，提高故障排除效率，减少场站不必要的损耗。

3. 数据转发

数据转发主要用于实现区域中心将实时数据和统计数据向集团总部转发，在总部实现对集团下的风电场集中化的运行状态远程监测，对发电站运行数据进行综合分析，为集团高层管理人员及相关人员提供各风电场信息查看的途径。

3.3.5　集团级数据采集和分析系统

集团监管层主要通过上级集团远程监控中心实现全国范围内集团下属各风电场、

区域中心等监控系统的数据采集和分析。通过挖掘大量业务数据中所蕴含的信息，提供安全可控乃至个性化的实时在线监测，实现生产过程监视、性能状况监测及分析、运行方式诊断、设备故障诊断及趋势预警、设备异常报警，主要辅助设备状态检修、远程检修指导；提供实时的定位追溯、调度指挥、预案管理、远程控制、安全防范、决策支持、领导桌面等管理和服务功能，实现对下属风电场设备与物资的"高效、节能、安全、环保"的管控一体化，形成集团数据资产。

上级集团远程监控中心下辖各区域监控平台，对众多场站进行远程集中监控、数据综合分析、故障诊断预警和统一运维管理，实现场站现场少人值守、专业运维检修的管理模式。在统一平台下将风电场各子系统数据实时传送至远程监控中心，进行集中监控和数据分析，合理优化资源配置，提升场站生产运行管理效率及水平，改善员工工作环境。

数据的采集和分析同 3.3.4 节所述的区域中心级数据采集和分析系统。此外，集团级数据采集和分析系统可实现接入国家气象、水文、行业金融、行业政策等信息资源，是智慧海上风电场大数据应用的综合数据来源之一。

第 4 章

海上风电场大数据中心的构建

海上风电场存在布局分散、交通不便、环境恶劣，风电机组种类多且数量大等问题，如何有效地实现海上风电场生产信息统计分析的实时性和准确性，提高海上风电场生产运营效益、生产管理水平，降低现场生产人员的劳动强度，促进公司的战略发展规划是当前风电企业面临的课题。得益于计算机、网络、数字视频、光纤通信等现代科技的迅猛发展，众多风电企业对构建风电场大数据中心进行了有益的探索，并在风电场的远程监控、在线故障诊断、集中监视管理等方面进行了实践，在技术上和工程经验上都有力地支持了海上风电场大数据中心的建设。

本章首先介绍大数据中心数据采集标准规范，然后基于现有的技术和工程案例，对海上风电场大数据中心的系统构成、功能构成以及典型案例展开阐述。

4.1 大数据中心数据采集标准规范

4.1.1 海上风电大数据中心数据采集标准的背景、目的和意义

《海上风电大数据接口标准》旨在解决当前国内风电面临的风电机组生产厂家众多，风电机组类型多样，风机控制系统差异化，数据采集接口不统一，数据种类、数据类型多样等关键问题，在"大数据"成为国家战略的背景下，通过构建区域级海上风电大数据平台，利用云存储、大数据分析技术，结合海上风电的特点，全方位地存储和规范海上风电的海量信息，实现区域内海上风电数据标准化，科学高效指导海上风电运维、远程集控、大数据分析等工作的开展，有效降低投资方、业主等在数据统一、数据接口等花费的大量成本，提升发电效益，推进海上风电大数据的标准化，助力海上风电场建设、施工、运维等在智能化与信息化方面的标准统一。

一方面，海上风电大数据采集标准的建立可以规范海上风电场与海上风电大数据中心的数据通信，促进大数据中心数据标准化工作顺利推进，使政府部门更好地督促监管风电场项目工程质量，落实通航安全、生态环境监测保护，确保在风电开发过程

中安全生产、安全通航、环境保护的"三同时";另一方面,编制相关标准可以加强对风电场大数据中心的实施和评估,通过建立海上风电生产及并网运行、风电技术装备等信息收集、统计管理数据库,根据国家产业政策发展动态,开展海上风电发展形势分析。

海上风电大数据中心数据统一标准说明如下:

1. 实现数据标准统一

海上风电大数据中心对于海上风电运行数据进行了数据标准统一,针对不同厂家、不同类型设备制订数据统一标准,规范数据的采集及应用,为以后大数据的深度挖掘打下良好的基础。

2. 实现采集格式统一

海上风电业务针对不同品牌风电机组、综自设备、海洋气象数据等厂家的数据测点、通信规约及通信方式进行了规范,为以后海上风电大数据平台提供统一数据格式。

3. 实现出口安全统一

各海上风电场配置一台数据服务器与风电场生产Ⅰ区、Ⅱ区进行数据正向隔离,数据需求方统一从此数据服务器进行数据读取,实现了数据安全出口统一,从而阻断了以往不同厂家通过互联网从风电场读取数据的无序状态,提高了风电场运行的安全性,减少网络安全隐患,同时减少了业主资金重复投资和风电场运行人员的工作量。

4. 实现数据上报统一

海上风电大数据中心将风电场运行数据进行采集、清洗、汇总计算后统一存储,并支持多种主流接口方式;指标数据采用相同计算公式及计算模式,统一数据指标的上报,为政府决策部门、政府监管部门、业主决策层、风电机组设备制造商提供有力的数据支撑。

4.1.2 海上风电大数据中心数据采集标准内容

4.1.2.1 范围

《海上风电大数据接口标准》规定了海上风电场的网络环境、风电场信息及监控系统对外数据发布接口的标准化,实现了海上风电场对外数据服务接口的标准化。

《海上风电大数据接口标准》适用于海上风电场信息建设或者集中监控系统建设。

4.1.2.2 总体要求

(1)海上风电大数据中心应存储海上风电场建设阶段和运营阶段的数据,大数据中心宜具备设备监视、设备故障预警、统计报表分析等数据应用分析功能。

(2)海上风电场子站现地层各子系统(包括风电机组监控系统、升压站监控系统、AGC/AVC系统、故障信息系统、功率预测系统、PMU系统、电能量计量系统、设备在线监测系统、辅助系统、海洋气象、海事 AIS 等）建设应满足《海上风电大数据接口标准》的要求，并具备与大数据中心进行数据交互的能力。

（3）海上风电场数据采集系统应满足《电力监控系统安全防护总体方案》（国能安全〔2015〕36 号）和《信息安全技术—网络安全等级保护基本要求》（GB/T 22239—2019）等文件的网络安全防护要求。

（4）历史数据保存的时间段可分为毫秒、秒、分钟、小时、日、月、季、年等，数据宜带有数据来源、修改标识及数据质量等属性。

4.1.2.3 海上风电场大数据采集传输系统技术要求

（1）海上风电场需配置一套与大数据中心配套的数据采集和传输系统，并提供可视化配置界面，用于增加和删除风电场组织架构、数据采集设备类型、设备对象等，以及定义上述对象的属性、实时数据测点、GIS 属性等内容。风电场内与大数据中心通信传输相关的总体网络监控典型配置如图 4-1 所示。

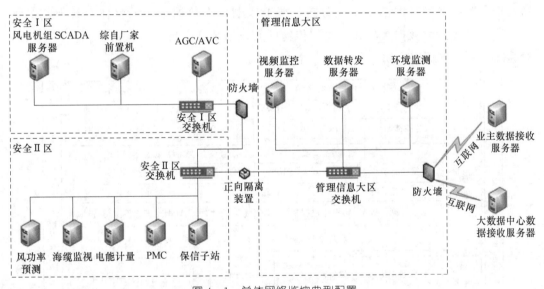

图 4-1　总体网络监控典型配置

（2）大数据采集传输系统应根据采集对象灵活配置对外采集的数据测点和采集频率，根据配置的采集点表对外发送数据。

（3）大数据采集传输系统的设备目录树及属性数据应支持 HTTP 访问向大数据中心传输风电场的目录结构及设备属性测点等信息。大数据采集传输系统实时数据传输应至少同时支持三种协议，即 MQTT、104、MODBUS。

（4）大数据采集传输系统应配置多个对外接口，提供多个对外数据接口服务。

（5）大数据采集传输系统应能在本地缓存半年以上的数据，支持断点续传功能。

（6）大数据采集传输系统的数据采集配置点表应具备下发自动更新功能，中心侧配置点表，风电场数据转发服务器自动更新数据点表。

（7）大数据采集传输系统的数据源从采集软件获取数据需通过账号密码验证，所传输数据需加密。

（8）大数据采集传输系统的传输数据应有日志功能。

《海上风电大数据接口标准》的采集点表内容详见附录。

4.2　海上风电场大数据中心整体系统架构

海上风电场建设了包括风电机组 SCADA 系统、风电机组振动监测系统、升压站综合监控系统等在内的众多信息系统，但风电机组种类多且分属不同的生产厂商，存在各系统接口、标准不一致等问题，使得各类数据的应用面临诸多困难，而一体化的海上风电场监控平台是解决上述挑战的有效手段。随着计算机、通信等技术的发展，海量数据的远程传输、集中存储、高效分析、挖掘数据潜在价值等成为海上风电场信息化建设的需求趋势。基于上述分析，海上风电场大数据中心的整体系统架构如图4-2所示，包括大数据采集、大数据传输、大数据基础支持平台、大数据应用、大数据标准化和大数据安全防护。

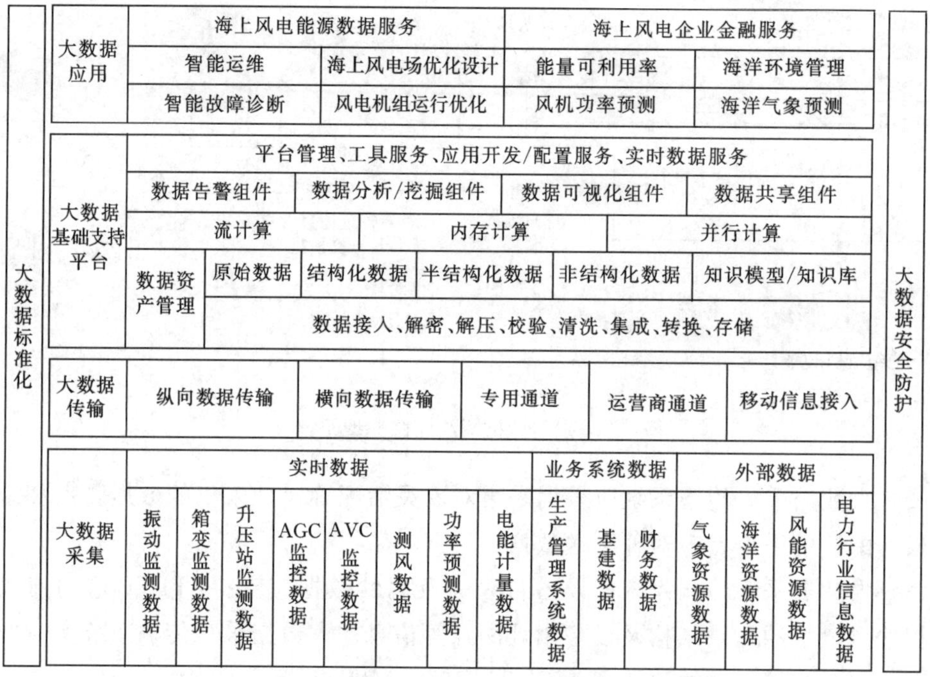

图4-2　海上风电场大数据中心整体系统架构

1. 大数据采集

海上风电场大数据中心的数据来源主要由硬件设备采集的实时数据、业务系统数据和外接信息资源的外部数据三部分组成。设备采集的实时数据来自振动监测数据、箱变监测数据、升压站监测数据、AGC/AVC 监控数据、测风数据、功率预测数据、电能计量数据等；业务系统数据主要来自生产管理系统数据、基建数据、财务数据等；外部数据主要包括气象资源数据、海洋资源数据、风能资源数据、电力行业信息数据等。

2. 大数据传输

海上风电场风电机组分布广而散，对于风电场是多层次的综合管理，选择合适的数据传输方式可以加强数据传输的实时性，不仅实现各站点之间的信息互换，而且有助于系统的远距离数据传输。

（1）单机监控和风电场中央监控之间的数据传输。单机监控和风电场中央监控之间的数据传输主要是下位机控制系统能将下位机的数据、状态和故障情况通过专用的数据传输装置和接口电路与风电场中央监控室的上位机进行通信，同时上位机能传达对下位机的控制指令，由下位机的控制系统执行相应动作，其可采用以下传输方式：

1）异步串行通信，用 RS-422 或 RS-485 通信接口。该方式所用传输线较少，成本较低，适合风电场监控系统采用，同时，因为此种通信方式的通信协议比较简单、常用，所以成为较远距离通信的首选方式。

2）以太网通信。对于大型海上风电场，风电机组分布广、数量多，数据信息流大，对速率要求高，RS-422 或者 RS-485 的实时性、传输速率达不到要求。而以太网为总线式拓扑结构，可容纳节点多、距离远，比传统的传输方式从传输速率上提高了几个数量级，且为直接接入广域网提供了便利手段。

3）光纤通信。相比于 RS-485 等通信方式，光纤通信电路通道容量大、衰耗低，不受电磁干扰，传输质量好，安全性、可靠性高，实施方案明确，利于远期扩建，便于维护，可以保证数据的远距离实时传输。线路架有地线时可选取 OPGW 光缆，无地线可选取 ADSS 光缆。

（2）风电场中央监控和远程监控之间的数据传输。根据海上风电场的通信条件，风电场中央监控和远程监控之间的数据传输主要有以下方式：

1）基于 Internet 网络数据传输。基于 Internet 的传输主要是依靠 TCP/IP 协议进行通信，即数据从本地系统向远程系统传送时，数据在本地系统的各层协议间沿着 TCP/IP 协议栈从上向下传递，而接收信息时，数据传输的过程恰好相反。该方式通用性好，但需要考虑数据安全性问题，一般需进行数据加密。

2）基于 VPN 的数据传输。VPN 指虚拟专用网络（Virtual Private Network），是利用现有的电信电话网络，在风电场中央监控与远程监控系统各安装 ADSL 或调制解调器设备，同时连接到 Internet 网络上，通过 Internet 建立 VPN 网络连接。VPN 技术无须实际的长途数据线路，而是依靠 Internet 服务提供商（ISP）和其他网络服务提供商（NSP），在 Internet 公众网中建立专用的数据传输通道。在数据安全性方面，VPN 使用了隧道协议、身份验证和数据加密三方面来保障。因此，该方式的数据传输具有费用低、传输速率快、安全性高的优势。

3）基于光纤的数据传输。光纤通信技术具有良好的延展性和融合性，其传输系统主要由光发送机、光接收机、光缆传输线路、光中继器和各种无源光器件构成。要实现通信，基带信号还必须经过电端机对信号进行处理后送到光纤传输系统完成通信过程。光纤通信包括光纤模拟通信和光纤数字通信。在光纤模拟通信中，电信号处理是指对基带信号进行放大、预调制等处理，而电信号反处理则是发端处理的逆过程，即解调、放大等处理。在光纤数字通信中，电信号处理是指对基带信号进行放大、取样、量化，即脉冲编码调制（PCM）和线路码型编码处理等，而电信号反处理也是发端处理的逆过程。

3. 大数据基础支持平台

大数据基础支持平台用于提供大数据通用基础功能，由数据预处理、数据集成、数据存储、数据挖掘、数据分析、实时数据服务、实时数据告警、数据计算、数据可视化、应用配置、平台管理组件群构成。数据预处理组件用于数据的解密、解压、校验、清洗、转换；数据集成组件用于常见的多源异构数据源的集成，主要包括关系数据库、实时数据库、文件等；数据存储组件用于海量实时数据的压缩，降低数据存储容量；数据挖掘和数据分析组件提供常用的机器学习、算法模型、特征分析、可视化等功能；实时数据服务组件用于实现接收远程大量设备的监测实时数据并进行处理，同时也可实现数据向服务器、网页、移动终端等的实时推送；实时数据告警组件用于根据定义的告警策略，实时输出数据告警信息，包括告警内容、时间、设备编号等。该组件需具备分布式部署架构，可进行横向扩容升级；数据计算组件用于流计算、内存计算和并行计算，能对 TB 级的数据进行有效分析。平台可根据分析计算涉及的数据、系统资源自动平衡调整并行度，优化系统资源的使用；数据可视化用于将大型数据集中的数据以图形图像形式表示，实现观测跟踪数据、辅助理解数据以及增强数据吸引力，并将数据直观、生动、易理解地呈现给用户，有效提升数据分析的效率和效果。应用配置组件用于帮助用户快速配置采集数据源、数据采集测点，以及设备监视、报警、数据统计曲线等展示功能。可配置的模块主要包括大数据中心、风电场、风电机组、主要电气设备、标准测点、设备测点、实时计算点、设备状态、报警、大数据应用等。平台管理组件群用于管理上述组件的添加、删除、移动等，便于不同层级的数据中心配置合适的组件。

4. 大数据应用

大数据应用是基于大数据基础支持平台实现海量数据价值提升的功能，用于智能故障诊断、风电机组运行优化、风功率预测、海洋气象预测、智能运维、海上风电场设计优化、风电场海洋环境管理、海上风电能源数据服务、海上风电企业金融服务等功能。

5. 大数据标准化

大数据标准化是对海上风电场网络环境、风电场信息及监控系统对外数据发布接口的标准化，从而实现规范海上风电场对外数据服务的通信，简化其他系统获取海上风电场监控系统的接入工作，保证数据的标准化和传输数据的安全性。基于此，海上风电场大数据中心需要对数据交互范围、数据交互通道、数据交互规范、数据信息标准化格式、数据标准化测点等内容进行规范。

6. 大数据安全防护

大数据安全防护是从大数据平台的安全需求出发，建立大数据平台安全防护体系，应对大数据传输交换、大数据存储、大数据计算、平台管理等过程存在的安全风险，主要从基础设施、大数据接口、大数据存储、大数据计算和平台管理五个方面进行安全防护。

（1）基础设施安全防护。基础设施承载大数据的虚拟资源、物理资源及网络资源等，其安全特性的防护措施包括防恶意软件、Web 应用防护、防火墙、入侵检测、完整性监控和日志审计等，同时要实现跨物理、虚拟和云环境的一体化安全防护。

（2）大数据接口安全防护。大数据接口安全包括认证鉴权、核心数据区域监控以及日志与审计。

1）认证鉴权。对采集终端和采集人员从接入鉴权、采集行为监控、账号密码等方面进行认证鉴权，对于数据传输过程实施基于设备的身份认证。

2）核心数据区域监控。严格限制在重要链路接入流量采集设备，同时限制对核心设备执行端口镜像类操作；严格限制采集过程中的临时数据存储区域。

3）日志与审计。对采集行为进行日志记录，并对重复采集和传输量超过设定阈值、采集传送过程中传输中断、传送过程中对目标文件库的存储量超过设定阈值的情况等异常采集行为及时告警。

（3）大数据存储安全防护。大数据存储安全包括数据访问控制、数据加密存储、数据完整性、数据备份与恢复、数据残留与销毁。

1）数据访问控制。认证和授权控制应用程序的访问；多人分权授权管控数据的关键性敏感操作，防止单人拥有重要数据的完整操作权限。

2）数据加密存储。实现文件系统加密，防止平台数据被破坏和窃取；支持分级的加密方法，如不加密、部分加密（脱敏）、完全加密等不同存储；根据数据密级采用不同的安全存储机制。

3）数据完整性。设立关键数据的完整性检测机制，防止在数据存储阶段关键数据的损坏和丢失。

4）数据备份与恢复。提供针对关键数据的备份和恢复机制，保证在故障发生后数据不丢失。

5）数据残留与销毁。数据删除后应保证系统内的文件、目录和数据库记录等资源所在的存储空间被释放或重新分配前得到完全清除，不可恢复。

（4）大数据计算安全防护。大数据计算安全包括认证授权、数据脱敏、数据封装以及数据关联性隔离。

1）认证授权。具备安全认证鉴权机制，确保合法的用户或应用程序发起的数据处理请求；支持对敏感数据的屏蔽、隐藏，达到敏感数据保护的目的；提供应用程度的通过统一入口控制点对访问大数据平台的统一认证；实现上层应用访问平台的细粒度授权控制，防止越权访问。

2）数据脱敏。对必要的敏感信息应用脱敏规则进行数据的变形，实现敏感数据的可靠保护；支持管理员配置脱敏算法。

3）数据封装。提供数据封装，屏蔽内部具体细节，确保计算安全。

4）数据关联性隔离。支持针对不同应用进行数据关联性隔离，防止不同应用之间的数据关联分析。

（5）平台管理安全防护。平台管理安全包括对平台中的补丁管理、元数据管理、日志管理、配置管理以及数据分类分级支撑管理等。

1）补丁管理。提供对大数据平台组件版本检测管理、依赖性管理、完善补丁管理、统一分发补丁功能等。

2）元数据管理。对元数据的访问、修改及删除等操作设置权限管理，并对操作进行日志记录。

3）日志管理。实现日志的自动分析，检测异常行为并告警。

4）配置管理。提供对大数据平台内各组件的安全配置管理，包括管理员权限控制、脱敏机制的开启、远程调用的开启等。

5）数据分类分级支撑管理。支持对数据按照重要性及敏感度进行分类别、分级别的差异化管理。

4.3 海上风电场大数据中心硬件架构

4.3.1 硬件体系构建需求

海上风电场大数据中心的硬件建设需满足多层次集中监控管理、二次安全防护、硬件配置、数据库布置以及可扩展与可维护性等需求。

1. 多层次集中监控管理

海上风电场大数据中心需要满足风电场现地、区域中心、集团总部三个层次的业务需求，即风电场现地不配运行人员，由值守人员和检修人员开展值班、定期巡检、日常维护以及检修管理等工作；区域中心集中设置运行人员，对区域所属电站进行统一的日常远程生产监控、综合数据分析和统筹运维工作；集团总部主要承担应急指挥调度和生产管理工作，并应用集团所属风电场、区域中心的上传数据，实现远程监视、诊断、大数据分析等。

2. 二次安全防护

海上风电场大数据中心安全防护主要是为了防范黑客、恶意代码等对系统的非法攻击，以及由此引发的电力系统安全事故，保障电力系统的安全、稳定运行。因此，需遵循"安全分区、网络专用、横向隔离、纵向认证"的基本原则，其具体的防护措施如下：

(1) 安全分区。根据计算机设备和网络应用业务的不同，系统分为生产控制大区和管理信息大区。其中，生产控制大区包括实时控制区（Ⅰ区）及实时非控制区（Ⅱ区）；管理信息大区则由生产管理区（Ⅲ区）和信息管理区（Ⅳ区）组成。

1) 实时控制区（Ⅰ区）是直接对一次设备进行实时监控的系统。其通信使用电力专线或专用通道的业务系统，或使用该系统的功能模块（或子系统）。

2) 实时非控制区（Ⅱ区）是具备在线监视功能但不具备控制功能的系统。其通信同样使用电力专线或者专用通道。

3) 生产管理区（Ⅲ区）是与调度生产相关的管理信息系统。

4) 信息管理区（Ⅳ区）是与调度生产没有直接关联的管理信息系统。

(2) 网络专用。电专线网络必须使用与外界独立的网络设备组网，在物理层面上实现与因特网的安全隔离。电专线网络通过逻辑隔离划分为实时子网和非实时子网，分别连接安全Ⅰ区和安全Ⅱ区，从而达到专网专用的目的。

(3) 横向隔离。横向隔离主要应用于业务系统的横向通信隔离。其中，实时控制区（Ⅰ区）与实时非控制区（Ⅱ区）之间的通信应采用国产硬件防火墙进行逻辑隔离；生产控制大区与管理信息大区之间的通信必须采用已通过相关部门认证的电力专用横向单向（正向和反向）隔离装置进行物理隔离。

(4) 纵向认证。纵向认证主要应用于业务系统的纵向通信，其纵向边界访问控制须采用硬件防火墙实现逻辑隔离，其数据通信也须通过纵向加密认证装置对数据包进行签名加密，实现调度数据网传输保密及访问控制功能。

3. 硬件配置

硬件按安全分区进行配置，即各类服务器根据应用特点选用适当的体系架构和系统配置。对性能和可靠性要求高的实时类应用服务器应专机专用，对计算密集的应用应选用高性能服务器，对性能和可靠性要求相对较低的管理类应用可采用虚拟化服务器。

4. 数据库布置

大数据中心可采用全集中数据库结构。集团总部按全景数据中心布置，数据经过区域中心汇集后上送集团总部，实现统一的存储。

5. 可扩展与可维护性

大数据中心应具备完善的系统自诊断功能，可对系统软硬件设备进行监测，能在任意工作站实时查看系统各软、硬件运行状态，并对故障进行报警或趋势预警。同时，大数据中心应具备可扩展性，以满足远景发展的需要；各种类型数据的接口应实现标准化，以满足系统集成和扩展的需要。

基于上述需求，系统硬件网络结构如图 4-3 所示，包括风电场现地层、区域中心层和集团总部层。

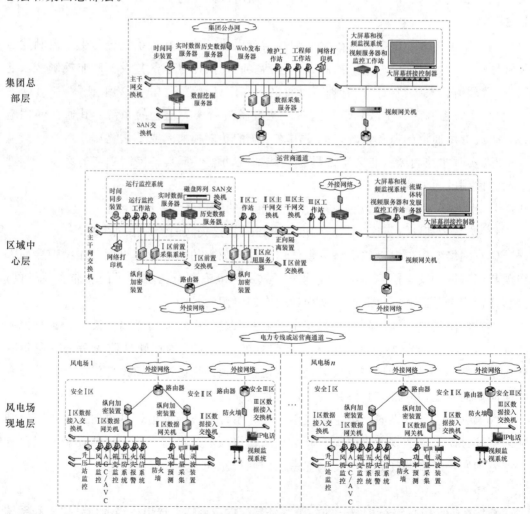

图 4-3 系统硬件网络结构

4.3.2 纵向通信网络

多层次海上风电场大数据中心的系统构建需求涉及远距离数据传输，选择合适的纵向通信通道是加强数据传输实时性的重要保障，主要包括电力专线通道和运营商通道。电力专线通道是利用各层级系统已有的数据传输设备接入电力通信站建立的专线通道，进而接入网络；运营商通道是指各层级系统之间均由运营商提供专用物理通道服务，如独立的 SDH-2M 通道等。风电场现地层与区域中心层之间可采用租用电力专线通道或运营商专用通道实现数据传输，其数据需要经过纵向加密方可进行交互，实现数据传输的安全隔离。集团总部层和区域中心层一般租用运营商专用通道，区域中心层数据通过纵向加密隔离装置转发至集团总部层。

4.3.3 风电场现地层系统硬件架构

1. 系统结构

根据数据接入的安全防护基本原则，风电场现地层需建立实时控制区（安全Ⅰ区）、实时非控制区（安全Ⅱ区）和生产管理区（安全Ⅲ区），如图 4-4 所示。安全Ⅰ区包括风电机组 SCADA 系统、箱变 SCADA 系统、升压站 SCADA 系统、AGC/AVC 控制系统、五防系统、火灾报警系统、保信系统；安全Ⅱ区包括故障录波装置、

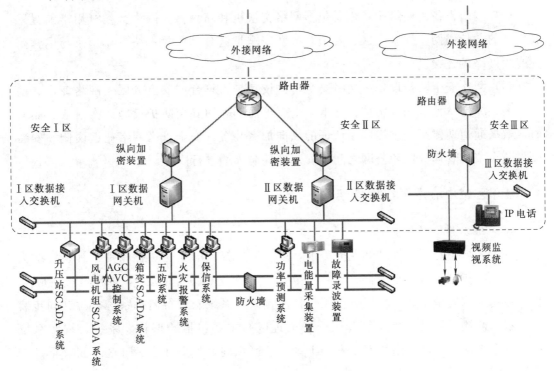

图 4-4　风电场现地层硬件网络结构

电能量采集装置、功率预测系统等；安全Ⅲ区包括视频监视系统等。安全Ⅰ区与安全Ⅱ区之间需设置防火墙进行逻辑隔离，同时通过纵向加密装置与区域中心层对应的安全Ⅰ区、安全Ⅱ区进行通信。

2. 硬件配置

风电场现地层集成了众多业务子系统并进行了安全分区，需要通过数据网关机、网络通信设备、网络边界二次安全防护设备及综合防护设备将子系统接入前置采集系统，从而实现数据接入存储、画面展示、接收控制指令、多目标数据转发等功能。风电场现地层硬件网络结构如图4-4所示。

（1）数据网关机。数据网关机是通信接口设备，用于收集各业务子系统的数据，经规约转换后通过网络向上级区域中心传送，需在安全Ⅰ区、安全Ⅱ区分别配置数据网关。对于安全Ⅰ区，为提高可靠性可按双机配置，而安全Ⅱ区则按单机配置。

（2）规约转换装置。规约转换装置用于解决数据网关机通信接口和规约转换功能不能满足业务子系统接入的问题，能实现串口—网口、串口—串口、网口—串口以及网口—网口之间的转换。需要实现多种常见通信规约的转换，如 IEC 60870 - 5 - 102、IEC 60870 - 5 - 103、IEC 60870 - 5 - 104、MODBUS、DNP3.0、OPC、IEC 61850等，一般按照单机配置规约转换装置。

（3）网络设备。网络设备主要包括网络交换机和路由器。网络交换机用于前置采集设备的通信组网，安全Ⅰ区、安全Ⅱ区和安全Ⅲ区分别配置；路由器用于与运营企业专用网络的连接。

（4）网络安全防护设备。网络安全防护设备是为符合"安全分区、网络专用、横向隔离、纵向认证、综合防护"基本原则要求而部署的安全防护措施。实时区、非实时区数据通道两侧须安装经国家认证的纵向加密装置；安全Ⅲ区网络通道两侧须安装硬件防火墙；管理分区和公网之间须安装硬件防火墙进行防护。

4.3.4　区域中心层系统硬件架构

1. 系统结构

基于区域中心层的管理和业务需求，以及数据接入的安全防护原则，其系统结构需建立生产控制区（安全Ⅰ区、Ⅱ区）和生产管理区（安全Ⅲ区），如图4-5所示。生产控制区（安全Ⅰ区、Ⅱ区）主要包括前置采集系统、运行监护系统、时钟同步装置、状态监测系统等；生产管理区（安全Ⅲ区）主要包括数据转发系统、视频系统等。安全Ⅰ区、Ⅱ区网络之间，安全Ⅰ区、Ⅱ区纵向，安全Ⅱ区、Ⅲ区之间，Ⅲ区与公网之间需要进行安全防护。

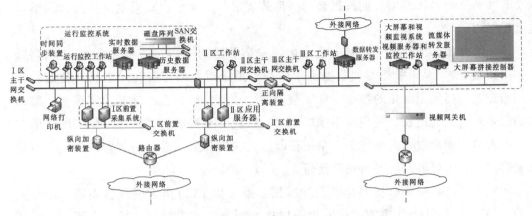

图 4 - 5　区域中心层硬件网络结构

2. 硬件配置

区域中心层需要采集风电场现地层上传的数据、处理数据以及转发数据，同时还需进行安全防护，通过专用数据网关机、网络通信设备、网络边界二次安全防护设备及综合防护设备等接入系统，从而实现数据采集、存储、分析、画面展示、发送控制指令、多目标数据转发等功能。

（1）前置采集服务器。前置采集服务器配置于安全Ⅰ区，负责对风电场现地层常规 SCADA 数据采集和生产区设备的调控，其数量根据接入点规模配置，需要配备备份服务器。

（2）实时数据服务器。实时数据服务器配置于安全Ⅰ区，需要配备备份服务器，主要用于完成各风电场现地层实时数据的采集和处理，以及运行监控、AGC/AVC 功能，并向操作员工作站、调度员工作站提供实时数据服务。

（3）历史数据服务器。历史数据服务器为Ⅰ区和Ⅱ区公用历史库设备，需要配备备份服务器，主要用于完成区域中心历史数据的存储及数据备份，并实现对风电场现地层数据的历史统计查询、生产指标统计分析等功能。

（4）应用服务器。应用服务器配置于安全Ⅱ区，主要用于完成区域中心电能计量、功率预测、设备状态监测、录波信息等功能。

（5）数据转发服务器。数据转发服务器配置于安全Ⅲ区，主要完成区域中心与集团总部的数据交流等功能。

（6）网络设备。网络设备主要包括网络交换机和路由器，用于生产控制区和生产管理区双网设计的组网，安全Ⅰ区、安全Ⅱ区和安全Ⅲ区分别配置；路由器用于与运营企业专用网络的连接。

（7）网络安全防护设备。网络安全防护设备包括纵向加密装置、横向隔离装置和防火墙。其中：安全Ⅰ区、Ⅱ区网络之间配置防火墙，纵向边界配置纵向加密装置；

安全Ⅱ区与安全Ⅲ区网络之间配置横向隔离装置进行安全隔离；安全Ⅲ区与公网通道边界配置防火墙。

（8）工作站。工作站主要有安全Ⅰ区、安全Ⅱ区的工作站（包含操作员工作站、维护工作站等）、视频服务器和监控工作站等，用于对电气设备、风电场设备的运行监测和控制；提供定制化的数据展现和报表的生成、打印、上报功能，实现与上级单位的报表系统无缝连接；实现对系统的配置、数据库参数的修改、系统组态图形的定义、报表的制作修改及网络维护、系统诊断等；实现与集团总部视频监控系统平台进行通信，也为大屏幕系统提供视频信号。

（9）大屏幕和视频监视系统。大屏幕显示系统由 LCD 屏无缝拼接而成，信号采用 DVI/VGA 或 HDMI 等方式接入大屏拼接控制器，实现对风电场风电机组、主要电气设备等的实时监视。

（10）时间同步装置。时钟同步子系统用于同步各后台监控主机时钟，配有高精度时钟源，可采用 GPS、北斗配置。

4.3.5 集团总部层系统硬件架构

1. 系统结构

集团总部层是整个海上风电场大数据中心系统的数据中心，需要进行大数据的采集、存储、分析及应用，配置于安全Ⅲ区，如图 4-6 所示。集团总部层主要包括远程监视系统、运行状态监测系统、功率预测系统、大数据应用系统、生产管理信息系统、视频监控系统、IT 设备管控系统等。集团总部层接入集团办公网和运营商等公网需要进行安全防护。

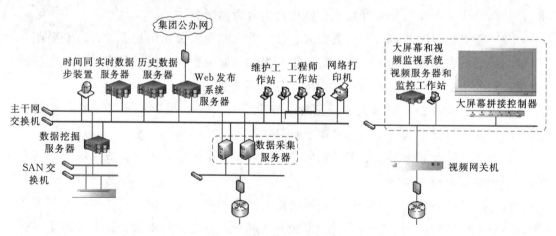

图 4-6 集团总部层硬件网络结构

2. 硬件配置

集团总部层通过配置各类服务器、工作站、专用数据网关机、网络通信设备、网络边界二次安全防护设备接入系统，实现对区域中心层转发数据的采集，大数据的存储、分析、应用、画面展示、决策支持等功能。考虑到大数据的集中处理，服务器应采用高端配置，并通过虚拟化软件对不同需求的应用分配不同的资源，即对于数据吞吐量大、并发访问高的分配较多的计算、存储资源，其余设备性能要求按需分配。

（1）前置采集服务器。前置采集服务器负责各区域中心、风电场实时数据的采集。

（2）实时数据服务器。实时数据服务器用于完成各类 SCADA 系统运行监控功能，并向操作员工作站、调度员工作站提供实时数据服务。

（3）历史数据服务器。集团总部的历史数据服务器需分配较多的计算及网络带宽资源，用于满足各应用服务器对历史数据的数据调用/写入，支撑历史统计查询、生产指标统计分析等功能。

（4）应用服务器。应用服务器包括数据挖掘服务器、Web 发布系统服务器等，用于支持故障诊断、设备质量分析、度电成本分析、信息发布等功能。

（5）网络及安全防护设备。网络设备主要包括网络交换机和路由器，用于设备通信组网，配置按双网考虑。安全防护设备主要是防火墙，用于Ⅲ区与集团办公网和公网通道边界配置安全防护。

（6）工作站。工作站主要有操作员工作站、维护工作站、视频工作站等，用于集团总部层系统的运行监视、专家诊断、报表及告警、NEPMS 系统、设备维护等人机交互。

（7）大屏幕和视频监视系统。大屏幕显示系统由 LCD 屏无缝拼接而成，信号采用 DVI/VGA 或 HDMI 等方式接入大屏拼接控制器，实现对各区域中心、风电场的实时监视。

（8）时间同步装置。时钟同步子系统用于同步各后台监控主机时钟，配有高精度时钟源，可采用 GPS、北斗配置。

4.4 海上风电场大数据中心功能构成

海上风电场大数据中心功能构成是基于多层次管理模式进行配置，即风电场现地功能是定位于整个大数据中心的设备底层，为智能控制、区域中心集中监控、集团总部监管奠定数据基础。区域中心层的功能定位主要是监控与管理全功能，配置 SCADA、AGC/AVC、风功率预测、电能量采集、设备状态监测、保信及录波、辅控系统等生产大区应用功能和统计报表、备品备件、生产管理等管理信息大区应用功能。集团总部层的功能定位主要包括集中监视、统计、管理、业务展示、专家诊断，配置设备预警评估、资产管理、EPMS 生产管理、Web 发布、移动终端发布、视频及其他管理系统等通用功能，用云服务方式提供给风电场区域中心。

4.4.1 风电场现地层系统功能构成

风电场现地层系统是整个大数据中心的底层，根据需求应采用标准化的通信协议和接口，实现测量数字化、控制网络化、状态可视化，技术要求主要包括数据采集与存储；与多级集控中心的数据上传；支持远方控制命令的记录和查询；支持多种通信协议的接入；支持对通信状态的检查和监视；支持转发信息的编辑与合成；支持就地或远方的监视和维护；支持热备用无缝切换；支持自诊断等。

风电场现地层系统包含了数据采集的主要设备体系，其功能主要包括风电机组在线监测、海上升压站结构监测、海上大型设备腐蚀监测、海缆监测、主要电气设备监测等，详见第 3 章。

4.4.2 区域中心层系统功能构成

区域中心层系统功能按照本地区集中生产运营管理配置，主要功能为读取现场风电机组监控系统、变电站综合自动化系统、功率预测系统、风电机组振动监视系统、SVC 监视系统等的所有数据、画面、图形，实现远程实时监控、设备检修工作的统筹安排以及风电场绩效的统计、分析和汇报，向集团总部转发数据，并能够根据调度端调度指令远程控制所辖风电场。

1. 海上风电场运行监控

海上风电场运行监控是区域中心层系统的核心，通过运行监控能够实时了解风电场运行情况，满足运行人员日常操作、上级系统或者电网调度系统对风电场的监控，利于整合资源，减少设备重复投资，降低运营成本。

（1）风电机组运行状态数据采集。通过前置采集系统接收实时数据并写入实时数据库，数据采集类型分为模拟量和开关量。模拟量包括电压、电流、功率、转速、风速、风向、光照、水位、油位、振动、位移、温度等。开关量包括事故、断路器及重要继电保护的动作等中断开关量，以及各类故障、断路器及隔离开关的位置信号、机组设备的状态信号等非中断开关量。

1）采集风电机组运行数据，主要包括：实时风速、风向，有功功率、无功功率、功率因数、电压、电流，发电机转速、风轮转速、风向机舱夹角、偏航角度、桨距角，环境温度、塔底温度、机舱温度、塔底控制柜温度、机舱控制柜温度、主轴承温度等。

2）采集风电机组部件状态数据，主要包括：主控柜的散热风扇工作状态，加热器工作状态等，变频器系统的温度、散热电机工作状态、电压、电流等，变桨距系统的设定角度、实际角度、扭矩、电器柜温度、变桨电机温度、加热器工作状态等，发电机系统的电机散热状态、电压、电流、发电机轴承温度、转子线圈温度等，齿轮箱的油温、轴承温度、油池温度、油压、油泵电机工作状态等，液压系统的压力、刹车模式等。

3）采集风电机组故障信息，主要包括故障发生时间（包括起始时间和结束时间）、代码和分类等，涉及变频器故障、偏航故障、变桨距系统故障、齿轮箱故障、发电机故障、油泵故障、液压站故障、控制系统故障、刹车系统故障、轮毂故障、冷却系统故障等。

（2）升压站监控数据采集。采集隔离开关、接地开关、断路器、手车开关状态等遥信数据，以及线路、主（站用）变电压、电流、有功功率、无功功率、功率因数等遥测信号。

（3）箱变监控数据采集。对已安装箱变监控系统的风电场，实现与箱变监控系统对接，将箱变电压、电流等信息及报警信号接入系统，并实现声音报警和远程投退。

（4）测风数据采集。采集测风塔数据，主要包括不同高度的风速、风向、气压、温度、湿度，采样点的数据包括采样周期内的标准偏差、平均值、最大值和最小值等。

（5）风电场有功/无功控制数据采集。采集风电场有功/无功控制系统的数据，主要包括有功执行日计划、有功/无功控制状态、损失电量等信息。

（6）风电机组振动在线监测运行数据采集。采集风电场现地层系统转换成标准的 IEC 61400-25 模型的风电机组振动系统运行数据，如齿轮箱、主轴承、发电机、机舱及塔筒等的振动信号。

（7）可视化展示。可视化功能是指采用面向对象设计，借助于计算机图形理论和技术，将 SCADA 数据等转换为等值线、等值面、棒图、饼图、曲线、仪表盘、三维地形图以及颜色分区渲染等更直观的显示，为值班员运行值班提供更高效的监视方式。

（8）告警处理。针对海量数据报警处理需求，采取智能报警技术手段对风电机组、升压站、箱变、功率预测等出现的告警信息进行处理。

1）告警分类。风电场运行异常告警包括一次设备跳闸（闭锁）、系统主/辅设备、电压越限等故障信息；二次设备异常告警，即保护及安全自动装置动作信息，保护及安全自动装置异常信息，保护及安全自动装置通道异常信息；功率预测系统预警信息，包括数值天气预报下载异常、功率预测结果上报异常；监控系统设备告警，包括计算机、网络、控制器等相关设备的运行异常信息。

2）告警显示。实现最新告警信息图形变色或闪烁、告警总表、推送故障图形等；提供多页面的综合告警智能显示，并可根据实际需要定制告警页面；支持采用不同的策略显示不同类型、不同等级的告警；采用多种策略实现自动滤除多余和不必要的告警；实现告警信息智能检索查询。

（9）控制与调节。按照运行控制方式和预定的决策参数进行控制调节，满足电力调度发电的控制要求。对风电场控制的内容主要包括：风电机组的远程开停机、解并列；主变压器的远程停送电；线路出线断路器/隔离开关的开、合；升压站的常规操作；机组有功、无功的远程调整；偏航系统、变桨距系统的远程调整；继电保护、故障录波信息的分析整理。

（10）事故追溯。风电场发生事故时，应对事故发生前后的重要参数和相关量进行追溯并记录，如指定的量测越限、指定的开关量动作及其他预定义的组合事件等。同时具备事故反演功能，对事故发生过程通过曲线、画面等进行重演。

2. 能量管理

通过能量管理子系统接入和分析风电场上传的 AGC/AVC 相关数据、实时量测数据、预测与计划数据、基本数据、历史数据和临时数据，采用报表显示和查询，为区域集控中心进行调度管理提供技术支撑。

3. 电能计量

通过前置机采集电能量远方终端或电能表的带时标电量数据，并进行时间同步和设备管理工作。将采集到的数据存储于商用历史数据库，由后台应用对数据进行计算，得到结算、经济性分析和管理所需的结果，为电力市场运营系统提供基础数据。数据以报表、曲线、画面、Web 等形式进行发布，可提供给需要使用电量数据的其他部门使用。可与上下级电能量计量与处理、EMS、NEPMS 等信息系统互联，互相转发数据。

4. 设备运行状态监测

通过设备运行状态监测系统对风电场传来的主要电气设备状态信息进行处理、分析和存储，判断其工作状态是否正常，对于工况异常的设备给出报警信息。例如，对风轮主轴、发电机轴、偏航系统及齿轮箱等旋转和传动部件的运行特征进行状态监测；对风电机组的各部件温度、风电机组塔筒倾角状态及其他状态进行监测等。

5. 功率预测

通过前置采集系统获取风电场数据，实现区域中心功率预测相关数据的集中展示和对比分析。能接收风电场功率预测系统上传的数据，如功率预测数据、功率实际输出数据、测风塔数据、天气预报数据等，便于调度员根据预测情况调整风电场的实际发电量。

6. 故障诊断

应用专家系统，实现对用户输入的故障信息应用推理机在知识库中各个规则的条件进行正向和反向推理匹配，把被匹配规则的结论存放到综合数据库中，并得出最终结论呈现给用户。风电机组常见故障主要涉及轴承故障、齿轮箱故障、联轴器故障、发电机故障、叶片故障等，其诊断手段主要有频谱分析、包络分析、细化谱分析、特征趋势分析等。

7. 保信管理

应用保信系统，实现保护的信息管理、故障录波，接收、汇总、显示所辖各风电场保信子站上传的各继电保护装置、安全自动装置的动作信息、运行状态信息，及故障录波器上传的故障录波信息，通过必要的分析软件，对所辖各风电场事故进行分析。针对二次设备的运行参数及工况，一方面实现实时在线采集和监视，及时发现装置异常情况；另一方面在电网故障时，能快速采集现场二次设备的动作情况，对信息进行提炼、挖掘、智能分析，自动生成故障分析报告，并将装置的实际动作情况和分析报告自动快速推送给电网管理人员，从而提高判断故障、处理故障的准确率和速度，实现快速恢复电网，减少事故损失。

8. 数据转发

应用数据转发系统，实现区域中心实时汇总和统计分析的数据向集团总部转发，在集团总部即可实现对集团下发电站的运行状态进行集中化远程监测，对发电站运行数据进行综合分析，为集团领导及相关人员提供各子站信息查看的便捷途径，有助于集团决策层对各电站进行更有效的管理。

4.4.3 集团总部层系统功能构成

在统一支撑平台的基础上，集团总部层系统可灵活扩展、集成和整合各种应用功能，并能挖掘各风电场监控系统融合的大量业务数据中所蕴含的信息。集团总部层系统功能除了设备运行状态监测、功率预测等区域中心层系统所具备的功能，还实现了远程监视、Web 发布、移动发布、大数据挖掘与分析、生产管理、IT 设备集中管控、远程视频监控等功能。

1. 远程监视

远程监视是集团总部层系统的基本功能，能根据需求部署区域中心系统所有基础功能，并实现数据统一接入、统一展示、高级效能分析等。

2. Web 发布

通过 Web 系统，提供显示电力生产实时工况、历史数据以及统计分析数据等功能，为不同权限的用户提供不同的数据、页面、图形和功能，供其他部门人员查询、浏览，并具备用户权限的控制和身份认证功能。

发布的内容包括所有的实时和历史信息，主要有系统各类告警信息（重要参数、越限报警信息）；风电场风功率预测信息、电量信息；日报、月报和年报报表信息；各类统计数据和曲线；各类图形画面；事件分类列表（包括操作信息等）；系统运行状态；系统主接线图及遥测站系统接线图等。

3. 移动发布

通过移动终端系统实现实时数据、统计数据和重要事件信息对外单向发布。集团相关人员通过该系统随时随地了解各子站的运行状况。移动终端可进行告警信息推送的配置，角色权限和过滤配置相结合，可针对不同的角色推送不同的告警内容。

4. 大数据挖掘与分析

借助大数据分析和高性能计算技术，通过整合有效数据，建立集团统一共享的数据资源，对各种知识进行长期积累，形成集团知识库，从而实现远程设备状态分析、远程故障诊断、环境资源分析等。

5. 生产管理

生产管理功能需涵盖风电场电力生产管理的主要业务范围，并建立一套以风电场设备资产维护为重点、成本控制为核心、多风电场集成应用的生产管理系统，包括电力生产管理、公共管理、设备管理、运行管理、物资管理、文档管理、安全管理、生产信息查询及生产决策支持等功能，并实现与集团总部 NEPMS 系统的数据交流。具体介绍以下 3 种功能：

（1）物资管理。应用物资管理系统实现物资台账、领料管理、采购管理，与运维管理系统密切相关，是对生产过程中所需各种物资及工器具的订购、储备、使用等所进行的计划、组织和控制。如风电机组发生故障需要更换备件时，领用管理系统将详细记录物料领用全过程中涉及的人员、使用原因、物资使用情况等信息，具备灵活的查询、统计功能并形成相关报表。如若所需备件库存不足，系统会触发采购流程，相关部门及时采购。

（2）设备管理。设备管理对设备的基本状态信息、基本出厂参数、特殊出厂参数、型号、规范、技术文档资料、图片资料进行管理。其业务范围涵盖发电设备、通信设备、配电设备等，对管理范围内的设备进行统计分析。设备管理主要包括设备台账管理和设备缺陷管理。

（3）生产决策支持。支持生产管理过程中设备大修或更换分析、设备可靠性分析、设备缺陷分析、生产计划制定等，提供生产数据的集中查询、统计、分析和展现，实现对各类数据进行统计分析与提炼，提供决策支持报表及分析图等。

6. IT 设备集中管控

通过 IT 设备集中管控系统，应对集团总部、区域中心庞大的自动化系统软、硬件维护工作，及时、准确地获知各自动化系统计算机等 IT 设备健康状态，将故障消除于萌芽状态，为大数据中心的稳定运行提供有力保障，同时降低维护人员的技术水平要求及工作强度。管控对象包括服务器、工作站、存储系统（含厂站端通信服务器）、路由器及交换机等网络设备，通信通道，操作系统，数据库，数据文件，监控系统应用软件等。

7. 远程视频监控

通过集团总部视频管理监控平台，汇集所属区域中心和风电场分控端的视频监控上送的视频数据，应用视频采集与处理技术实现对区域中心、风电场环境的全天候、全实时可看、可知、可控等，使其在有效预防突发事件、保证交通运营安全、保护区域财产安全与交通生产生活安全等方面发挥基础和重要的保障作用。

4.5 海上风电场大数据中心案例

4.5.1 项目概况

1. 大数据中心定位

以广东省海上风电场大数据中心为例，其由中国能源建设集团广东省电力设计研究院有限公司负责建设，是工业和信息化部 2020 年大数据产业发展试点示范项目之一，聚焦于工业大数据的融合应用，其目的是服务于广东省海上风电相关单位和政府部门，并为广东省海上风电健康发展提供大数据支持。图 4-7 为大数据中心应用示

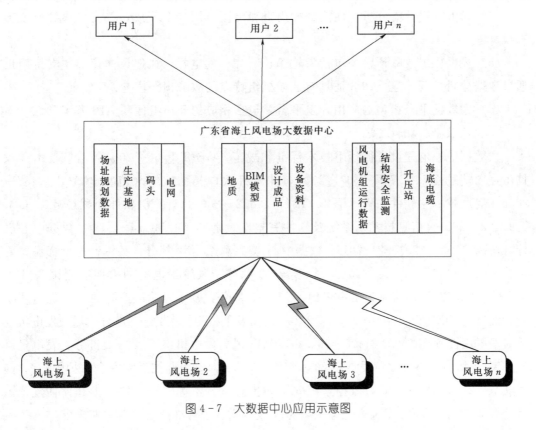

图 4-7 大数据中心应用示意图

意图，一方面通过大数据中心接入广东省各海上风电场风电机组运行监控系统、升压站监控系统、大型设备结构安全监测系统、海底电缆监测系统等，实现海上风电场的灵活远程监控，从而创新监管方式，强化广东省海上风电运营的全过程监管水平，使政府部门更好地监管风电项目，落实通航安全、保护环境生态；另一方面，应用大数据中心建立海上风电场规划、建设，海上风电生产、运营，以风电装备资料等信息的数据库，并基于大数据技术服务接入大数据中心的用户；同时，能结合国家产业政策发展动态，实现海上风电发展形势分析。

2. 大数据中心建设内容

大数据中心的建设遵循智能化、先进性、易用性、灵活性、安全性、可靠性、稳定性和可扩展性的原则，建设的主要内容如下：

（1）大数据采集平台。功能可配置，能满足采集各种形式的 PLC、DCS、视频、离散数据及数据库数据，能实现数据清洗、加工、缓存、日志、报警等功能。

（2）大数据平台存储显示。采用可配置和定制化的工具实现包括数据存储、分析、处理、可视化数据显示的软件系统（支持手机端显示），支持集控级大屏幕及多屏幕矩阵要求的集中显示。

（3）大数据发布。支持多模式可配置数据发布。

（4）风电机组性能分析。性能分析逻辑和模型对用户全开放，并支持参数配置和修模。

（5）风电机组故障预警。包括齿轮箱、叶片、发电机、风速风向仪等，支持用户通过数据分析发现、建立和验证具有区域机组特点的故障预警模型。

（6）大数据平台相关的应用开发平台，包括相应的开源组件和 API 等工具。

3. 主要技术标准和规范

大数据中心的建设遵循以下技术标准和规范：GB/T 8566—2007《信息技术　软件生存周期过程》；GB/T 8567—2006《计算机软件文档编制规范》；GB/T 11457—2006《信息技术　软件工程术语》；GB/T 15532—2008《计算机软件测试规范》；GB/T 18492—2001《信息技术　系统及软件完整性级别》；GB 50174—2017《数据中心设计规范》；GB/T 32910.2—2017《数据中心 资源利用 第 2 部分：关键性能指标设置要求》；IEC 61400-12-1：2005《风轮 第 12 部分：风轮发电的动力性能测试》；IEC 61400-12-2：2013《风力发电机组 第 12-2 部分：基于机舱风速计的风电机组功率特性测试》；IEC/TS 61400-26-1：2011《风力发电机组　第 26-1 部分：风力发电机组的时基可用性》；IEC/TS 61400-26-2：2014《风力发电机组 第 26-2 部分：发电量可利用率》；国家发展和改革委员会 2014 年第 14 号令《电力监控系统安全防护规定》；国能安全〔2015〕36 号《电力监控系统安全防护总体方案等安全防护方案和评估规范》；其他有关的现行国家、行业标准，存在双重及双重以上标准的按较高标准执行。

4.5.2 系统架构

1. 系统整体结构

系统整体结构分为三个层面，包括远程数据采集层、存储层和数据服务层，如图4-8所示。

（1）远程数据采集层是整个大数据中心的数据来源，通过统一的数据采集平台，远程获取海上风电场设备运行数据、海上气象数据、海事局调度信息、电网接入信息、视频及环境监测信息等。

（2）存储层实现实时数据、计算数据、转换数据、历史数据的存储。

（3）数据服务层提供风能资源、海洋水文、风电场工程地质、风电机组机位地理位置等信息的索引和查询。

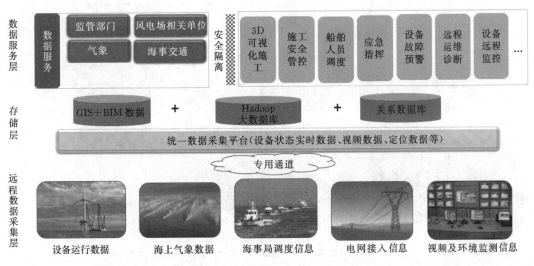

图4-8 大数据中心整体结构

为实现海量数据的长期存储需求，满足广东省海上风电建设发展，采用Hadoop分布式大数据库、关系型数据库相结合的数据架构作为大数据中心的支撑数据库。对外的数据服务通过多种方式（Web、手机APP及API等）将数据发布给政府监管部门和各业主。此外，系统还能实现数据导入、统计、清洗、存储，提供基础算法包、基础数据工具，以及高级算法包的发掘、开发、封装、验证与优化等，为用户提供风电场机组性能、各指标状态、机组故障预警等统计分析应用，并通过图形化的界面显示机组性能、指标和预警结果，支持通过网络访问的形式进行浏览。

2. 系统网络架构

图4-9所示为大数据中心的网络架构图，其中核心层和接入层均实现了双机双链路冗余设计，实现了万兆交换骨干网和千兆交换到桌面。部署无线局域网，为人员

移动办公提供了便利的网络连接条件。互联网出口实现了中国电信、中国联通和中国移动三个互联网链路接入，并在边界部署了链路负载均衡设备，优化内外网数据交换链路路径，并实现了双机冗余架构；同时，提供了多种远程连接大数据中心网络的手段，包括 IPSEC VPN、SSL VPN 等。

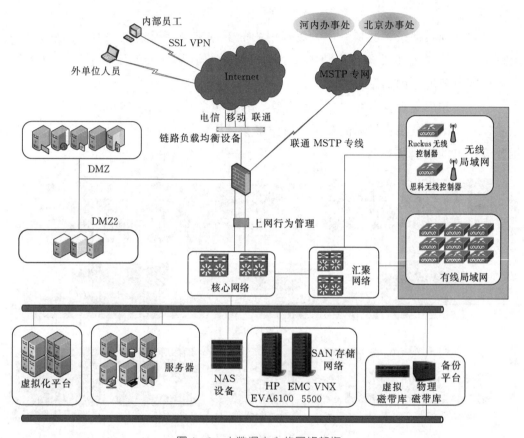

图 4-9　大数据中心的网络架构

部署的服务器主要使用 x86 架构的微机服务器，包括塔式、机架式以及刀片式三种类型，机器配置以双路和四路服务器为主。服务器虚拟化系统使用 VMware Vsphere6.0，并部署 ESXi 物理服务器，后端挂接存储系统。

建立了统一存储网络架构，含光纤和网络存储系统，包括华为并行存储系统 OceanStor N9000，HP EVA6100 和 EMC VNX5500 光纤存储系统，Netapp FAS2040 NAS 系统等。

4.5.3　系统功能

1. 大数据基础平台功能

大数据基础平台提供数据采集接入、实时清洗、实时存储、分析建模、实时预警、平台管理、数据交互、数据可视化等功能，可支持高阶技术人员在大数据基础平台上开发机组预警模型、模型驯化等工作，支持对特殊数据和其他外源性数据进行自主、全流程的数据分析和挖掘工作。

（1）数据存储。通过数据存储引擎实现实时数据、计算数据、转换数据的存储。后台历史数据存储介质使用 Hadoop、Mangodb 或者其他历史数据库，通过调用对应的 API 方法实现历史数据的存储。历史数据存储使用缓冲池的方式，实现高速接收和批量写入。对存入的数据进行有效的压缩，以节省磁盘空间，并支持不同压缩比的压缩算法。

大数据基础平台能够针对多种数据结构进行查询应用，包括实时历史遥测、遥信、遥脉信息，关系型报表数据、操作记录信息，非机构化图片、报告等文件数据。

（2）数据预览及统计。大数据基础平台提供多种数据预览与统计的方式，包括展示数据覆盖率、有效率、最大值、最小值的统计，多参数散点图展示，Bin 方法拟合计算，多参数相关性计算与展示，多参数时序图展示，多参数频率自动计算和多种图形展示，地形图及机位坐标展示等。

（3）实时数据服务。大数据基础平台能接收设备远程传送的实时数据，并进行处理、保存；同时实现数据的实时推送，如推送到 H5 页面或者移动 APP 页面，从设备现场采集数据实时推送到服务器、PC 网页或者手机移动终端，实现数据的实时展现。

（4）实时数据告警。大数据基础平台可根据定义的告警策略，实时输出数据告警信息，包括告警内容、时间、设备编号等。告警的数据支持文件形式保存和大数据平台存储两种方式，供集控中心调用。

（5）海量数据在线多维查询。大数据基础平台具备数据的在线查询功能，实现多维区间索引加速机制，以支持对固定检索条件的快速查询需求；具备动态数据（风电机组数据）和静态业务数据（风电机组基础设备台账）的连接查询。

（6）数据并行分析计算。大数据基础平台提供分解任务的并行计算、迭代计算，可对 TB 级的数据进行有效分析；能根据计算涉及的数据情况、资源情况自动平衡调整并行度，以优化系统资源的使用。

（7）数据可视化。大数据基础平台提供基于（HDFS、HBase、Spark 等）数据源的可视化数据分析工具，能够用柱图、饼图、散点图、曲线、报表等多种工具对数据进行多种方式的可视化展示。

（8）数据接口。大数据基础平台对外提供各种开发接口，包括完全兼容 Hadoop 生态圈开源各个组件 API 接口、REST 访问接口以及 StarGate/HyperbaseREST 接口。同时通过支持 SQL2003 标准以及 PL/SQL，提供 JDBC/ODBC 接口，能够使传统业务场景向大数据平台上进行平滑迁移。此外，大数据基础平台为数据挖掘提供

JAVA API 以及 R 语言接口，用户可以直接使用 R 语言与 SQL 进行交互式数据挖掘探索，同时可以通过平台开放的 API 进行二次开发，通过 JDBC/ODBC 接口对上层应用进行 SQL 查询。

2. 应用层功能

（1）区域风电场状态监视。对广东省海上风电项目所有风电机组的整体情况进行监视，以列表方式或电子地图方式显示，同时显示设备的工作状态等信息。显示内容包括：区域数据汇总，包括发电量、实时处理情况等；多纬度查询区域整体的设备分布情况；所属各个风电场简要实时数据显示，包括功率、发电量等；重要的报警事件；重要指标数据，包括所有设备的运行状态分类、关键故障信息汇总、部件故障情况汇总等。

（2）风电场状态监视。以矩阵方式展示风电场整体运行状态信息，显示信息有：整体运行状态统计信息，包括风电场实时功率、正常运行设备数量、故障停机设备数量、检修设备数量、电气主接线图等；风电场主要设备的简要实时数据列表；各个风电机组的功率、实时发电量统计；风电场实时风速、风向、气温、气压、湿度等；报警事件列表。

（3）风电机组状态监测。监测风电机组状态信息，主要包括风电机组基本信息、风电机组实时状态数据、风电机组历史状态数据查询、风电机组故障报警信息等。可从单台风电机组视图导航到机组部件的详细视图，按部件详细显示机组的实时数据。针对不同部件的关键监视数据进行分类，同时将此类部件对应的故障报警信息标示在部件中。其中，风电机组基本信息包括风电机组经纬度、单机容量、轮毂高度、风轮直径、功率曲线、推力曲线、主要部件规格参数等；风电机组的实时状态数据主要包括环境参数、风轮转速、发电机转速、偏航位置、偏航速度、扭缆角度、桨距角、变桨速度、液压系统压力、油位、振动加速度、温度、电气参数等。

（4）升压站和集控中心数据监视。升压站和集控中心的状态信息包括主要电气设备基本信息、实时状态、电网实时信息等。主要电气设备基本信息包括主变压器、高低压配电装置、柴油发电机、无功补偿装置、综合自动化系统、控制电源、暖通、消防等主要设备的品牌、产地和规格参数等。

（5）风电机组结构安全监测。对风电机组海底设施和升压站海底设施的钢结构进行实时监视，通过振动分析、实时视频等多种手段监视其基础结构。

（6）海缆监视。

1）海缆故障监测。海缆故障监测是基于分布式光纤传感技术，其功能包括实时在线的温度和应力分布式监测；实时在线的扰动监测；过热点或锚害的位置信息标示；海缆异常的早期探测；对岩石定点摩擦海缆等不可见事件进行数据积累，为海缆日常维护提供磨损事件数据库；通过集成海事的 AIS 系统和 VTS 系统及其他已有监控装置，搭建海缆立体监测平台，为突发事件的事后赔偿追索提供事件证据链事实依据。

2）海缆扰动监控。海缆扰动监控主要对海缆外部扰动进行监测，实时监控海缆可能遭受的破坏，对于突发的危害事件进行预警及定位，光纤受损后可自动检测并定位受损点。出现报警信号时可在电子地图上标明报警位置，并显示出具体地理位置信息和该点处的可疑侵害事件。

3）海缆温度监测。海缆温度监测用于实时监测记录全线电缆的不间断运行温度，并对温度异常进行报警及定位。温度异常报警是对海缆温度进行监测，及时发现电缆运行过程中出现的问题，具备最高温度报警、温升速率报警、平均温度报警、系统故障报警、光纤断裂报警等功能，并能显示、记录测温数据、报警位置等信息。

4）海缆应力监测。海缆应力监测用于实时监测记录全线电缆的应力变化，并对应力异常进行报警及定位。应力异常报警是通过对海缆应力的监测，及时发现海缆运行过程中出现的问题，具备最高应力报警、应力突变报警、系统故障报警、光纤断裂报警等功能，并能显示、记录监测数据、报警位置等信息。

5）海缆海事监控预警。海缆海事监控预警用于实时收集船舶的 AIS 信号和 VTS 信号，配合全球定位系统（GPS），获得进入海缆保护区船舶的标识信息、位置信息、运动参数和航行状态等重要数据，及时掌握附近海面所有船舶的动静态资讯，并能显示和自动存储；能根据船舶航行速度在海缆保护区内的停留时间等参数设定和修改预警、报警限值，投标方应提供具体的预警、报警限值及其说明；能向通过海缆保护区的船舶发送预警信息。

（7）实时气象和海况显示。大数据中心接入海洋厅海洋大数据，包括广东省沿海气象站、海洋站站点分布、实时数据及其大尺度数值模拟场；工程点短期观测数据，站点位置、实时数据；广东省风能资源分布图；广东省气象局的大雾、雷电等气象预报数据。

（8）测风塔监视。测风塔监视功能提供从测风塔采集的数据实时显示，包括各层的风速、风向、温度、湿度、大气压和等效空气密度（计算值），并可以历史趋势图的形式显示历史数据。当测风塔报警事件触发时，同步显示相关报警的内容和时间等信息。

（9）雷达监视。应用雷达扫描海上风电场以雷达为中心一定半径范围内的船舶或其他物体的外形信息，补充由于风电机组导致的军方雷达被遮蔽部分。现场采集的雷达数据，经过设置在风电场的数据采集服务器处理后，实时发送给军方使用，同时海上风电大数据中心也存储该数据。

（10）风电机组性能大数据分析。建立基于历史数据及预测数据的仿真计算模型，对风电机组性能进行评估。

1）功率曲线分析。基于风电机组正常运行状态下的历史数据，在离线状态下拟合出风电机组输出功率与风速之间的关系。将该功率曲线作为风电机组的能量转化效率评判标准，通过横向、纵向地比较同一批次不同风电机组之间、同一风电机组在不同时期的能量转化效率的差异，对风电机组的效率进行实时监控与分析，发现效率异常的风电机组和异常情况，并提供对厂家提供的标准功率曲线进行评估的潜在方法，用于评估风电机组的性能。

2）能量利用率分析。能量利用率等于实际发电量与理论发电量的比值，是风电机组发电性能的重要参数。在风电机组运行过程中，风电机组故障、风电机组维护、变电站故障与测试、电网限电、功率曲线、风电机组间尾流等，都会导致理论发电量与实际发电量的差值。通过能量利用率分析功能，可以评估风电机组故障、风电机组维护等对于风电场的能量损失。

3）可靠性分析。提供针对不同时间、地点纬度等的数据分析功能，对选择时间段内故障发生情况的统计、分析功能，结合设备可靠性指标实现风电机组等设备的可靠性分析，并展示包括风电机组主要指标、风电场整体指标、故障趋势图、故障类型占比图等信息。

4）风电机组预警。风电机组预警以 APP 的模式运行，提供基于风电机组 SCADA 系统数据的预警诊断模型，包括功率曲线劣化分析、关键部位传感器失效预警（齿轮油温度、发电机温度、机舱振动等）、基于风电机组运行工况的齿轮箱油温预警、风速风向仪故障预警、机舱振动异常预警、机舱温度预警、偏航电机温度异常预警、变桨电机温度异常预警、滤芯堵塞预警等，同时预警和诊断模型具备针对不同机型参数调整的功能。

3. 数据服务功能

大数据中心对外提供风能资源、海洋水文信息、工程地质信息、风电机组机位地理位置等信息的索引和查询，并能生成各项数据报告和列表。

（1）风能资源。大数据中心整合了海洋厅、气象局的数据，形成全面、完善、有效的风能资源信息。利用整合的风能资源信息，可提供风电场预装风电机组轮毂高度 50 年一遇最大风速值和极大风速值的估算服务，对风电场场址的风况特征和风能资源的评价服务。

（2）海洋水文信息。大数据中心整合了风电场区域气温、气压、降水、湿度、雷暴等相关气象要素，海域内台风等极端天气要素，如台风移动路径、强度、影响时段、极大风速的历史资料；海浪统计特征的分析数据，包括波型特征（风浪、涌浪和混合浪的出现频率）、波向、波高和周期特征；高潮水位和低潮水位等潮汐特征，夏、冬两季大、中、小潮全潮同步水文综合测验资料等。基于上述海洋水文信息，能提供分析绘制台风移动路经、强度等示意图的功能；根据场址区潮流与潮汐之间的关系，涨落潮流速及流向变化规律，推算最大涨、落潮流速及流向功能等。

（3）工程地质信息。大数据中心整合了广东沿海工程地质信息，包括水下沉积、地质滑坡、地震预警等；可提供基于区域地质概况，评价区域地质构造稳定性的功能，及初定场址地震动参数值及相应的地震基本烈度功能；并提供场区海底地形、地貌、地层（岩性）、地质构造、岩体风化、不良地质作用、地基岩（土）体的物理力学性质等信息查询服务。

（4）风电机组机位地理位置。大数据中心形成了合理的广东省海上风电场风电机组排布分布，对风电场环境影响是良性的，能够与环境较好融合的分布数据。

4.6 区域海上风电场大数据中心案例

4.6.1 项目概况

1. 项目背景

以三峡集团区域海上风电场大数据中心（以下简称三峡区域大数据中心）为例，其用于支撑区域远程集控中心，实现公司管辖新能源电站的远程生产监控、综合数据分析和统一运维管理，为开展区域规模化检修维护、合理优化资源配置、提高生产管理效率建设的数字化管理平台，旨在逐步将当前分散式、扁平化的生产管理模式转变为区域化、集约化的精益生产管理模式，解决管理主体过多、资源配置不合理、管理效率偏低、经济效益增长受限等问题。

2. 设计原则

在"一体化、标准化、模块化、智能化"的总体原则下，大数据中心主站系统应满足以下技术要求：

（1）系统结构。以区域化集中管控为主的指导思想设计，系统架构应分为现地层、区域控制层和总部监视管理层三级。其中区域原则上以省为界。总部监视管理层实现对下属所有电站的统一管理；区域控制层实现其管辖电站的统一管理。

（2）数据库建设。采用全集中数据库结构。北京总部按全景数据中心考虑，数据经区域汇聚后上送北京总部，实现统一的存储，近期不建设区域中心的省份，利用已建新能源子站作为数据汇聚转发点。

（3）功能要求。在三峡新能源总部设置监视、专家诊断、统计报表、备品备件管理、Web发布、移动终端发布及数据挖掘等功能；区域控制层功能按照本地区集中生产运营管理设计，功能包括监视控制、风功率预测、SCADA、统计报表、生产管理等，远期考虑调度功能；现地层通过增加相关网络及通信设备，将现有的监控系统、在线监测与诊断系统、视频监控系统、电能计量系统、调度运维系统等接入新能源远程集中监控系统，以满足区域和总部的功能要求。

（4）可维护性。具备完善的系统自诊断功能，可对系统软硬件设备进行全面的监测，应具备统一的管控界面，可在任意工作站实时查看系统各软、硬件运行状态，并对故障进行报警或趋势预警，方便管理人员及时发现并排除系统隐患及故障。

（5）可扩展性。具备可扩展性，以满足新能源远景发展的需要；各种类型数据的接口应实现标准化，以满足系统集成和扩展的需要。软件功能应完备，通信链路可靠性高。

（6）高安全性。严格按照《电力监控系统安全防护总体方案》（国能安全〔2015〕36号）附件4：发电厂监控系统安全防护方案"安全分区、网络专用、横向隔离、纵向认证、综合防护"的基本原则要求，对系统内各应用系统进行安全区划分、部署网络边界安全防护设备及入侵检测、主机及网络设备加固、恶意代码防范等综合防护设备。

3. 主要技术标准和规范

三峡区域大数据中心的建设遵循以下技术标准和规范：

（1）风电监控相关规范。NB/T 31002.1—2010《风力机 第25-1部分：风力发电场监控系统通信—原则与模式》，NB/T 31046—2013《风电功率预测系统功能规范》，DL/T 860《变电站通信网络和系统》，IEC 61400-25《风电场监控系统通信标准》，IEC 61850《变电站通信网络和系统》，Q/GDW 588—2011《风电功率预测功能规范》，Q/GDW 432—2010《风电调度运行管理规范》。

（2）电力调度数据网、通信系统相关规范。GB/T 13729—2019《远动终端设备》，DL/T 476—2012《电力系统实时数据通信应用层协议》，DL/T 634.5101—2002《远动设备及系统 第5-101部分：传输规约 基本远动任务配套标准》，DL/T 719—2000《远动设备及系统 第5部分：传输规约 第102篇 电力系统电能累计量传输配套标准》，DL/T 667—1999《远动设备及系统 第5部分：传输规约 第103篇 继电保护设备信息接口配套标准》，DL/T 634.5104—2009《远动设备及系统 第5-104部分：传输规约 采用标准传输协议集的 IEC 60870-5-101 网络访问》，DL/T 598—2010《电力系统自动交换电话网技术规范》，DL/T 5157—2012《电力系统调度通信交换网设计技术规程》，IEC 60870-5《远动设备及系统 第5部分：传输规约》，IEC 61970《能量管理系统应用程序接口标准（EMS-API）》，IEEE 802.x系列局域网通信标准。

（3）电力监控系统安全防护。GB/T 17859《计算机信息系统安全保护等级划分准则》，国能安全〔2015〕第36号文件关于印发《电力监控系统安全防护总体方案》等安全防护方案和评估规范的通知。

（4）软件标准。ISO/IEC-10026-1《数据库分布事务处理标准 第4章 协议执行一致性》，GB/T 8566《信息技术　软件生存周期过程》，GB/T 8567《计算机软件产品开发文件编制指南》，GB/T 9385《计算机软件需求规格说明规范》，GB/T 9386《计算机软件测试文档编制规范》，GB/T 14394《计算机软件可靠性和可维护性管理》，可扩展矢量图形 SVG（Scalable Vector Graphics）图形标准（1.2 最新版）。

（5）信息机房。GB 50174《电子信息系统机房设计规范》，GB 50311《综合布线系统工程设计规范》，GB/T 2887《计算站场地通用规范》，Q/CSG 11808《信息机房建设技术规范》。

4.6.2　系统架构

三峡区域大数据中心需接入远期近 20 个新能源项目的各子系统的监控数据，各风电场数据经三峡区域大数据中心汇聚后，经Ⅲ区网络转发至集团总部。中心结构上划分为两层：第一层为集中监视层，建设在区域集控中心，可以远程实时地对下属各风电场内的设备运行情况进行监视与控制，并可以对各电站运行数据进行综合分析；第二层为风电场数据采集层，在风电场就地采集各种发电设备、升压站、电能计量装置及环境监测仪等设备的实时运行数据，并向中心上送。三峡区域大数据中心采用海上风电场现地层、区域集控中心层、集团总部监视诊断中心三级架构，图 4-10 仅给出了风电场现地层和区域集控中心层的架构。

区域集控中心层设置集控安全Ⅰ区、安全Ⅱ区、安全Ⅲ区和涉网Ⅲ区。其中，集控安全Ⅰ区业务包括实时运行监控、集控五防业务（包括软五防和硬五防）、AGC/AVC 监控等业务，现地层数据经交换机、纵向加密、路由器，配一条 2M 电力专线上送集控中心。集控安全Ⅱ区业务包括保信、录波、电能计量、功率预测等业务，子站数据经交换机、纵向加密、路由器，配一条 2M 电力专线上送集控中心。集控安全Ⅲ区业务包括数据转发、视频监控、IP 电话等业务，子站数据经交换机、防火墙、路由器，配一条 40M 运营商 MSTP 点对点专线上送集控中心。涉网Ⅲ区主要是调度 OMS 业务及调度电话。OMS 业务通过涉网Ⅲ区数据通信网下载至集控中心，运行人员在 OMS 接入工作站通过账号登录。

集控安全Ⅰ区、Ⅱ区之间采用防火墙隔离，Ⅰ区、Ⅱ区数据通过正向隔离装置将数据送至集控安全Ⅲ区数据转发服务器，转发至集团总部新能源集控系统监视诊断中心。集控安全Ⅲ区气象服务器的数据通过反向隔离装置，转发至功率预测服务器，实现集中功率预测功能。

新能源子站数据接入满足安全防护基本原则：升压站数据、风电机组数据、箱变数据监控系统原有数据由数据网关服务器转发，其处于的子站安全Ⅰ区与集控中心主站安全Ⅰ区相连。子站功率预测、保信等子系统处于安全Ⅱ区，其数据经过纵向加密与集控中心服务器交互，起到安全隔离的作用。为满足电网要求，集控中心将分区对

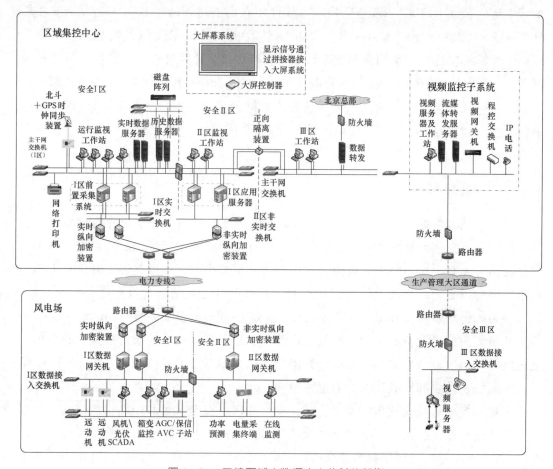

图 4 - 10　三峡区域大数据中心的总体架构

以下数据进行采集：

（1）安全Ⅰ区：风电机组 SCADA 系统、箱变 SCADA 系统、升压站 SCADA 系统、AGC/AVC 控制系统、五防系统、火灾自动报警系统。

（2）安全Ⅱ区：故障录波装置、保信子站、电能量采集装置、风功率预测系统、风电机组状态在线监测系统。

（3）安全Ⅲ区：测风塔、数值天气预报系统、管理信息系统 MIS、视频系统。

4.6.3　海上风电场现地层方案

1. 系统结构

海上风电场现地层架构如图 4 - 11 所示，其中，安全Ⅰ区包括风电机组 SCADA 系统、箱变 SCADA 系统、升压站 SCADA 系统、AGC/AVC 控制系统、五防系统、火灾自动报警系统；安全Ⅱ区包括故障录波装置、保信子站、电能量采集装置、风/光功率预测系统、风电机组状态在线监测系统；安全Ⅲ区包括测风塔、数值天气预报

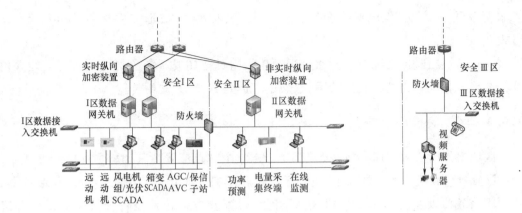

图 4-11 海上风电场现地层架构

系统、管理信息系统 MIS、视频系统。

2. 系统功能

系统主要包括以下功能：①数据采集与存储；②与多级集控中心的数据上传；③支持远方控制命令的记录和查询；④支持多种通信协议的接入；⑤支持对通信状态的检查和监视；⑥支持转发信息的编辑与合成；⑦支持就地或远方的监视和维护；⑧支持热备用无缝切换；⑨支持自诊断。

3. 系统的通信

(1) 与风电机组 SCADA 通信。对于新建风电场，直接采用远动通信规约（DL/T 634.5101—2002《远动设备及系统 第 5-101 部分：传输规约 基本远动任务配套标准》、DL/T 634.5104—2009《远动设备及系统 第 5-104 部分：传输规约 采用标准传输协议集的 IEC 60870-5-101 网络访问》）进行通信实现信息交互；对于已建风电场不支持网络和串口通信规约的，使用 OPC 接口标准进行数据的读取和传输。网关机采用 OPC 接口标准支持的 OPC DA2.0 规范，读取风电机组信息使用读标签（OPCItem）方式，执行控制命令通过写标签的方式实现。

(2) 与箱变 SCADA 通信。网关机采用远动通信规约（DL/T 634.5101—2002、DL/T 634.5104—2009）与箱变 SCADA 系统通信实现信息交互。

(3) 与升压站 SCADA 通信。网关机采用远动通信规约（DL/T 634.5101—2002、DL/T 634.5104—2009）与升压站监控系统远动装置通信实现信息交互。

(4) 与 AGC/AVC 系统通信。采用 DL/T 634.5104—2009 规约。

(5) 与功率预测系统通信。采用 E 文本模式交换数据，短期预测结果交换频度为 1d，超短期预测结果交换频度为 15min。

(6) 与电能量采集装置通信。采用 IEC 60870-5-102《远动设备及系统 第 5 部分：传输规约 第 102 篇：电力系统电能累计量传输配套标准》。

(7) 与保护信息通信。采用 IEC 60870-5-103《远动设备及系统 第 5 部分：

传输规约 第103篇：继电保护设备信息接口配套标准》、波形文件采用 COMTRADE
格式。

（8）与视频监控系统通信。通过视频接入网关转换成所需的格式接入，一般采用
H.264 格式压缩，设置为自适应码流模式，通过 TCP/IP 规约传输。

4.6.4　区域集控中心方案

区域集控中心数据库容量按远期可接入 20 个站点配置，其架构如图 4-12 所示。
分区配置硬件设备，生产控制区（Ⅰ区、Ⅱ区）配置前置通信服务器、应用服务器、
数据库服务器以及工作站，管理区（Ⅲ区）仅配置数据转发设备和管理系统应用终
端；网络结构按照双网设计，分区配置交换机、路由器等网络通信设备；配置网络安
全防护设备，安全Ⅰ区、Ⅱ区网络之间配置防火墙，Ⅰ区、Ⅱ区纵向边界配置纵向加
密装置，安全Ⅱ区与安全Ⅲ区之间配置横向隔离装置进行安全隔离，Ⅳ区与公网通道
边界配置防火墙。

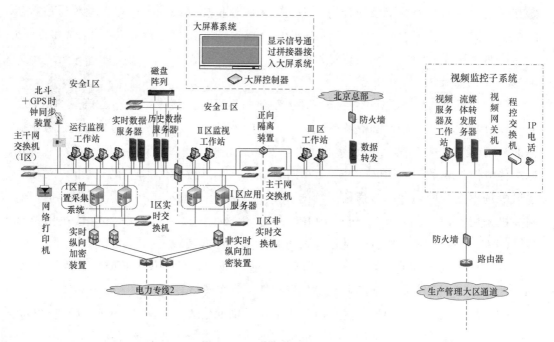

图 4-12　区域集控中心架构

1. 前置采集子系统

前置采集子系统是实现大量风电场可靠接入的关键子系统，所有上送数据统一经
由前置采集子系统接入，并通过前置采集子系统实现区域集控中心对子站设备的控制
和调节功能。

独立配置的前置采集服务器使得系统架构更加清晰与合理，便于以后系统的扩容

与升级，当接入子站增加到一定数量时，可以通过增加前置采集服务器方便地完成系统的扩容。同时，也起到网络隔离的作用，使得对下通信不会影响上层应用。

2. 风电场采集的信息

（1）风电机组运行数据，包含但不限于实时风速、风向、有功功率、无功功率、功率因数、电网频率、三相电压、三相电流、发电机转速、风轮转速、风向机舱夹角、偏航角度、桨距角、环境温度、塔底温度、机舱温度、塔底控制柜温度、机舱控制柜温度、主轴承温度等。

（2）风电机组部件数据，包含但不限于主控柜（散热风扇、加热器工作状态等）、变频器系统（温度、散热电机工作状态、电压、电流等）、变桨距系统（设定角度、实际角度、扭矩、电器柜温度、变桨电机温度、加热器工作状态等）、发电机系统（散热电机工作状态、电压、电流、发电机前轴承温度、发电机后轴承温度、U转子线圈温度、V转子线圈温度、W转子线圈温度等）、齿轮箱（油温、齿轮箱前轴承温度、齿轮箱后轴承温度、齿轮箱油池温度、轴承温度、齿轮箱油压、油泵电机工作状态等）、液压系统（液压站压力、刹车模式等）。

（3）风电机组故障信息，包含但不限于故障发生时间、代码、分类。故障时间包括起始时间和结束时间。故障分类（若风电机组不包含某类部件则无须提供相应报警点，若包含其他重要部件则应增加相应报警点）有变频器故障、偏航故障、变桨距系统故障、齿轮箱故障、发电机故障、油泵故障、液压站故障、控制系统故障、刹车系统故障、轮毂故障、冷却系统故障等。

（4）遥信数据，包括隔离开关、接地开关、断路器、手车的开关状态。

（5）遥测信号，包括线路、主变、站用变的电压、电流、有功功率、无功功率、功率因数。

（6）测风塔数据，包括10m高度的风速、风向、气压、温度、湿度；30m、50m、70m高度的风速、风向等。每类的数据采样频率均为10min，采样点的数据包括采样周期内的标准偏差、平均值、最大值和最小值。

（7）功率预测数据，包括24h短期预测数据、0～4h超短期预测数据等。

（8）风电场有功/无功控制系统的数据，包括有功执行日计划、有功/无功控制状态、损失电量等信息。采样周期原则上应不超过1～5s。

风电场侧采集整个风电场的不同厂家振动系统的运行数据，把不同协议的数据转换成标准的IEC 61400-25模型数据，统计、生成、存储，将数据上传到集控中心，为实时监测、数据展现、统计分析提供数据基础，支持OPC规约、Modbus/TCP或按照厂家的通信协议采集振动数据。振动系统后台与通信管理机的通信协议以OPC协议为主。

3. 运行监控子系统

运行监控子系统是集控中心的中枢，实现实时数据、历史数据统一管理功能，为其他所有应用提供数据支撑、统一协调管理。该子系统能够实时了解各子站运行情况，满足运行人员日常操作、上级系统或者电网调度系统对电站的监控、集团公司对电站运行管理的需求，可有效整合资源，减少设备重复投资，降低运营成本。系统应可灵活扩展、集成和整合各种应用功能，各种应用功能的实现和使用具有统一的数据库模型、人机交互界面，并能进行统一维护，进行各新能源子站各类数据的无障碍整合。

4. 能量管理子系统

管辖调度机构 AGC、AVC 对风电机组采用"直采直控"的控制方式，信息采集与控制指令均不经过集控中心。受控风电场应具备在线有功功率和无功功率自动调节功能，并参与电网有功功率和无功功率自动调节，确保有功功率和无功功率动态响应品质符合相关规定。风电场侧 AGC、AVC 的投退及控制模式切换由调度机构值班调度员根据系统需要，下令至集控中心值班人员。集控中心仅对上送的 AGC/AVC 信息进行监视。

集控中心接收、汇总、显示和记录各风电场上传的功率控制系统（AGC/AVC）相关数据，并可进行数据存储和查询等功能。

实现对风电场功率控制系统的监视功能，包括 AGC 功能投退状态、AVC 功能投退状态、AGC 系统当前目标值、AVC 系统当前目标值、AGC 系统故障、AVC 系统故障等。

通过调度计划值和实际功率曲线对照展示，实时掌控新能源电站对调度指令的执行情况，方便主站发现、解决功率控制系统的异常。

5. 保信子系统

集控中心应配置继电保护故障信息系统分站，确保受控风电场继电保护装置的异常信息、具体动作信息和故障录波信息能够及时上传至保信分站。同时，具备保护信息管理、故障录波主站功能，用于接收、汇总、显示所辖各风电场保信子站上传的各继电保护装置、安全自动装置的动作信息、运行状态信息，及故障录波器上传的故障录波信息，通过必要的分析软件，对所辖各风电场事故进行分析。该系统功能模块在电网正常情况下，对二次设备的运行参数及工况进行实时在线采集和监视，及时发现装置异常情况；在电网故障时，能快速采集现场二次设备的动作情况，对信息进行提炼、挖掘、智能分析，自动生成故障分析报告，并将装置的实际动作情况和分析报告自动快速推送给电网管理人员，从而提高判断故障、处理故障的准确率和速度，实现快速恢复电网，减少事故损失。

保信系统部署在生产Ⅱ区，在保信工作站上实现对各个子站装置实时查询，及时收集各装置的保护事件、自检信号以及相关的波形，并按照重要性分级记录，给出明确的报警提示。

6. 防误闭锁子系统

五防系统强制运行人员的控制操作遵照既定的安全操作程序和五防闭锁逻辑，先开票、模拟预演，然后对电气设备进行操作，并有出错报警和判断信息输出，显示闭锁原因，避免由于操作顺序不当而引起各种电气设备的误操作，实现部颁五防要求。

在特殊情况下应能实现一定权限的解除闭锁功能，但禁止全站设备同时解除闭锁。应配备可选择操作对象和面向全站操作对象的解锁工具各一套，确保在紧急情况下对各类锁具进行强制解锁。

五防闭锁逻辑应通过相关管理部门的审查；应具备所有设备的防误操作规则，并充分应用监控系统中电气设备的闭锁功能实现防误闭锁。

7. 断点续传子系统

海上风电场集控的运维和分析业务对其集控系统历史数据完整性的要求很高，但实际工程中主站、子站间网络结构复杂，大多采用运营商网络，存在安全接入区、纵向加密等诸多环节，通信稳定性不比电力专网，数据缺失在所难免，而特定的业务场景又决定了其不能仅仅基于通信层面的断点续传技术实现数据补全。为此，本系统深入分析了新能源集控系统中影响断点续传的诸多技术因素，实现了新能源集控系统断点续传架构体系。该体系在确保与实时监控体系互不影响的前提下，实现了补送数据与实时监控历史数据的无缝融合。

8. 电能计量子系统

电能计量子系统在新能源子站通过通信网关机的串口采集风电场电能量远方终端/电能表的带时标电量数据，经Ⅱ区的数据通道送到风电场集控中心，并进行时间同步和设备管理工作；采集到的数据存储于商用历史数据库中，由后台应用对数据进行统计计算，得到结算、经济性分析和管理所需的结果，为电力市场运营系统提供基础数据。

数据以报表、曲线、画面、Web等形式进行发布，可提供给需要使用电量数据的其他部门使用。系统可与上下级电能量计量与处理、EMS、NEPMS等信息系统系统互联，互相转发数据。

为保证数据传输的准确性，具备条件的电量信息传输应采用102规约，数据带时标上送。

9. 风电机组状态监测子系统

集控系统的设备运行状态监测功能能够实现与电站各设备状态监测系统的通信，获取设备状态监测系统的分析结论和系统给出的设备报警信息。

（1）发电设备状态监测。电站内发电设备状态监测系统应能够对风轮主轴、发电机轴、偏航系统及齿轮箱等旋转和传动部件的运行特征进行状态监测；对风电机组的各部件温度进行监测、对风电机组塔筒倾角状态监测及其他状态的监测，应能够通过上述信息分析和整合出设备状态结论，并通过104规约上送给集控系统，由集控系统展示就地发电设备状态监测的分析结果。

（2）输变电设备状态监测。电站内输变电设备状态监测系统应能够对线路、变压器、GIS等输变电设备进行在线状态监测，应能够通过检测信息实时分析和整合出设备状态结论，并通过104规约上送给集控系统，由集控系统展示就地输变电设备状态监测的分析结果。

10. 功率预测子系统

功率预测子系统通过前置采集子系统获取各子站预测数据，实现集控中心的功率预测相关数据的集中展示和对比分析。

功率预测子系统接收各新能源子站已有的功率预测子系统上传的数据，如功率预测曲线、功率实际输出曲线、测风塔数据、天气预报数据等，在人机界面上统一集成展示，并提供查询。调度员可根据预测情况调整各子站的实际发电量，达到经济运行的目标。

11. 数据转发子系统

数据转发服务器采用配置规约库方式，实现与其他外部系统（例如上级的MIS信息系统）的数据交流，对外转发网络与办公网之间采用防火墙隔离，保证系统的安全性。

实现区域集控中心实时数据汇总和统计分析数据向公司总部转发，在总部实现对集团下的电站集中化的运行状态远程监测，对电站运行数据进行综合分析，为集团领导及相关人员提供各子站信息查看的便捷途径，有助于集团决策层对各电站进行更有效的管理。

12. 同时钟同步子系统

在集控系统Ⅰ区、Ⅱ区配置双钟双源时钟系统一套，系统具备NTP对时功能，各服务器、工作站的时间应保持一致，且先支持北斗作为主时钟。

对接收的时钟的正确性应具有安全保护措施，可人工设置系统时间。

接收标准时钟源异常时，系统应能选取某台主要设备进行全网时钟对时。系统应具有与受控站时钟同步的功能。

13. 视频监控子系统

系统能管理并调用场站来自不同厂家视频监控系统的所有视频数据，实现在集控中心的统一监视。视频监视子系统能实现调用、轮巡等功能，能监测场站内的运行状态；同时可实现视频信号在大屏系统上的统一展示。

视频监控子系统主站端设备部署在集控中心，本期工程需要将所有视频监控子系统新能源场站视频信号接入集控中心统一管理。

视频平台的主要功能包括场站实时视频监控、录像管理、视频分发/转发、信息采集与视频联动、远程视频控制、告警管理、电视墙图像控制、权限管理、安全管理、系统管理、版本管理、数据库管理、统计功能、Web 浏览。系统能管理并调用下辖场站来自不同厂家视频监控系统的所有视频数据，实现集中运维平台的统一监视。视频监视子系统应实现调用、轮巡等功能，同时可实现视频信号在大屏系统上的统一展示。

4.7　智慧能源大数据中心案例

以青海智慧能源大数据中心为例，其由新疆金风科技股份有限公司与青海省电力公司等单位共同建设，其发展理念包括两方面，一是平台的开放共享，即基于大数据中心平台，通过在人才、数据服务等方面的开放，广泛吸纳应用服务提供商在平台上提供服务，挖掘数据价值，实现新能源产业链的各相关方共享的平台；二是生态的共生共赢，即在平台开放的支撑下，从新能源发电侧切入，贯通源—网—荷，覆盖能源生产和消费全产业链，通过数据汇聚，促进应用服务提供商和数据拥有方的良性互动格局，各方合作共赢。

4.7.1　平台业务架构

基于电网公司在能源互联网中的核心地位以及在资源、技术、人才等方面的积累优势，应用物联网、大数据、云计算等先进信息通信技术，以政府为主导、电网为中心构建新能源大数据综合服务平台，提供基于数据的增值服务，推动新能源产业持续健康发展，实现电网向源网荷一体化服务的演进和转型。平台业务架构包括支撑平台、业务服务和业务生态。

1. 支撑平台

支撑平台不仅是核心业务组件，也是开展创新服务业务的基础支撑。其内容主要包括：建设以数据采集和设备控制为核心的物联网平台；建设以设备数据和业务数据的接、存、管、用为核心的大数据平台；建设以支持应用构建和云化部署为核心的互联应用平台。支撑平台的关键在于统一的数据获取和使用机制，以及支持开放共享的应用服务构建和运营。

2. 业务服务

业务服务是基本的业务形态，是为客户和合作伙伴带来价值的载体，其形式包括：基于平台的以基础设施和应用构建为核心的基础服务；基于应用服务提供商构建的支撑特定业务场景的应用服务，如功率预测应用；基于业务服务提供商的满足特定业务需要的直接业务服务，如设备代维服务。

3. 业务生态

业务生态是创新服务业务持续健康运营的关键，由所有的业务相关方构成，不仅包括装备制造、发电运营、电网、负荷侧、政府、金融机构等，也包括各种创新服务的提供方。通过平台为服务赋能，为更多消费方服务。

4.7.2　平台业务模式

平台有 SaaS（Software‐as‐a‐Service，软件即服务）服务模式、开放竞争模式和生态系统模式三大业务模式。

1. SaaS 服务模式

从软件到 SaaS 服务，降低客户初始投资成本和维护成本，确保符合电力安全，提升投资收益。例如新能源集中监控，发电运营商由一次性投入大量资金自行完成租场地、装修、软件部署、场站接入等烦琐工作，到租赁综合服务平台成熟的系统和场地等基础设施，减少初期投入，提升效率和质量。

2. 开放竞争模式

平台的开放竞争模式有助于提升服务质量和效率，改善用户体验。综合服务平台提供开放的功率预测服务平台，同时提供多家功率预测服务，发电运营商可以自由选择服务，从而提升功率预测服务的质量和效率。

3. 生态系统模式

依托数据和平台，引入更多合作伙伴，构建生态。例如通过开放平台引入更多的线上应用服务提供商，通过线上分析，为更多的线下服务商提供数据分析服务，将更多的产业链资源融入生态系统中。

4.7.3　平台功能

1. 集中监控（线上业务）

通过集中监控，实现区域服务共享，以及电站"无人值班、少人/无人值守"的运营模式。通过物联网技术将电网、电站、集中监控系统、区域服务中心进行有机互联互通；当电站设备出现故障时，集控中心向区域服务共享中心（检修中心）下达工单任务，由区域的检修工程师到电站现场按照"两票"流程和工作流程执行任务。

2. 设备代维

设备代维支持面向运营商、业主、分布式能源运营商、节能公司、售电公司提供区域内第三方代维服务资源和企业，帮助企业更加快速便捷地获得代维服务资源信息。通过平台引入第三方社会服务资源，并且通过注册、认证和评级的方式对所有第三方企业进行评价和管理，保证外部服务资源的质量。在此基础上，平台帮助发电企业、分布式能源运营商、节能公司利用外部的维护资源实现电站或用电设备的检修、维护工作，实现内外部资源的共享。用户可以基于平台选择最优或最具性价比的第三方代维企业设备。代维支持服务可降低设备的维护成本、提高设备的运维质量、有效整合和共享区域维护资源。

3. 一体化监控服务

一体化监控服务包括跨领域/多类型设备集中监控、设备统一告警、升压站专项集控与二次安防、用户定制报表、标准领域模型与统一数据仓库、调度电话、视频监控、消防监控、大屏展示等。

4. 生产管理服务

生产管理服务面向运营商、业主和设备制造企业提供针对电站生产过程的全面支持，实现对电站运行、人员、物资的全面管理。生产管理系统是一个开放的应用服务，该服务能够制定统一的数据标准、服务标准，通过市场化的机制引入多家服务开发提供商，面向用户（运营商、业主等）提供定制化的生产管理系统开发服务，并形成竞争机制，从而优化管理模式和流程，提高管理效率。

5. 能耗监测服务

能耗监测服务面向节能公司、售电公司、政府等，基于先进的通信与采集技术，通过规范化、标准化、专业化、互动化的接入方案，对负荷侧用户的配电网系统，水路管网系统，冷、热管网系统，天然气管网系统等进行实时监测，实现所有"重点能耗"采集与统计，提高能耗监测的全面性、准确性和实效性；实现及时发现系统运行中出现的超额超限、故障以及跑冒滴漏等现象，以显著标识和报警信息的方式推送给管理人员；实现用户对各类能源的可视化管理和动态监测，为用户开展高质量的综合能源服务等提供关键支持，为政府开展宏观经济分析、节能产业发展等提供支持。

6. 水文气象预报预警服务

新能源水文气象预报预警服务采用国际最先进的数值天气预报模拟技术，同时根据中国地形地貌和气候特点，为海上风电的风功率预测、风能资源管理提供基础气象预报数据；为新能源企业、政府、居民、运维服务商提供预警服务及地理、风、浪、潮、海冰等数据。

7. 集中功率预测服务

集中功率预测服务面向电网、运营商、业主提供短期和超短期的电站气象和功率预测服务，并能够将预测数据通过专用通道上送给电网。集中功率预测服务能够打造一个功率预测的开放平台，在平台上制定统一的数据通道、数据标准和服务标准，通过市场化的机制引入多家功率预测服务提供商，面向用户（运营商和业主、电网等）提供预测服务，并形成竞争机制。集中功率预测平台还可以将所有接入平台的预测厂家提供的气象和功率预测结果、电网考核结果通过统一的界面进行展示和对比，并对不同功率预测厂家的预测结果进行统一评估、比较，对预测厂家进行不同维度的排名。

8. 设备健康管理服务

设备健康管理服务是基于预警系统的故障诊断。具体是利用人工智能、大数据和云计算技术，在不新增传感器测点的情况上，对新能源设备运维数据、环境预测数据进行收集、存储和深度挖掘，建立预警算法，实现新能源设备健康隐患的提前报警。通过将健康管理平台与客户生产管理系统打通，实现工单的闭环管理，帮助客户实现从被动的故障后维护向主动预防性维护的转变。

9. 事前预防性维护

针对风电机组大部件、变流/变桨、冷却、偏航液压/主控等系统的亚健康，开发和应用各类预警算法，为客户的多种机型提供服务，覆盖发电机、叶片、齿轮箱等大部件和变流器、IGBT 等高价值部件的亚健康问题和功率曲线异常、对风不准等性能问题。通过多维度预警与分析，在机组停机前提前进行预防性维护，减少突发问题的占比。

10. 业务智能分析服务

业务智能分析服务面向运营商、业主和设备制造企业提供设备运行、电站运营的相关指标展示和分析功能，帮助用户对电站的设备运行状况、生产运行情况、经营管理等业务进行评估和优化。业务智能分析是一个开放的应用服务，该服务能够制定统一的数据标准、服务标准，通过市场化的机制引入多家服务开发提供商，面向用户（运营商、业主等）提供定制化的生产管理系统的定制化开发服务，并形成竞争机制。

11. 能效诊断服务

能效诊断服务面向节能公司、售电公司等，依托平台能耗监测服务积累的信息资源，实现用能企业的能源结构分析、能耗成本分析、对标分析、工序分析、KPI 分析、用电分析、负荷分析、定额分析、能源质量分析等功能。帮助用户从不同维度分析查找用能企业在能耗、线损、窃电方面存在的问题，及时发现问题并解决，提高能源使用效率，促进节能减排；帮助用户完成政府下达的双控指标，履行节能义务与社会责任，提高自身形象；指导用户科学有序用电和主动响应电网运行需求，降低用能成本，提高竞争力；支撑用户开展购能管理、用能管理、收益管理、设备管理等，最终实现节能节费目标。

12. 移动应用 APP 服务

移动应用 APP 服务为新能源企业、政府、工商业企业、居民、运维服务商提供公共数据服务内容，包括公共气象数据、全市节能减排指标、绿色能源成效数据等，为新能源企业定制化、个性化提供实时监测、移动运维、路径规划、安全定位、工单处理等服务。

第 5 章

海上风电场大数据中心的应用

海上风电场大数据中心集成了集团下属各区域中心集控系统，各风电场现地SCADA 系统、风电机组振动监测系统、升压站综合监控系统等在内的众多信息系统，而这些系统在固定时间内会产生数量庞大的风电场状态、风电机组各重要部件运行状态等数据，应用这些数据可实现对风电装备的状态监测、事故追忆等。但多数时间这些数据存储于磁盘中，其蕴含的数据价值亟待提升，这也是当前风电企业为降低经营成本、提高企业竞争力所关注和实践的重要内容。

本章基于风电企业对于大数据的实现需求，结合工程案例和研究，对基于大数据的设备故障诊断、风功率预测、风电场集群出力控制优化、海洋气象预测、海上风电智能运维等方面的应用展开阐述。

5.1 基于大数据的设备故障诊断

对风电场设备的状态监测和故障诊断开展研究，掌握其服役过程中的运行状态，及时发现潜在故障，对于降低故障率、减小运营维护成本以及加强风电场设备的可靠性具有重要意义，风电企业和研究机构开展了大量的研究。现有风电场设备的故障诊断一般可分为基于解析模型的故障诊断方法、基于知识和数据的智能故障诊断方法等。本节基于 SCADA、在线振动状态监测等系统数据，结合具体系统设备及其典型故障，从信号数据处理、故障智能诊断流程、故障判定等方面阐述典型的基于大数据的风电场设备故障智能诊断方法。

5.1.1 风电机组故障诊断

5.1.1.1 基于 SCADA 的变桨距系统状态评估与预测

1. 变桨距系统及其典型故障

变桨距系统是用改变叶片桨距角来进行功率调节的控制系统，可分为液压变桨距和电气变桨距两种类型。液压变桨距系统由液压装置来提供驱动力，电气变桨距系统

图 5-1　电气变桨距系统示意图

由伺服电机来提供驱动力，本节以电气变桨距系统为例进行分析。电气变桨距系统包括回转轴承、变速箱、变桨齿轮及齿圈的机械部分，以及包括主控制柜、轴控制柜、电池柜和变桨电机等的电气部分。电气变桨距系统示意图如图 5-1 所示。

变桨距风电机组具有输出功率特性平稳、具有较高的风能利用系数以及更容易启动等优点。变桨距风电机组能通过调整叶片桨距角把风轮转速控制在一个恒定速度；实现利用风轮系统作为空气动力制动装置；调整叶片桨距角以规定的最低风速从风中获得适当的电力；通过衰减风转交互作用使风轮上的机械载荷极小化。

变桨距系统的典型故障有变桨角度故障、变桨转矩故障、变桨电机故障、变桨齿轮故障、变桨轴承故障等。变桨角度故障通常分为变桨角度异常和变桨角度不对称两种，其原因分别为叶片桨距角计算器凸轮磨损或者碎裂、叶片有较大的晃动，减速器卡死或者损坏、轮毂异常驱动、变桨小齿轮与变桨轴承内圈大齿轮啮合处有异物堵塞等；变桨转矩故障主要由螺栓松动、减速器坏死等造成；变桨电机故障主要包括变桨电机温度高、变桨电机过流、变桨电机振动大等，其原因多数是由于线圈发热；变桨齿轮故障的原因有润滑不良、部件损伤、轴承安装不当等；变桨轴承故障的原因有磨损、螺栓松动、轴承变形、疲劳失效、磨损等。

2. 变桨距系统运行状评估流程

本书采用基于支持向量机（SVR）预测模型的评估方法，具体的流程如图 5-2 所示。首先选取风电机组正常运行时的 SCADA 历史数据，并应用特征权重算法提取出与变桨距系统运行状态密切相关的特征参数，并作为 SVR 的输入向量，从而建立 SVR 算法的回归预测模型。然后，建立训练样本和测试样本，对建立的 SVR 模型进行训练并验证其精度。接着，将 SCADA 数据按特征参数要求输入回归预测模型，计

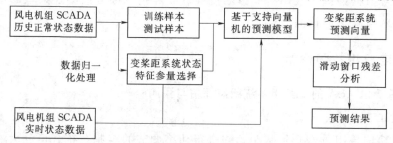

图 5-2　基于支持向量机的变桨系统状态评估流程

算变桨距系统预测向量，并对其进行残差分析，给出预测结果。

3. 变桨距系统故障诊断

（1）变桨距系统状态特征提取。风电机组是复杂的系统，其服役工况更是存在随机性、不确定性、多变性等特点，因而SCADA系统所获取的多变量之间存在耦合的复杂关系，同时与风电机组故障之间的相关性需要甄别，以缩短学习模型的训练时间。在这当中，如何从SCADA系统所获取的多变量中提取相关性强的参数、剔除冗余参数是提升机器学习效率的关键。

通常，在信号数据预处理阶段应用特征选择技术降低数据集的维度，为提高学习速率和准确率打下基础。特征选择也称属性选择，是指基于确定准则从所有特征集中选择最能反映模式类别的相关特征子集，剔除不相关的属性，使得系统的特定指标最优化。特征选择的方法主要包括过滤法（Filter）、封装法（Wrapper）和嵌入法（Embedded），本节以过滤法中的特征权重算法（ReliefF算法）为例进行介绍。

1）SCADA数据处理。对SCADA数据进行处理主要是获取风电机组正常工况数据，需要剔除风速未达到切入风速、风电机组启动过程、风电机组停机过程、风速超出切出风速等工况下的数据。风电机组正常工况数据包含多种类型特征数据集，包括温度数据集（如轴承温度、发电机温度、环境温度等）、能量转换数据集（如发电机扭矩、有功功率、风轮转速、叶片桨距角等）、风况数据集（风向、风速等）等。

2）变桨距系统状态特征样本初构。SCADA测点多，各参数对于变桨距系统运行状态的贡献率不同，并不能全部作为特征提取参数，甚至会引入较大的噪声并降低诊断的正确率，因此需要提取能提供较大信息量的特征参数构建样本集。根据SCADA测点可初步选取与变桨距系统状态相关的参数，如 $V=[$变桨角度$_{i=1\sim3}$、有功功率、发电机转速、变桨电机温度$_{i=1\sim3}$、变桨力矩$_{i=1\sim3}$、环境温度、叶片电池柜温度$_{i=1\sim3}]$，其中 i 表示叶片序号，共15个参数。根据初选的相关参数，从SCADA数据中选取特征样本集 Ω。

3）变桨距系统状态特征权值向量计算。特征参数与样本的相关程度可用权值来体现，因此可根据每个特征权重的大小进行排序，提取高于设定阈值的特征，剔除其他不相关特征，进而降低数据的维度。ReliefF算法可以处理多类别问题，去掉对分类无效的特征，降低特征向量维数，具有较高的运行效率且对数据集的数据类型没有限制。算法流程如图5-3所示，其中，m 为样本集个数，n 为每个样本集的属性个数，$A_1,A_2,\cdots,A_n$，$class(R_i)$ 表示样本 R_i 的类别，对每个类 $c\neq class(R_i)$，$diff(A_s,R_i,H_j)$ 表示 R_i 和 H_j 关于属性 A_s 的欧氏距离，$P(c)$ 表示第 c 类目标的概率，$M_j(c)$ 表示第 c 类目标的第 j 个样本。

4）变桨距系统状态特征参数构建。基于ReliefF算法对第2）步初构的15个子样本集进行权值计算，得到第2）步的参数 V 的特征权重趋势图，进而计算各个参数特

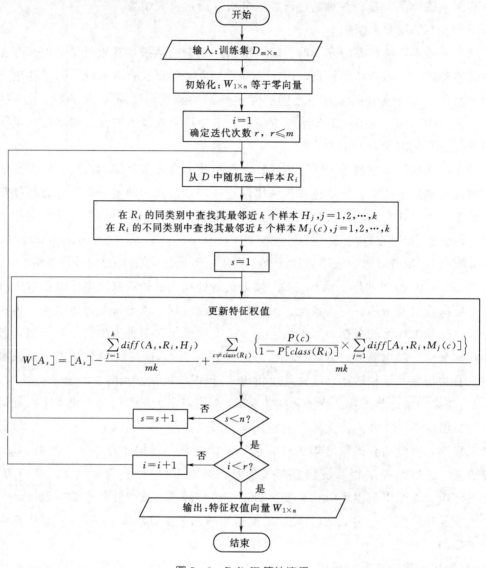

图 5-3 ReliefF 算法流程

征分类能力的平均权值，根据阈值最终确定特征参数，如 $V_f =$ [变桨角度$_{i=1 \sim 3}$、有功功率、发电机转速、变桨电机温度$_{i=1 \sim 3}$、变桨力矩$_{i=1 \sim 3}$]，即 11 个变桨系统状态特征参数。

（2）基于 SVR 的变桨距系统运行状态评估模型。建立支持向量回归预测模型并用于变桨距系统异常识别，需要选取风电机组正常运行的 SCADA 历史数据，应用 ReliefF 算法提取的变桨距系统特征参数作为 SVR 的输入变量，进而建立 SVR 回归预测模型，之后对该模型进行训练并验证精度、有效性和可行性。变桨距系统运行状态评估建模流程如图 5-4 所示。建模的基本步骤如下：

1）确定训练样本。为确保 SVR 输入特征参数在全工况下回归预测的高精度，建立基于风电机组正常运行 SCADA 历史数据的数据集。准则为：剔除故障数据及所有有功功率小于零的数据，确保所选数据无故障、停机等影响精度的数据；所选数据为风电机组切入风速和切出风速之间的全工况；以风速大小作为参考，将样本群划分若干子群，并从子群中随机选取样本数据；依据 ReliefF 算法提取的变桨距系统特征参数选择，如变桨角度$_{i=1\sim3}$、有功功率、发电机转速、变桨电机温度$_{i=1\sim3}$和变桨力矩$_{i=1\sim3}$。

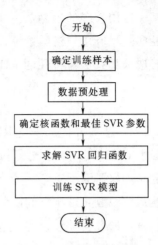

图 5-4　变桨距系统运行状态评估建模流程

2）数据归一化。原始 SCADA 数据中各参数具有不同的量纲和数量级，直接应用原始数据对于后续的处理、计算收敛以及异常状态的识别会带来困难。为此，需要对原始数据进行归一化处理，此处采用 Mapminmax 函数为例进行说明。

Mapminmax 映射函数为

$$y = (y_{\min} - y_{\min}) \times \frac{(x - x_{\min})}{(x_{\max} - x_{\min})} + y_{\min} \tag{5-1}$$

式中　$x_{\max}$、$x_{\min}$——原始数据 x 的最大值和最小值；

$y_{\max}$、$y_{\min}$——映射的范围参数。

不同的映射范围参数对 SVR 回归预测的准确率有影响，可通过预测均方误差 MSE、平方相关系数 R^2 和收敛时间进行对比。

3）核函数选择。支持向量回归预测模型的拟合精度和训练速度在很大程度上取决于所选核函数的种类及其所选核函数的参数。支持向量机的体系结构如图 5-5 所示，其中 K 为核函数。核函数方法思想就是将特征空间中的随机向量 X 通过非线性变换转换到高维特征空间 F 中，然后在高维特征空间中进行线性划分，再对问题进行求解。

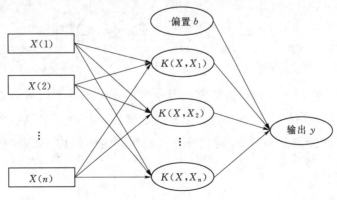

图 5-5　支持向量机的体系结构

应用较多的核函数主要有 q 阶多项式核函数、线性核函数、sigmoid 函数、高斯径向基（RBF）核函数等，当前没有一个普遍通用的方法来确定选择哪种核函数，一般选择具有平滑特性的 RBF 核函数，即

$$K(x,x_i) = \exp\left(-\frac{|x-x_i|^2}{\sigma^2}\right) \tag{5-2}$$

4）参数寻优。采用 RBF 核函数建立的 SVR 回归预测模型，其性能取决于惩罚因子 C 和核参数 σ。惩罚因子 C 影响模型的置信范围与经验风险的比例，核参数 σ 一定时，惩罚因子 C 较小会导致模型欠学习，且 C 的选择影响着模型的稳定性和复杂性；核参数 σ 影响空间映射后数据分布的复杂程度，当 C 一定时，σ 较小导致模型过学习，过大会导致模型欠学习。参数选取常用的方法主要有实验试凑法、经验选择法、梯度下降法、Bayesian、交叉验证法、粒子群算法等，现以交叉验证法为例进行说明。交叉验证法的主要原理为：每次去掉 k 个观测值中的 1 个数据 a，将剩下的 $k-1$ 个观测值作为样本集，训练拟合得出预测模型，去掉的数据 a 作为验证值，将验证值的协变量代入模型得出预测值，迭代 k 次。如果数据 a 是第 i 个数据，用数据 $1,2,3,\cdots,i+1,\cdots,k$，共 $k-1$ 个数据作为样本，设为第 k 个响应变量的预测值，则

$$CV = k^{-1}\sum_{i=1}^{k}(\hat{Y}_i - Y_i)^2 \tag{5-3}$$

CV 的大小影响着支持向量回归预测模型的优劣，CV 越小模型越好。

5）训练与回归预测。应用训练集训练得到 SVR 回归预测模型，通过测试集验证该模型的预测效果及精度，将其预测功率与实际输出功率作比较，计算误差评价指标进而评判变桨距系统的运行状态。预测参数指标如下：

平均平方误差计算公式为

$$MSE = \frac{1}{n}\sum_{i=1}^{n}[f(x_i) - y_i]^2 \tag{5-4}$$

平方相关系数计算公式为

$$R^2 = \frac{\left[n\sum_{i=1}^{n}f(x_i) - y_i - \sum_{i=1}^{n}f(x_i)\sum_{i=1}^{n}y_i\right]^2}{n\sum_{i=1}^{n}f(x_i)^2 - \left[\sum_{i=1}^{n}f(x_i)\right]^2\left[n\sum_{i=1}^{n}y_i^2 - \left(\sum_{i=1}^{n}y_i\right)^2\right]} \tag{5-5}$$

（3）滑动窗口残差及故障预警阈值。滑动窗口残差统计方法可消除以上风电机组随机因素的干扰，提高模型的可靠性、分析的准确度。计算风电机组功率的历史观测向量 X_i 与 SVR 回归预测向量 S_i 得出残差。设在一定时间内，SVR 模型的功率预测残差序列为

$$\varepsilon = [\varepsilon_1, \varepsilon_2, \cdots, \varepsilon_n] \tag{5-6}$$

对该序列取一个宽度为 N 的滑动窗口。对窗口内的连续 N 个残差计算其均值和

标准差

$$\begin{cases} \overline{X}_\varepsilon = \dfrac{1}{N}\sum_{i=1}^{N}\varepsilon_i \\ S_\varepsilon = \sqrt{\dfrac{1}{N-1}\sum_{i=1}^{N}(\varepsilon_i - \overline{X}_\varepsilon)^2} \end{cases} \tag{5-7}$$

基于式（5-7）确定残差均值和标准差的故障阈值，记为 E_y 和 S_y。记机组正常运行时 SVR 模型的残差均值绝对值的最大值为 $E_{\max}$，残差标准差绝对值的最大值为 $S_{\max}$，则变桨距系统故障预警的阈值为

$$\begin{cases} E_y = \pm k_1 E_{\max} \\ S_y = \pm k_2 S_{\max} \end{cases} \tag{5-8}$$

5.1.1.2 基于 CMS 的传动系统故障诊断

风电机组的类型多，但总体上可以根据有无齿轮箱分为直驱型和齿轮箱驱动型。以国内主流双馈式异步风电机组（有齿轮箱）为研究对象，先简要介绍传动系统及其常见故障，之后根据传动系统运行过程中的机械振动特点，阐述基于振动分析的风电机组传动系统故障诊断方法。

1. 风电机组传动系统及其典型故障

双馈式异步风电机组传动系统的基本结构包括叶片、轮毂、主轴、增速齿轮箱和发电机等，如图 5-6 所示。风轮在风能的驱动作用下转动，并带动主轴旋转，通过齿轮箱增速后带动发电机的转子，实现风能—机械能—电能的转换。通常风轮转速较低（一般不超过 50r/min），远低于发电机正常发电时的最低转速（1200~1500r/min），因此对非直驱型风电机组需要通过增速齿轮箱将转速提升至发电机所要求的转速。此外，主轴、轴承、联轴器等部件紧密配合才能实现风力发电，因此，整个传动

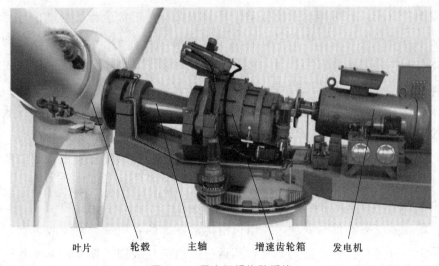

叶片　　轮毂　　主轴　　增速齿轮箱　　发电机

图 5-6　风电机组传动系统

系统较为复杂。

经统计，风电机组传动系统中发生频率较高的故障主要包括齿轮箱行星级损伤，中高速级齿轮损伤，高速级轴承损伤，中高速级轴承损伤，发电机轴承故障，定子前、后轴承损伤（直驱型）等。其中，齿轮损伤和轴承损伤发生频率较高。齿轮典型故障主要包括齿面疲劳、点蚀、磨损以及轮齿断裂等；轴承典型故障主要包括疲劳剥落、磨损、断裂、保持架损坏等。

2. 风电机组传动系统机械故障诊断整体思路

风电机组传动系统中各机械部件在运行过程中产生的振动信号含有重要的状态信息，对振动信号进行处理，提取正常运行状态特征量，通过比对在线实时振动信号可对传动系统的状态进行判断。因此，本节阐述基于振动信号分析的风电机组传动系统（CMS）机械故障诊断方法，其诊断思路如图 5-7 所示。

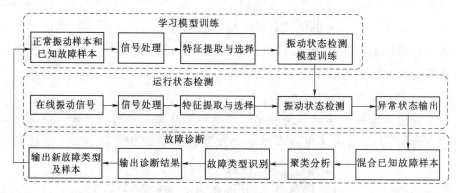

图 5-7　基于 CMS 的故障诊断思路

基于 CMS 的传动系统故障诊断大致分为学习模型训练、运行状态检测和故障诊断三个方面。首先，针对传动系统振动信号的特点，对正常运行的振动信号和已知故障的振动信号进行取样，应用信号处理技术对样本进行时-频分解等信号处理，并提取正常运行和已知故障的振动特征，包括时域、频域以及时-频域特征值，建立初始特征集合；其次，应用正常运行样本建立和训练振动信号运行状态检测模型；然后，对在线振动信号进行信号处理、特征提取，并应用振动状态检测模型对运行状态进行检测，输出异常状态信号；最后，将异常状态信号和已知故障样本进行融合、聚类分析，从而识别出故障类型，并输出故障诊断结果。若为未知故障类型，则新故障类型及其振动信号归入已知故障样本。

3. 传动系统机械故障诊断

（1）传动系统振动信号处理。风电机组传动系统的各机械部件不仅复杂，而且在运行过程中受外部和部件之间的影响，其运行振动信号表现出明显的非平稳性，给传动系统状态特征信息提取造成困难，因此需要对传动系统的振动信号进行预处理，方便提取各机械部件的运行状态信息。

风电机组振动信号处理较为常用且最具代表性的方法包括经验模态分解（Empirical Mode Decomposition，EMD）方法、小波变换（Wavelet Transform，WT）方法、经验小波变换（Empirical Wavelet Transform，EWT）等。EWT 方法结合了 EMD 方法和 WT 方法的优点，在构建自适应正交小波滤波器组的基础上，计算近似系数与细节系数，能得到更为精确的传动系统振动信号的固有模态函数（Intrinsic Model Functions，IMF）分量，分解效率高，因此本节以 EWT 方法为例介绍传动系统振动信号处理过程。

采用 EWT 方法对原始风电机组传动系统振动信号的频域进行分割，根据需要构建若干个 IMF 函数，以分析不同频域的传动系统振动信号成分，即

$$f(t)=\sum_{k=0}^{M}f_k(t) \tag{5-9}$$

式中 $f(t)$——原始振动频域信号；

      $f_k(t)$——划分的 IMF 函数；

      M——IMF 函数的个数。

EWT 的具体分解过程为：①通过快速傅里叶变换处理风电机组传动系统的振动信号；②对原始振动信号的傅里叶谱进行自适应分割；③构建与每个区域相适应的尺度函数和小波函数。其中，根据 Meyer 小波的构造方法，经验尺度函数 $\hat{\varphi}_n(\omega)$ 和经验小波函数 $\hat{\psi}_n(\omega)$ 分别为

$$\hat{\varphi}_n(\omega)=\begin{cases}0 & |\omega|\leqslant(1-\gamma)\omega_n \\ \cos\left\{\beta\left[\dfrac{1}{2\gamma\omega_n}(|\omega|-(1-\gamma)\omega_n)\right]\right\} & (1-\gamma)\omega_n\leqslant|\omega|\leqslant(1+\gamma)\omega_n \\ 1 & 其他\end{cases} \tag{5-10}$$

$$\hat{\psi}_n(\omega)=\begin{cases}1 & (1+\gamma)\omega_n\leqslant|\omega|\leqslant(1-\gamma)\omega_n \\ \cos\left\{\beta\left[\dfrac{1}{2\gamma\omega_{n+1}}(|\omega|-(1-\gamma)\omega_{n+1})\right]\right\} & (1-\gamma)\omega_{n+1}\leqslant|\omega|\leqslant(1+\gamma)\omega_{n+1} \\ \sin\left\{\dfrac{\pi}{2}\beta\left[\dfrac{1}{2\gamma\omega_n}(|\omega|-(1-\gamma)\omega_n)\right]\right\} & (1-\gamma)\omega_n\leqslant|\omega|\leqslant(1+\gamma)\omega_n \\ 0 & 其他\end{cases} \tag{5-11}$$

$$\beta(x)=\begin{cases}0,x\leqslant0 \\ \beta(x)+\beta(x+1)=1,x\in[0,1] \\ 1,x\geqslant1\end{cases} \tag{5-12}$$

式中 γ——确保相邻区间没有重叠的参数 [如，$\gamma<\min_n(\omega_{n+1}-\omega_n/\omega_{n+1}+\omega_n)$]。

根据经典小波变换的构造方法,细节系数和近似系数分别为

$$W_f^e(1,t) = \langle f, \varphi_1 \rangle = \int f(\tau) \overline{\varphi_1(\tau - t)} \mathrm{d}\tau = [\hat{f}(\omega) \overline{\hat{\varphi}_1(\omega)}]^\vee \tag{5-13}$$

$$W_f^e(i,t) = \langle f, \psi_i \rangle = \int f(\tau) \overline{\psi_i(\tau - t)} \mathrm{d}\tau = [\hat{f}(\omega) \overline{\hat{\psi}_i(\omega)}]^\vee \tag{5-14}$$

式中　^——对函数进行傅里叶变换;

　　　v——对函数进行傅里叶逆变换;

　　　￣——求函数的复共轭。

基于上述公式,可得经验模态分量为

$$f_0(t) = W_f^e(0,t) * \varphi_1(t) \tag{5-15}$$

$$f_k(t) = W_f^e(k,t) * \psi_k(t) \tag{5-16}$$

式中　*——卷积。

(2) 传动系统振动信号特征提取。复杂的风电机组传动系统存在多部件耦合振动,需要提取大量机械部件振动特征才能准确识别其机械故障,但过高的特征维度又影响故障诊断分类的准确率和效率。鉴于此,可先对包含主要故障信息和原始振动信号固有模态分量分别提取时域、频域以及时-频域特征值,建立初始特征集合,并对该集合进行特征选择确定最优特征子集,以保证故障识别的准确率和故障诊断效率。

1) 特征集的构建。时域统计特征,包括幅值最大值、最小值、均值、标准差、绝对平均值、偏态值、峭度、峰峰值、方根幅值、均方根、峰值、波形指标、峰值指标、脉冲指标、裕度指标、偏态指标、变异系数、峭度指标等;频域统计特征,包括IMF 函数信号的平均频率、均方根频率、中心频率和根方差频率。

2) 故障特征选择。通过特征选择方法,剔除冗余特征,保留关键特征,从而得到用于故障诊断的最优特征子集。特征选择方法一般分为封装法、过滤法和嵌入法。本节以典型嵌入式方法——随机森林(Random Forest,RF)为例说明故障特征的选择。RF 是决策树构建的集成分类模型,具有很高的分类精度,稳健性好,学习效率较高,且不易过拟合,其使用的 Gini 重要度能够很好地体现特征分类能力。

RF 分类的基本流程如下:①从初始特征集中随机选一子集作为训练集,通过有放回的重采样技术(Bootstrap)随机地从训练集中抽取若个自助样本集生成对应数量的决策树,每次未被抽到的样本构成袋外数据;②根据原始特征个数 N,在各决策树的每个节点随机选择 $N^{0.5}$ 个特征,对每个特征进行计算,并根据 Gini 重要度从 $N^{0.5}$ 个特征中选择该节点的分割特征,形成新的决策树;③基于新决策树汇集成随机森林,并进行分类。

3) 基于 Gini 重要度的特征排序。Gini 是指节点不纯度的度量。对于 S 数据集的Gini 指数为

$$Gini(S) = 1 - \sum_{i=1}^{I}(s_i/s)^2 \qquad (5-17)$$

式中 I——S 数据集的分类数；

s_i——第 i 类的样本数；

s——S 数据集的总样本数。

当 S 中只包含一类样本时，其 Gini 数为 0；当 S 中所有类别均匀分布时，Gini 数取最大值。若随机森林使用某特征划分节点时，设 S 可分为 m 个子集 S_j，则划分后数据集 S 的 Gini 数为

$$Gini_{split}(S) = \sum_{j=1}^{m} \frac{s_j}{s} Gini(s_j) \qquad (5-18)$$

式中 s_j——集合 S_j 中的样本数。

$Gini_{split}$ 值越小，特征划分效果越好。

把同一个特征的所有 Gini 重要度进行线性叠加可得该特征最终的重要度，进而得到随机森林所有特征的 Gini 重要度排序。

（3）基于支持向量数据描述和模糊聚类的检测模型。

1）支持向量数据描述（Support Vector Data Description，SVDD）是通过非线性映射将原始

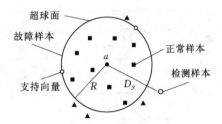

图 5-8 支持向量数据描述原理

训练样本 x 映射到特征空间，之后在特征空间中寻找一个包含全部或大部分训练样本且体积最小的超球体，最后将检测样本点也进行相同的非线性映射，若映射点在超球体中则为正常点，若映射点落入超球体外则为异常点，支持向量数据描述原理如图 5-8 所示。

图 5-8 中，a 是球心，R 是半径，D_y 为球心到检测样本的距离，即

$$R^2 = K(x_k, x_k) - 2\sum_i \alpha_i K(x_i, x_k) + \sum_{i,j} \alpha_i \alpha_j K(x_i, x_j) \qquad (5-19)$$

$$D_y^2 = \| y - a \|^2 = K(y, y) - 2\sum_i \alpha_i K(x_i, y) + \sum_{i,j} \alpha_i \alpha_j K(x_i, x_j) \qquad (5-20)$$

式中 $K(x_i, x_j)$——高斯径向基核函数，由式（5-2）计算。

SVDD 的描述为

$$\begin{cases} \min F(R, a_F, \xi) = R^2 + C\sum_i \xi_i \\ s.t. \| \varphi(x_i) - a \| \leqslant R^2 + x_i, x_i \geqslant 0, \forall i \end{cases} \qquad (5-21)$$

其中，C 用于错分样本数量与超球体体积之间的平衡；$\varphi: x \rightarrow \varphi(x)$ 为非线性映射。对上述问题求对偶形式得到最优解，其形式为

$$\begin{cases} \max_{a_i} L = \sum_i \alpha_i K(x_i, x_i) - \sum_{i,j} \alpha_i \alpha_j K(x_i, x_j) \\ s.t. \sum_i \alpha_i = 1, i = 1, 2, \cdots, n \\ 0 \leqslant \alpha_i \leqslant C, i = 1, 2, \cdots, n \end{cases} \qquad (5-22)$$

求解式 (5-22)，对应拉格朗日乘子 $\alpha_i > 0$ 的样本 x_k 即为支持向量。

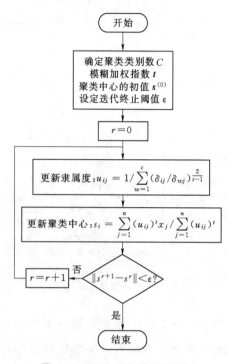

图 5-9 模糊 C 均值聚类流程

2）模糊 C 均值聚类。模糊 C 均值聚类（Fuzzy C - means Clustering，FCM）算法是一经典的普及度广的非监督式聚类算法，在本节中用于对故障状态样本进行初步的分类。设数据样本集合为 $X = \{x_1, x_2, \cdots, x_n\}$，其隶属度矩阵为 $\boldsymbol{U} = [u_{ij}]_{c \times n}$，聚类中心向量为 $\boldsymbol{S} = [s_1, s_2, \cdots, s_n]^T$。聚类流程如图 5-9 所示。其中，$u_{ij}$ 满足

$$\sum_{i=1}^c u_{ij} = 1, u_{ij} \in [0,1] \qquad (5-23)$$

数据样本 x_j 到聚类中心 s_i 的欧氏距离 δ_{ij} 为

$$\delta_{ij} = \| x_j - s_i \| = (x_j - s_i)^T (x_j - s_i) \qquad (5-24)$$

（4）传动系统故障诊断。应用 EWT 方法对振动信号进行分解，进而构建包含时域统计特征和频域统计特征的特征集，并应用 BF 方法进行故障特征选择建立最优特征子集，输入振动状态 SVDD 检测模型，得到传动系统在线状态。若检测为异常状态，则将异常状态信号和已知故障样本进行融合，应用 FCM 模型进行聚类分析，再次使用 SVDD 检测模型识别出故障类型，并输出故障诊断结果。若为未知故障类型，则将新故障类型及其振动信号归入已知故障样本。

5.1.1.3 基于多源信息融合的风电齿轮箱故障诊断

1. 齿轮箱及其典型故障

在非直驱式风电机组中，齿轮箱是连接风力发电机与风轮的纽带，是风电机组的关键部件。1.5MW 风电机组的齿轮箱结构示意图如图 5-10 所示，其包含两级行星轮系和一级平行轮系，结构复杂，各部位之间采用耦合方式进行连接，若某一部件发生损坏，将会导致其他部件的故障。

齿轮箱故障主要分为齿轮故障、齿轮箱供油系统故障、滚动轴承故障以及其他故障类型。齿轮故障主要有磨损、点蚀、剥落和断齿等，一般由冲击超载、轴承损坏、

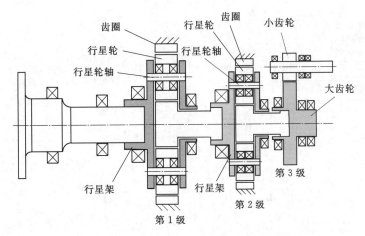

图 5-10 1.5MW 风电齿轮箱结构示意图

轴弯曲、啮合区挤入异物、润滑异常等引起；齿轮箱供油系统故障主要有齿轮箱油泵过载、油位低和油温高；滚动轴承故障主要有磨损、点蚀、剥落、断裂等，一般由载荷分布不均、杂质进入滚道、腐蚀、材料缺陷、高速等引起；其他故障如箱体故障、油封故障、紧固件故障、转轴弯曲等。

2. 风电齿轮箱故障诊断整体思路

针对风电齿轮箱，提取和齿轮箱密切相关的正常运行 SCADA 历史数据以及齿轮箱各级振动历史数据，建立用于状态监测模型学习和测试预测精度的训练样本与测试样本；根据训练样本，构建齿轮箱状态监测变量集，并进行归一化处理；基于归一化的变量集，构造各工况记忆矩阵，完成齿轮箱状态预测模型的建立；对齿轮箱在线SCADA 和关键部件振动数据样本进行判断，确定数据集的子工况；对在线数据样本进行归一化处理，形成齿轮箱状态观测向量；基于状态观测向量和对应的子工况记忆矩阵，计算状态预测向量；计算状态观测向量和状态预测向量之间的欧氏距离，判断齿轮箱的运行状态；对于齿轮箱异常状态，进一步应用异常参数预测模型判定齿轮箱状态异常原因。风电齿轮箱故障诊断整体思路如图 5-11 所示。

3. 非线性状态估计建模

非线性状态估计技术（Nonlinear State Estimate Technique，NSET）是一种基于数据的非参数建模方法，即通过监测多维信号之间的相似度对系统运行状态进行评估。需要事先提取系统的正常状态，之后从历史数据中挖掘系统各监测参数之间的关系，从而建立非参数定性模型。

（1）样本数据的选取。风电机组 SCADA 系统数据量庞大，需要选择合理准确的样本进行相似性和状态监测建模。基于风电齿轮箱正常运行时 SCADA 历史数据和齿轮箱关键部件振动历史数据，提取状态监测模型的训练与验证样本。其中，训练样本用于确定监测模型结构，而验证样本用于测试监测模型的预测精度。为了保证预测误

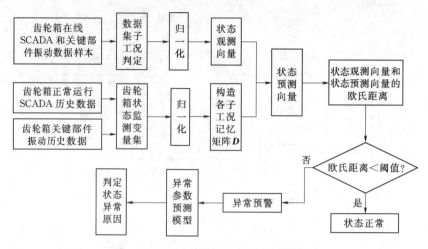

图 5 - 11   风电齿轮箱故障诊断整体思路

差分析有充足的数据支撑，提取的训练样本和验证样本应按一定的比例，如 6∶4。另外，预测模型用于表征齿轮箱状态参数的正常运行，因此样本数据应取自正常运行状态下的齿轮箱 SCADA 和振动数据，其要求如下：①样本数据应包含风电机组正常运行状态下所有与齿轮箱相关的监测参数及其动态变化过程；②样本数据需剔除故障数据，包括风电机组启动、停机、超速等工况下的数据；③样本数据应去除冗余数据；④样本数据的同时性，即状态向量中的参数为同时刻记录。

另外，齿轮箱相关的 SCADA 监测参量包括风速、输出功率、齿轮箱油温、齿轮箱前轴承温度、齿轮箱后轴承温度、齿轮油入口温度、齿轮油泵压力、齿轮油入口压力、机舱温度、齿轮箱转速、转矩等，而适量的参量可以在不影响模型精度的条件下提高模型响应速度。因此，需要对上述相关参量进行筛选，其方法多数采用数据挖掘算法，此处引入相关系数来介绍参量的筛选。相关系数定义为

$$R_j = \frac{\sum\limits_{i=1}^{n}(X_{ji} - \overline{X}_j)(Y_i - \overline{Y})}{\sqrt{\sum\limits_{i=1}^{n}(X_{ji} - \overline{X}_j)^2}\sqrt{\sum\limits_{i=1}^{n}(Y_i - \overline{Y})^2}} \tag{5-25}$$

式中　R_j——第 j 个监测参量与参考对象的相关系数；

　　　X_{ji}——第 j 个监测参量的第 i 个监测值；

　　　$\overline{X}_j$——第 j 个监测参量；

　　　Y_i——参考对象的第 i 个值；

　　　$\overline{Y}$——参考对象对应的样本均值。

R_j 取值范围为 [-1，1]，其绝对值越接近 1，相关性越强；越接近 0，相关性越弱。

（2）数据的预处理。SCADA 数据中存在噪声信号，因而样本用于训练模型前需进行平均化处理，以降低噪声信号的影响。如，输出功率与转子转速等变化较快的状态参数，可采用 1min 平均值；对于设备温度等变化较慢的状态参数，可采用 10min 平均值。另外，SCADA 监测变量的量纲差别很大，且不同监测变量数据的数值跨度也较大，这给变量的权值确定带来困难，从而使建模不准或失败。为了消除因量纲不同而产生的数值上的绝对差异，需对监测变量数据进行归一化处理。归一化处理可采用式（5-1）的 min-max 标准化或 z-score 标准化。

（3）记忆矩阵的构建。NSET 方法需要训练样本构建表征齿轮箱正常运行空间的记忆矩阵，进而应用记忆矩阵计算预测估计向量，然后计算观测向量和预测估计向量之间的马氏距离，从而检测观测向量所代表的状态。针对齿轮箱正常运行的 SCADA 历史数据和振动信号的时域数据组成的训练样本集，构建过程记忆矩阵 D，即为对训练样本集的提炼，同时要求覆盖齿轮箱正常运行时的全部状态数据，并去除重复或相似的状态数据。

构造过程记忆矩阵 D 可采用固定步距的方法、马氏距离的方法等，此处以基于马氏距离的方法为例介绍 D 的构造过程。马氏距离表示数据的协方差距离，即

$$d(\boldsymbol{X},\boldsymbol{G})=\sqrt{(\boldsymbol{X}-\boldsymbol{\mu})\boldsymbol{E}^{-1}(\boldsymbol{X}-\boldsymbol{\mu})^{\mathrm{T}}} \tag{5-26}$$

其中

$$\boldsymbol{\mu}=\{\mu_1,\mu_2,\cdots,\mu_n\}=\left\{\frac{1}{m}\sum_{i=1}^{m}G_{i1},\frac{1}{m}\sum_{i=1}^{m}G_{i2},\cdots,\frac{1}{m}\sum_{i=1}^{m}G_{in}\right\} \tag{5-27}$$

$$\boldsymbol{E}=\frac{1}{n-1}\sum_{i=1}^{n}(\boldsymbol{G}_i-\boldsymbol{\mu})(\boldsymbol{G}_i-\boldsymbol{\mu})^{\mathrm{T}} \tag{5-28}$$

式中　$\boldsymbol{X}$——观测向量；

$\boldsymbol{G}$——$m\times n$ 的训练样本；

$\boldsymbol{\mu}$——训练样本集的重心；

$\boldsymbol{E}$——训练样本集的协方差矩阵。

应用式（5-26）计算时，总体训练样本数要大于样本的维数。

构造记忆矩阵 D 时，可将训练样本集以风速为基准分为多个子工况，分别计算各子工况的向量组与整体训练样本的马氏距离，取最小值的向量放入记忆矩阵 D，直至获取所有工况最小马氏距离的向量，从而完成记忆矩阵 D 的构造，具体流程如图 5-12 所示。

（4）齿轮箱状态分析。取齿轮箱在线样本数据，对其进行归一化处理，生成齿轮箱在线状态观测向量 $\boldsymbol{X}_{\mathrm{obs}}$，对应的齿轮箱的预测向量 $\boldsymbol{X}_{\mathrm{cst}}$ 为

$$\boldsymbol{X}_{\mathrm{cst}}=\boldsymbol{D}\cdot\boldsymbol{W} \tag{5-29}$$

$$\boldsymbol{W}=\boldsymbol{D}\cdot(\boldsymbol{D}^{\mathrm{T}}\bigotimes\boldsymbol{D})(\boldsymbol{D}^{\mathrm{T}}\cdot\boldsymbol{X}_{\mathrm{obs}}) \tag{5-30}$$

式中　$\boldsymbol{W}$——预测估计矩阵和过程记忆矩阵间相似性的权值向量。

其中，$\bigotimes$ 为相似性运算符，其含义可以为

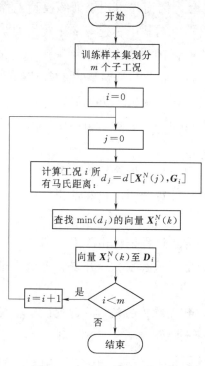

图 5 - 12　记忆矩阵构造流程

$$\otimes (\boldsymbol{X},\boldsymbol{Y}) = \sqrt{\sum_{i=1}^{n}(x_i - y_i)^2} \quad (5-31)$$

应用由式（5-29）计算观测向量 $\boldsymbol{X}_{obs}$ 和预测向量 $\boldsymbol{X}_{cst}$ 的欧氏距离 ε，并同预设的阈值 ε_{min} 进行比较，若 $\varepsilon > \varepsilon_{min}$ 则给出异常预警，并进一步查找异常原因。

恰当的阈值 ε_{min} 是成功实现异常监测的关键。若阈值过小，则对正常运行状态的变化过于敏感，容易出现误判；阈值过大，又会影响异常状态的识别率。可以应用多组验证数据并利用统计学的方法来确定阈值，并通过现场运行经验及反复实验最终确定阈值 ε_{min}。

（5）异常状态原因分析。异常状态原因定位的主要思想为：当齿轮箱处在异常工作状态时，其 NSET 模型的预测向量与观测向量之间误差最大的那个分量元素就是造成齿轮箱处于异常工作状态的主要原因。因此，可基于 NSET 方法建立关键参数的预测模型，即应用上述 NSET 方法计算某一参数的预测值，并同观测值实时相减得到残差值，利用滑动窗口残差统计方法给出发展性故障信号的最早指示，具体的计算见式（5-7）和式（5-8）。

5.1.1.4　基于 D-S 证据融合的发电机故障诊断

1. 风力发电机及其典型故障

大型风电机组整机结构主要由叶片、变速箱、发电机、变频器、变压器等构成。其中，发电机是将机械能转化成电能的关键设备，大多采用双馈异步发电机，转子和定子是其最关键的两个部件，即转子旋转产生旋转磁场，在定子中激发感应电流。双馈发电机的特点在于其拥有的"双馈"性能，包括发电机的定子侧和转子侧在一定条件下可同时给电网馈电，以及通过对转子电流的幅值和相位进行调节来改变有功功率和无功功率的输出。双馈风力发电机系统技术成熟，可靠性高，且能灵活适应电网，其特点在于：调速范围广，体积相较于其他机型更小，从而提高了运输和安装的效率；能够不间断地变速运行，提高风能转换率；电能质量高，输出功率平滑，定子侧功率因数可调整；通过有功功率调节，可改善电力系统运行的稳定性，并网容易同时基本无冲击电流。

双馈风力发电机的故障可分为电气故障和机械故障，发生频率较高的电气故障有定子、转子绕组匝间短路，定子、转子绕组接地，以及定子铁芯故障等；机械故障有转轴偏心、转轴开裂、轴承磨损、轴承过热等。匝间短路一般由匝间绝缘部分的损坏引起，其原因一般包括摩擦、电磁应力、绝缘过热失效、风沙与盐雾的侵蚀等。其中，定子绕组匝间短路的一个重要特征为气隙磁通不对称，进而会引起发电机不规则的振动，同时在定子侧电流信号中也会产生明显的负序电流；转子绕组匝间短路的主要表现为发电机电流出现特定频率的谐波分量，励磁电流增大，无功功率降低，同时机组的振动幅值会随励磁电流的增大而加剧，绕组的温度也会相应升高。对于机械故障，轴承磨损多数由疲劳、侵蚀、塑性变形等引起；主轴不对称主要原因在于制造工艺差、外界环境侵蚀、装配不均等。发电机发生轴承磨损及主轴不对称时会引起气隙磁场发生畸变，电流产生特殊频率的谐波，从而降低电能质量，使电机发热增加，主轴及轴承振动加剧。

2. 风力发电机故障诊断步骤

对于机电系统故障的诊断：一种方式是以处于故障中机电系统运行的参数建立诊断模型，诊断模型适用于已处于故障状态的机电系统诊断；另一种方式则完全以机电系统正常运行参数建立模型，进而分析实时参数输入模型得到的差异性，该诊断方法对于残差阈值的确定要求很高，诊断结果过于保守。

为提早发现机电系统的异常状态对风电机组持续运行造成的不可逆损坏，以 D-S 证据融合理论建立故障预测模型，采用不确定推理方法实现对弱条件的分析，从而提高故障诊断率。

首先，根据风力发电机故障类型、状态监测参量，确定发电机故障的识别框架；其次，选取包含正常运行和故障的发电机历史振动和电流信号数据，并应用小波分解工具对振动信号和电流信号进行分析，从而得到振动能量特征训练向量和电流能量特征训练向量；然后，应用特征训练向量形成振动支持向量机和电流支持向量机；接着，将发电机监测信号进行处理，将得到的振动能量特征和电流能量特征输入两个支持向量机，形成用于识别整个框架内所有故障分类的预测基本概率向量；最后，应用Dempster 的规则进行两个支持向量机的证据融合，进而给出融合后的概率向量，并进行发电机的故障预测，如图 5-13 所示。

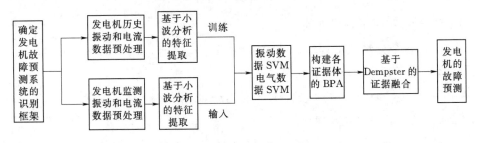

图 5-13 基于 D-S 证据融合的发电机故障诊断

3. 数据预处理

故障诊断的机器学习模型以支持向量机为基础构建，因而需要训练样本，其数据来源于风电场风力发电机的监控数据，包括发电机轴承振动信号、定子电流动态信号、转子电流动态信号和故障日志。根据故障日志筛选出发电机主要故障样本数，如轴承损坏、转子不平衡、定子绕组短路、转子绕组短路等故障发生前一个小时的发电机运行数据，以及发电机正常运行的样本数据。

样本数据量的确定需要保证训练集的平衡，根据振动传感器和电流传感器采样频率，对故障样本和正常样本数据进行样本片段划分。然后，应用小波包对每一样本片段进行分解提取能量特征向量，形成训练样本和检测输入向量。

4. 故障特征提取

此处以小波包分解算法为例介绍风力发电机主要故障特征的提取。小波包分解算法是近年来采用较多的提取信号的时域和频域特征的方法，通过对小波函数进行线性组合，具备了小波函数的时域局部化特性和正交性，从而更为细致地提取信号的高频和低频特征。

针对风力发电机的振动信号和电流信号，小波包提取特征向量的步骤如下：

（1）选取固定时间段的原始振动信号、电流波形信号 S，并根据信号特点选择合适的小波基，以 db3 小波基函数为例，对信号做 3 层小波包分解。

（2）以树形结构展现小波包分解的结构，其中第 3 层显示 8 个节点，代表 8 个频域子频段。对各子频段的小波系数进行重构，得到原始信号的重构信号。以振动信号为例，重构信号可表示为

$$S = S_{i0} + S_{i1} + \cdots + S_{i(2^N-1)} \tag{5-32}$$

式中　　S——重构信号；

S_{ij}——小波分解系数 X_{ij} 的重构信号；

(i,j)——第 i 层第 j 个节点。

（3）子频带能量计算为

$$E_{ij} = \int |s(t)|^2 \mathrm{d}t = \sum_{k=1}^{n} |x_{jk}|^2 \tag{5-33}$$

式中　　E_{ij}——S_{ij} 对应子频段的能量；

x_{jk}——各个分量振动幅值，其中 $j=0,1,\cdots,2^N-1;k=1,2,\cdots,n$。

（4）将各个子频段的能量组成向量 T，即

$$T = [E_{i0}, E_{i1}, E_{i2}, \cdots, E_{i(2^N-1)}] \tag{5-34}$$

5. 后概率支持向量机及故障诊断

D-S 证据融合理论是通过融合多个已知概率分配的证据框架，对不确定事件的概率给出一个概率区间。而支持向量机是一种建立在统计学习理论和结构风险最小原

理基础上的机器学习算法，在解决小样本、非线性及高维模式识别中有明显的优势，被广泛应用于模式识别、回归估计等问题的求解。将 D-S 证据融合理论和 SVM 相结合进行故障诊断则需要将 SVM 输出的分类标签改为后验概率输出，具体过程如下：

（1）非线性 SVM 回归预测模型的建立。通过非线性变换，将原始样本集映射到高维空间（如希尔伯特空间）中进行线性回归，并将特征向量作为输入向量，得到分类决策函数为

$$f(x) = sign\left[\sum_{sv} \alpha_i^* y_i K(x_i, x) + b^*\right] \tag{5-35}$$

式中　α^*——拉格朗日乘子；

　　$sign$——符号函数。

SVM 解决非线性问题的关键在于核函数，可采用线性核函数、多项式核函数、高斯核函数、完全多项式核函数以及 sigmod 核函数等。其中，sigmod 核函数表示为

$$K(x_i, x) = \tanh[v(x \cdot z) + c] \tag{5-36}$$

（2）构建多分类器。以构造一系列"一对其余"的二分类 SVM 组合成多分类 SVM 为例，具体方法以三类问题进行说明。设分类问题涉及 A、B 和 C 三类，则通过构建 A 类与其他类、B 类与其他类，C 类与其他类的三个二分类 SVM 的组合实现三类问题分类。

（3）SVM 的概率输出。将分类器的分类标签输出改为后验概率输出，后验概率输出则计算出分类器在不同分类上的预测概率。二分类器计算公式为

$$P(y = 1 | f) = \frac{1}{1 + \exp(Af + B)} \tag{5-37}$$

式中　$P(y=1|f)$——在输出值为 f 条件下分类正确的概率；

　　f——SVM 的输出分类结果。

其中，后验概率关键是求解参数 A 和 B，通常建立标准 SVM 模型，然后在训练集 (f_i, t_i) 上通过极大似然法求得 A 和 B，其中 f_i 为标准 SVM 的目标概率输出值。对于多分类问题，则对每个分类的 SVM 计算一组 A 和 B，最后进行概率归一化，得到风力发电机各状态的概率向量。

6. D-S 证据融合

以 Dempster 规则实现证据融合。振动特征空间 SVM 概率输出 V 和电流特征空间 SVM 概率输出结果 I 见表 5-1。

首先，根据表 5-1 计算归一化常数 K，即

$$K = V(F1)I(F1) + V(F2)I(F2) + \cdots + V(F5)I(F5) \tag{5-38}$$

然后根据 Dempster 规则，分别计算出振动和电流特征融合后各种故障的基本概率赋值，即

表 5 - 1   两个向量机的概率输出

故障分类	V	I
正常 $F1$	$V1$	$I1$
轴承损坏 $F2$	$V2$	$I2$
转子偏心 $F3$	$V3$	$I3$
定子绕组短路 $F4$	$V4$	$I4$
转子绕组短路 $F5$	$V5$	$I5$

$$V \oplus I(Fi) = \frac{1}{K}V(Fi)I(Fi) \quad (i=1,2,\cdots,5) \tag{5-39}$$

最后，根据融合的概率向量，识别框架上的最大概率的分类，从而给出最终预测分类。

5.1.2 海缆故障诊断

1. 海缆及其故障

由于敷设在复杂的海洋环境中，海上风电场的海缆受海水冲刷和腐蚀，可能造成海缆铠装和护套大面积长距离被腐蚀，从而出现点蚀、破裂或穿孔引发故障。而频繁的渔业捕捞、航运和海洋施工作业等活动也会对海缆造成破坏，除此之外，海底地震、潮汐、大型海洋动物的活动对海缆也构成了威胁。上述影响海缆安全运行的因素存在复杂性及偶然性，使得海缆出现损坏的情况时有发生。但海缆处于情况复杂的海底环境中，难以对线路进行直观的监测检查，因此保护和维修相当困难，进而影响海上风电场的正常运营。同时，海缆的投资和工程造价昂贵，每公里的产品价格高达百万元以上，一旦出现损坏将造成极大的经济损失。因此，尽可能地避免影响海缆正常运行的不利因素，将海缆破坏所造成的危害降至最低，保证海缆的安全是海上风电企业所面临的挑战。

海缆较常出现的故障主要分为电气故障和机械故障。其中，电气故障主要包括短路、漏电等，机械故障主要包括锚砸、钩挂等。海缆的短路故障会造成海缆导体产生大量热量，导致海缆烧坏、烧断，破坏性巨大；海缆发生漏电故障时，由于海水的存在，使得供电导体中的部分电流直接形成回路，影响系统的工作；船锚锚砸、钩挂等活动可致使海缆受损，发生形变，造成严重的损坏，甚至停电。

由于分布式光纤传感器集传感与传输于一体，可同时测得沿光纤随时间和空间连续变化的待测物理量，并且精度高、轻巧，能承受海床极端条件，因此分布式光纤传感器技术在海缆在线监测、诊断和预测方面得到了很好的应用。另外，基于分布式光纤传感技术的小波包变换和人工神经网络理论相结合的诊断方法成为了国内外研究的热点。

2. 基于分布式光纤传感器的海缆监测

能够实现分布式光纤机械应变和温度同时测量的系统主要有布里渊时域反射仪（Brillouin Optical Time Domain Reflector，BOTDR）和布里渊时域分析仪（Brillouin Optical Time Domain Analysis，BOTDA）两种，其原理是通过测量光纤中的布里渊散射谱以实现应变和温度的测量。其中，光脉冲宽度、扫频范围、测量距离和采样分辨率等是影响系统测量精度和实时性的参数。具体为：光脉冲宽度决定了系统测量的信噪比和空间分辨率，脉宽越大，信噪比越高，机械应变和温度的测量精度也越高。不过，空间分辨率会随着脉宽的增加而降低；扫频步进越小，测量的布里渊谱越细致，布里渊频移和谱峰功率测量越准确，机械应变和温度的测量精度也越高，但需要更多的测量时间，影响了测量的实时性；扫频范围越宽，测量精度越高，但实时性下降；测量距离越长，实时性越差；采样分辨率越高，实时性越差。

图 5-14 为基于分布式光纤传感器的海缆监测系统，其电缆分 A、B、C 三相敷设，在用户侧将海缆中的光纤连接到布里渊时域反射仪实现在线实时监测。由于布里渊频移与光纤承受的温度和机械应变间存在线性关系，因此通过测量光纤的布里渊频移变化就可计算出温度或机械应变的变化。

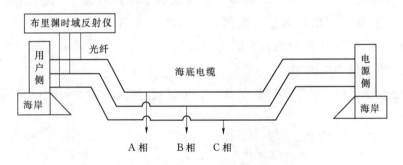

图 5-14　基于分布式光纤传感器的海缆监测系统

3. 基于小波包和神经网络的海缆故障诊断

本节基于海缆监测系统的监测信号，综合小波包与神经网络方法实现对海缆的诊断，主要是将海缆中光纤的布里渊频移转换成温度和应变数据。首先对监测历史信号进行降噪；然后对信号数据进行三层小波包分解和重构，再通过提取能量、标准差和Shannon熵等构造特征向量；接着将特征向量输入神经网络学习模型进行训练，从而完成诊断模型的构建；最后，对在线监测信号进行降噪、特征向量的提取，并输入神经网络学习模型进行分析，从而实现海缆故障的诊断。海缆故障诊断流程如图 5-15所示。

（1）监测信号降噪处理。海缆运行时处于带电状态，加上海底复杂环境及光纤传感设备的热噪声等多因素的影响，海缆监测数据不可避免地存在干扰信号。为提升特征数据提取的质量，对信号进行降噪处理以便尽可能还原原始信号中的有用信息是必

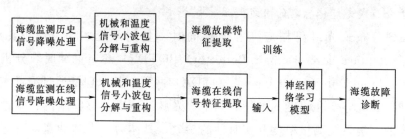

图 5 - 15　海缆故障诊断流程

不可少的步骤。合适的阈值和处理方法的优劣关系到信号降噪的质量，此处以小波的
阈值降噪方法为例进行说明，其步骤如图 5 - 16 所示。

图 5 - 16　信号降噪处理步骤

1）阈值处理方法。阈值处理方法主要分为硬阈值和软阈值方法，此处采用软阈
值方法消除海缆监测信号的噪声，即将小于阈值的小波系数置 0，大于阈值的小波系
数变为该小波系数与阈值的差值。阈值处理方法主要有基于 Sqtwolog 的通用阈值、
基于 Rigrsure 的 Stein 无偏似然估计阈值、基于 Heursure 的 Stein 无偏风险阈值和基
于 Minimaxi 最大最小准则阈值。

2）降噪性能指标。对于降噪后的信号，可以通过降噪性能指标 SNR 反映噪声去
除程度，即

$$SNR = 10 \lg \left(\frac{\sum T^2(n)}{\sum [T(n) - T'(n)]^2} \right) \tag{5-40}$$

式中　$T(n)$——含噪声的原始信号；

　　　n——信号序列；

　　$T'(n)$——降噪后的信号。

信噪比 SNR 越大，降噪效果越好。

（2）特征提取。海缆在线监测数据量很大，为提升故障诊断的速度和准确率，需
要对原始监测数据进行分析，提取能反映海缆故障状态信息的有效特征，进而将原始
高维信号映射至低维空间中，为之后的分析提供依据。另外，海缆在线监测信号具有
非平稳性，同时故障点处易发生突变，且获取此突变点数据对于准确诊断故障十分关
键。小波包分析适用于突变信号、非平稳信号的分析与检测，也能获得较为丰富的时
频局部化信息，因此，此处采用小波包分析技术实现对海缆故障信号的特征提取，并
构造特征向量。

1）海缆监测信号小波包分解。将降噪处理后的监测信号进行小波包分解，小波包基函数可选择奇异点定位准确的 db 系统函数，如 db5；分层数需综合考虑重构误差和频带宽度，针对海缆监测信号可选择 N（此处取 3）层。基于此，得到低频到高频 2^N 个频带成分的特征信号 S_{Nj}，$j = 1, 2, \cdots, 2^N$。

2）小波包分解系数重构。对分解后的小波包系数进行重构，可采用式（5-32）进行计算。

3）构造特征向量。针对海缆监测信号，对机械信号和温度信号分别采用能量特征和标准差特性构造对应的特征向量。其中，对于机械故障，监测到的光纤布里渊信号每个频带的能量会发生变化，从而包含了大量的故障状态，可根据某种或几种频带能量的改变代表一类故障；对于温度信号，可依据尺度分解时间序列的样本标准差，进而衡量温度信号和其均值之间的偏离程度，以有效分析非平稳信号。依据能量和标准差构造特征向量的计算方法为

$$E_j = \sum_{k=1}^{N} \mid x_{jk} \mid^2 \tag{5-41}$$

$$s = \left[\frac{1}{n} \sum_{i=1}^{n} (x_i - \overline{x})^2 \right]^{\frac{1}{2}} \tag{5-42}$$

式中 n——信号点数；

  x_i——第 i 个温度值；

  $\overline{x}$——温度平均值。

（3）概率神经网络（PNN 网络）。PNN 网络是一种前馈神经网络，是基于贝叶斯（Bayes）分析准则与 Parzen 窗的概率密度函数无参估计的一种并行运算网格模型，其拓扑结构如图 5-17 所示。

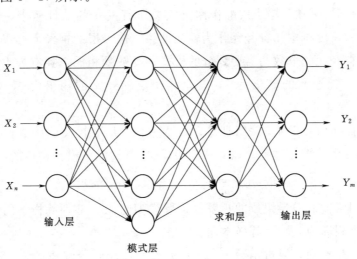

图 5-17 PNN 网络拓扑结构

PNN 网络的结构主要分为输入层、模式层、求和层和输出层四层。

1) 输入层。输入层主要用于接收样本数据，其神经元个数与输入样本数据的向量维数相同。

2) 模式层。模式层又称隐含层，用于为计算输入的样本数据与训练样本集中不同模式之间的匹配，其神经元的个数等于各种模式的训练样本个数的和，该层的输入输出关系为

$$f(\boldsymbol{X},\boldsymbol{W}_i)=\frac{1}{(2\pi)^{\frac{d}{2}}\sigma^d}\exp\left[-\frac{(\boldsymbol{X}-\boldsymbol{W}_i)^{\mathrm{T}}(\boldsymbol{X}-\boldsymbol{W}_i)}{2\sigma^2}\right] \tag{5-43}$$

式中　$\boldsymbol{X}$——输入的样本向量；

$\quad\quad d$——输入的样本向量的维度；

$\quad\quad \boldsymbol{W}_i$——输入层到模式层之间的连接权重向量；

$\quad\quad \sigma$——网络设置中的平滑因子，决定该样本分类的准确度，也是 PNN 网络关注的核心量。

3) 求和层。求和层用于将模式层中神经元的输出结果汇总求和并计算平均值，每个模式的结果汇总于一个神经元中，因此求和层的神经元个数与模式类别总数相同。对于某种模式的概率密度的神经元而言，其输出的计算过程为

$$g_{kn}(x)=\frac{1}{n}\sum_{i=1}^{n}f_{ki}(x) \tag{5-44}$$

式中　n——第 k 种模式的训练样本个数；

$f_{ki}(x)$——输入样本在第 k 种模式中第 i 个神经元的计算结果。

4) 输出层。输出层又称为决策层，由一个阈值辨别器构成，其判别函数为

$$Q(x)=\mathrm{argmax}[g_{kn}(x)] \tag{5-45}$$

由式 (5-45) 可知，输出层的作用是汇总所有模式的估计概率密度，从中选择出具有最大后验密度概率的神经元作为输出结果。输出层的神经元可以看作为竞争神经元，输出层神经元的个数与需要划分的模式种类数量相同，拥有最大概率密度的模式对应的输出层神经元的输出为 1，其余输出层神经元的输出为 0，从而实现模式判别。

(4) 海缆监测信号 PNN 网络训练。以 MATLAB 中封装的函数构造的概率神经网络为例介绍模型的学习过程。在 MATLAB 中 PNN 网络模型构造的函数为

$$\mathrm{mod}_{\mathrm{PNN}}=\mathrm{new}_{\mathrm{PNN}}(\boldsymbol{P},\boldsymbol{T},spread) \tag{5-46}$$

式中　$\boldsymbol{P}$——网络输入向量组成的矩阵，训练模型时由全部训练样本组成，矩阵中每一列即为一个训练样本向量；

$\quad\quad \boldsymbol{T}$——期望类别，通过函数 ind2vec 转化为目标向量组成的矩阵，训练过程中由每个训练样本对应的模式类别转化为向量后构成；

spread——概率神经网络模式层传递函数的扩展速度，与平滑因子 σ 相关，默认值为 1，关联着模型的准确度。

通过训练样本，最终确定合适的 *spread* 值。需要注意的是，*spread* 值越大，拟合后的收敛曲线越平滑，但是逼近误差会增大，因此所需要的隐含层神经元也就越多，当 *spread* 取值太大时会造成计算困难；*spread* 值越小，拟合后的函数逼近会越精确，但逼近的过程平滑性较差，神经网络的性能差，可能会出现过适应现象。可通过试选 *spread* 的典型数值，如 0.1、0.2、0.3、0.4、0.5、0.9、1 等，以错误率和网络模型建立时间为衡量标准，试验获得最佳 *spread* 值。

（5）海缆故障诊断。将海缆在线监测信号应用小波的阈值消噪方法进行降噪处理，之后基于小波包对处理后的数据分别构建机械能量特征向量和温度标准差特征向量，将在线监测信号特征向量输入训练后的 PNN 模型，最后给出诊断结果。

5.1.3 变压器故障诊断

1. 变压器及其典型故障

变压器是电力系统中必不可少的一次设备，其核心为各级线圈与铁芯，主要功能有电压变换、电流变换、阻抗变换、电气隔离、稳定电压等。根据不同的分类方式，变压器可分为多种不同的类型，如，根据相数可分为单相与三相变压器；根据绕组可分为双绕组和三绕组变压器；根据结构可分为铁壳式变压器和铁芯式变压器；根据冷却、绝缘的手段可分为干式和油浸式变压器，此处以油浸式变压器为例进行介绍。

油浸式是指将变压器铁芯和绕组浸入装满油的变压器油箱中，相比于以空气作为冷却和绝缘介质的干式变压器，其最大电压等级和容量更高，性能更为优良，故应用广泛。油浸式变压器又可分为非封闭型油浸式和密封型油浸式。对于油浸式变压器，电力系统制定了相关规定以保证该类变压器安全稳定运行，包括：①线圈绕组和铁芯安装前均真空干燥，变压器油经真空过滤后注入油箱，以保证内部杂质量最小；②对高压绕组结构，多采用多层的圆筒式，在保证机械强度的同时不易混入杂质，而对于低压绕组结构，多采用铜箔绕轴的圆筒式，某些小容量也可采用铜导线；③线圈绕组和铁芯有各自的加固装置，以防运输等导致机械故障与杂质混入；④装设储油柜，并在底部装设沉积器，以沉积变压器油中的水和污秽；⑤部分油浸式变压器油箱装设波纹片以取代传统的储油柜，以防温度变化引起变压器油热胀冷缩，其优势在于可使变压器油与空气完全隔离，进一步防止空气与污秽的混入。

在实际使用中，大容量油浸式变压器常伴随由电引发的物理、化学变化，并由于未加控制、处理、任由其发展而导致变压器故障的发生。其故障从表现形式角度大致分为机械性故障、热性故障和电性故障三类，热性故障和电性故障最为常见，且较难分辨与识别。热性故障分为高温过热、中温过热和低温过热,电性故障分为高能放电、低能放电和局部放电,见表 5-2。

表 5-2 热性故障和电性故障

故障类型		故障举例
热性故障	高温过热 ($t>700℃$)	加件、垫块等装置的风化与脱落;绝缘硅胶等进入油箱致使油循环异常;绝缘膨胀阻碍油路正常循环
	中温过热 ($300℃\leqslant t\leqslant 700℃$)	引线接头绝缘不良,引线断股;引线与引线、引线与铜排存在虚焊;风冷装置未正常工作;绕组材料质量问题导致变压器大负荷运行下升温
	低温过热 ($t<300℃$)	铁芯多点接地形成涡流,局部过热;变压器已有或长期运行中因材料脱落导致内部存在少量异物
电性故障	高能放电	绕组短路、短时大密度能量聚集造成的闪络或电弧;分接开关飞弧;绕组匝间绝缘被破坏
	低能放电	金属部件使用中断开,在通电状况下形成对地悬浮电位,破坏绝缘;高压套管端部接触不良;变压器油中混入杂质使极化过程增强;硅钢片磁屏蔽接地不良
	局部放电	绕组端部油道被击穿;绝缘中混入金属杂质;绕组的油纸绝缘被破坏

2. 变压器油的溶解气体与故障的关系

油浸式变压器在发热和放电过程中,其绝缘材料会与变压器油发生化学变化,进而反应生成 CO_2、CO 以及某些碳氢化合物,而发生故障后,上述化学反应会加剧,生成的化合物种类、比例也与故障的严重程度紧密相关。油色谱分析技术被广泛应用于分析变压器油中各种气体的含量和种类,从而实现对油浸式变压器故障的识别。

经过长期的累积,对于油浸式变压器,通常将 H_2、CH_4、C_2H_6、C_2H_4、C_2H_2、CO、CO_2 七种气体作为特征气体,以其具体含量和比例作为变压器工况的判断依据。根据 DL/T 722—2014《变压器油中溶解气体分析和判断导则》,变压器故障类型对应的气体见表 5-3,基于表 5-3 可得到故障与油中溶解气体之间的关系。

表 5-3 变压器故障类型对应的气体

故障类型	主要气体	次要气体
油温过热	CH_4,C_2H_4	H_2,C_2H_6
油和纸温度过热	CH_4,C_2H_4,CO,CO_2	H_2,C_2H_6
油纸绝缘出现局部放电	H_2,CH_4,CO	CH_4,C_2H_6,CO_2
油中火花放电	H_2,C_2H_2	无
油中电弧	H_2,C_2H_2	CH_4,C_2H_4,C_2H_6
油和纸中电弧	H_2,C_2H_2,CO,CO_2	CH_4,C_2H_4,C_2H_6

（1）热性故障的溶解气体。通常，变压器油随着温度的升高，先是出现如 CH_4、C_2H_6 等的低分子饱和烷烃，然后是如 C_2H_4 等的低分子不饱和烯烃，接着是如 C_2H_2 等的低分子不饱和炔烃，在800℃以上则产生较剧烈的碳化反应，从而生成固体状的焦炭。

1）对于不涉及绝缘材料的温度升高故障，一般情况低分子烃类气体中 CH_4、C_2H_4 占总气量4/5以上，其中，500℃以下时 C_2H_4 含量与温度成反比，800℃以上时 C_2H_2 和 H_2 含量会明显增多。

2）对于涉及绝缘材料的温度升高故障，绝缘纸和绝缘涂料升温初期会分解出较多的 CO_2 和较少的 CO，其中，整个升温过程中 CO 的占比与温度成正比，800℃以上时会超过 CO_2 含量的两倍。

3）相比于高温过热，局部低温过热的危害轻微得多，但不加检修的低温过热的累积会对绝缘等保护造成不可逆转的危害，进而发展成为高温过热。

（2）电性故障的溶解气体。电性故障是指变压器运行中因绝缘等问题在电场作用下发生的故障。

1）高能放电又称为电弧放电，短时间释放大量能量从而产生大量气体。不涉及固体绝缘材料时产生的气体以 H_2、C_2H_2 为主，其中，H_2 含量随放电能量升高而升高，同时也包含部分 C_2H_4、CH_4、C_2H_6；涉及固体绝缘材料时，在强电场作用下绝缘会迅速被破坏，故障严重程度加重。

2）低能放电又称为火花放电，放电过程一般会伴随间歇性火花的出现，其放电量和产生气体量都较小。不涉及固体绝缘材料的气体含量与高能放电类似，区别在于 C_2H_2 的含量很低，且所有气体的总含量明显较低；涉及固体绝缘材料时，由于绝缘材料会受到一定程度破坏，故会产生一定量的 CO 和 CO_2。

3）局部放电一般是指导体间绝缘仅被部分桥接的间歇性放电，油中溶解气体以 H_2 为主，一定量的 CH_4 和部分情况少量的 C_2H_2 为辅。

3. 油浸式变压器异常状态判断依据

（1）变压器油中溶解气体的标准值。对变压器运行状态以及故障的判断应根据气体含量的绝对值、增长速率、设备实际工况、外部环境因素等方面进行综合判断。对于气体含量的绝对值，依据 DL/T 722—2014《变压器油中溶解气体分析和判断导则》中的规定，出厂变压器投运时油中溶解气体标准值见表5-4，正常运行变压器油中溶解气体标准值见表5-5。标准值是异常状态判断的参考值，当检测到气体含量超过标准值时，应引起重视并进行综合诊断。

（2）气体增长率。气体的增长速率与故障点温度、故障点电场能量、故障点范围、故障点周边环境等密切相关，同时还与设备老化、绝缘材料种类等有一定联系。对不同变压器，绝对产气速率注意值见表5-6。

表 5 - 4   出厂变压器投运时油中溶解气体标准值

气体组分	含量/(μL/L)	
	330kV 及以上	220kV 及以下
H_2	<10	<30
C_2H_2	<0.1	<0.1
所有碳氢化合物	<10	<20

表 5 - 5   正常运行变压器油中溶解气体标准值

气体组分	含量/(μL/L)	
	330kV 及以上	220kV 及以下
H_2	<150	<150
C_2H_2	<1	<5
所有碳氢化合物	<150	<150
CO_2/CO	<3	<3

表 5 - 6   绝对产气速率注意值

气体组分	密封式变压器/(mL/d)	开放式变压器/(mL/d)
H_2	10	5
C_2H_2	0.2	0.1
所有碳氢化合物	12	6
CO_2	100	50
CO	120	100

基于油中溶解气体进行分析是当前较成熟和可靠的诊断方法，一般是对变压器油中溶解的若干特定气体进行提取，并建立气体含量及其比例与变压器故障类型之间的映射关系，从而形成判据，其方法包括特征气体法、三比值法、大卫三角法等。不过，上述方法仅通过简单的计算和机械化的查表是无法准确对故障进行定性和定位的，而要依赖现场经验，若对相应变压器故障诊断的经验不足，其结果并不理想。因此，对于变压器的实时在线智能化监测与故障诊断成为应用与发展重要课题。

4. 基于人工蜂群算法和小波神经网络的变压器故障诊断

针对变压器高温过热、中温过热、低温过热、高能放电、低能放电、局部放以及正常运行七种状态，通过各状态对应的 H_2、CH_4、C_2H_2、C_2H_4、C_2H_6 五种气体量多组数据，建立小波神经网络（Wavelet Neural Network，WNN）模型；应用改进的人工蜂群算法确定模型的四个关键参数，进而完成变压器故障诊断模型的构建；以此故障诊断模型为基础，对在线监测数据进行处理和计算，从而实现对变压器的故障诊断，其流程如图 5 - 18 所示。

（1）数据获取和处理。根据 DL/T 722—2014《变压器油中溶解气体分析和判断导则》，将 H_2、CH_4、C_2H_2、C_2H_4、C_2H_6 五种气体监测数据作为输入信号，输出为

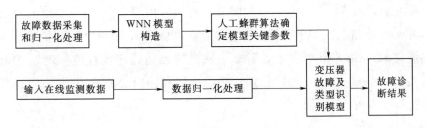

图 5-18　变压器故障诊断流程

高温过热、中温过热、低温过热、高能放电、低能放电、局部放电以及正常运行七种状态之一。据此，选取七种状态对应的五种气体多组监测数据，用于确定 WNN 结构和构建训练样本集。

为去除数据量纲和数据值大小对模型精度的影响，对输入数据进行归一化处理，计算方法为

$$y_i = \frac{2(x_i - x_{\min})}{x_{\max} - x_{\min}} - 1 \tag{5-47}$$

式中　　y_i——归一化后的样本数据；

　　　　x_i——第 i 个样本数据；

$x_{\max}$、$x_{\min}$——样本中的最大值和最小值。

（2）建立 WNN 结构。WNN 继承了前馈神经网络的部分经典特性，如信号单向传输、同一层神经元间信息不共享等，同样以三层结构应用最广泛。基于小波理论，WNN 用小波基替代神经元函数，结合了小波变换的时频局部特性与神经网络的自学习能力，因而具有结构更简单、收敛速度较快、非线性拟合能力强、有效规避盲目性等特点和优势，在工程实际中应用广泛。

WNN 将人工神经网络与小波分析结合的方式主要有松散型和融合型两种，目前融合型是应用最为广泛的方式。具体为用小波元函数替代神经元的传递激发函数，而输入层到隐含层的权值及隐含层阈值分别用小波函数的尺度参数与平移参数替代。融合型 WNN 如图 5-19 所示。

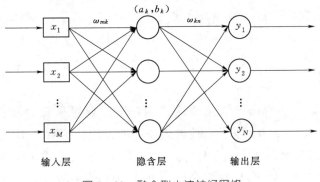

图 5-19　融合型小波神经网络

图 5-19 中，M 和 N 分别为输入层节点数和输出层节点数；a_k 和 b_k 表示隐含层第 k 个小波元的伸缩系数和平移系数；ω_{mk} 是输入层第 m 个神经元到隐含层第 k 个小波元的权值；ω_{kn} 为第 k 个小波元到第 n 个输出神经元的连接权值。现以 Morlet 小波函数和 S 型正切函数 Tansig 函数分别作为隐含层和输出层的选用函数进行介绍，则

隐含层第 k 个小波元输入为

$$r_k = \sum_{m=1}^{M} \omega_{mk} X_m \qquad (5-48)$$

第 k 个小波元输出为

$$c_k = \cos\left(1.75 \frac{r_k - b_k}{a_k}\right) \exp\left[-0.5\left(\frac{r_k - b_k}{a_k}\right)^2\right] \qquad (5-49)$$

输出层第 n 个节点输出为

$$y_n = 1 / \left[1 + \exp\left(-\sum_{n=1}^{N} \omega_{kn} c_k\right)\right] \qquad (5-50)$$

输出误差函数为

$$E = \frac{1}{N} \sum_{n=1}^{N} (y_n^* - y_n)^2 \qquad (5-51)$$

式中　y^*——输出层第 n 个节点的期望输出。

（3）WNN 参数取值。构建单层隐含层的 WNN，即采用三层网络结构，并依据归一化后的 H_2、CH_4、C_2H_2、C_2H_4、C_2H_6 五种气体监测数据设置输入层节点数为 5；以输出的高温过热、中温过热、低温过热、高能放电、低能放电、局部放电以及正常运行七种状态设置输出层节点数为 7；隐含层神经元个数决定了 WNN 的运算精度与速度，但两者又相互制约，可依据经验公式并结合多次试验比对取其最优个数，即

$$K = \sqrt{M+N} + a \qquad (5-52)$$

式中　K——隐含层小波元个数；

　　　a——[1，10] 之间的整数。

同时，可根据输入的训练样本比对模型的收敛性能确定最终的 K 值。

确定网络结构层次、输入输出层节点数后，ω_{mk}、ω_{kn}、a_k 和 b_k 四个关键参数的优化选取是对 WNN 进行训练的主要任务，而不同的优化算法决定着对应的网络性能，因此合适的优化算法是 WNN 的重要构成。现以改进的人工蜂群算法求取这四个参数，其步骤如图 5-20 所示。

1）初始化参数。初始化参数包括两方面，一是设定采蜜蜂数目、跟随蜂数目、解的个数均为 Z，侦查蜂数目为 1，维数为 J，最大迭代次数为 D_{max}，蜜源停留次数最大值为 $limit$，精英蜂群为 $s\%$ 的比例、权重 ω 的上下限、迭代次数 D 和停留次数 C 均为 0。二是基于混沌理论初始化原始解，即初始化采蜜蜂位置，具体为：随机生成

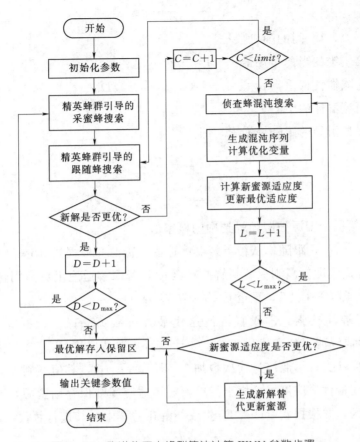

图 5-20　改进的工人蜂群算法计算 WNN 参数步骤

J 维混沌采蜜蜂 $\boldsymbol{h}_{0,J}=[h_{01},h_{02},\cdots,h_{0J}]$，各值取值范围为 $[0,1]$；通过 $\boldsymbol{h}_{0,J}$ 计算得出 Z_0 个混沌采蜜蜂，并计算出各自的适应度 $f(X_i)$，从 Z_0 中选择最优的 Z 个混沌采蜜蜂位置作为初始解，即

$$\boldsymbol{h}_{n+1,j}=\mu\boldsymbol{h}_{n,j}(1-\boldsymbol{h}_{n,j}) \tag{5-53}$$

式中　μ——混沌状态的控制参数，此处取值为 4。

$$f(X_i)=\begin{cases}1/(1+f_i) & f_i\geqslant0\\1+f_i & f_i<0\end{cases} \tag{5-54}$$

式中　$f(X_i)$——第 i 个蜜源的适应度；

　　　f_i——第 i 个蜜源的评估值。

2）精英蜂群引导的采蜜蜂搜索。选取前 $s\%$ 构成精英蜂群 XE_i，并记录全局最优解，同时根据式（5-55）进行采蜜蜂搜索，保留新旧解中适应度更优的解，即

$$X_{ij}(t+1)=XEC_j+\omega\varepsilon[G_{best,}-X_{ij}(t)] \tag{5-55}$$

$$XEC_j=\frac{1}{T}\sum_1^T XE_j \tag{5-56}$$

$$T = sZ\%$$

式中 ε——[-1, 1] 间的随机数；

  G_{best_j}——第 j 维的当前全局最优，$j = 1, 2, \cdots, J$；

  ω——递减惯性权重，$\omega = \omega_{max} - D(\omega_{max} - \omega_{min})/D_{max}$；

  XEC_j——精英群体的中心。

 3）精英蜂群引导的跟随蜂搜索，即

$$P_i = \frac{1/f(X_i)}{\sum\limits_{n=1}^{sZ\%} 1/f(X_n)} \tag{5-57}$$

式中 P_i——第 i 个蜜源被跟随蜂选中的概率值。

 根据式（5-57），跟随蜂从精英蜂群中选取一蜜源并根据式（5-55）进行搜索。

 4）若新解适应度更高则保留新解并转至 6），若旧解适应度更高则转至 3），同时迭代次数加 1，即 $C = C + 1$，直至 $C = limit$ 转 5）。

 5）侦查蜂混沌搜索。①设置混沌迭代最大次数 L_{max}；②根据式（5-53）和式（5-58）生成混沌序列和优化变量；③计算新蜜源适应度 f_{n,j_new}，更新迭代过程中的最优适应度 f_{best}；④混沌迭代次数加 1，即 $L = L + 1$，其值达到 L_{max} 转⑤，否则转②；⑤若混沌最优适应度 f_{best} 优于待更新蜜源适应度则保存新蜜源，否则将待更新蜜源存入保留区，并根据式（5-53）生成新解在种群中对其进行替代，即

$$h_{n,j\_new} = g_{i,j} + R_{i,j}(2h_{n,j} - 1) \tag{5-58}$$

式中 h_{n,j_new}——混沌优化变量，其值在以更新蜜源 $g_{i,j}$ 为中心、以 $R_{n,j}$ 为半径的圆内。

 6）迭代次数加 1，即 $D = D + 1$，当 $D < D_{max}$ 时转 2），否则停止迭代，将当前最优存入保留区，并输出保留区最优结果，完成 WNN 模型的建立。

 （4）变压器故障诊断。获取变压器在线监测的 H_2、CH_4、C_2H_2、C_2H_4、C_2H_6 五种气体数据并进行归一化处理，将处理结果数据输入训练完成后的 WNN 模型，进而得到高温过热、中温过热、低温过热、高能放电、低能放电、局部放电以及正常运行中的一种状态，完成变压器故障诊断。

5.2 基于大数据的风功率预测

5.2.1 风力发电特性

 当前，对于风能的利用主要是风力发电，图 5-21 所示为广泛使用的典型风力发电系统结构示意图。通过风力发电系统，风能由叶片的转动转化为机械能，再由发电

机将机械能转化为电能。其中，齿轮箱的作用是将叶片较低的转速增速到能满足发电机所要求的转速，而整流器和逆变器将由风能不稳定性带来的功率波动变换为满足并网要求的电压与频率，最终通过电网传输给用户。

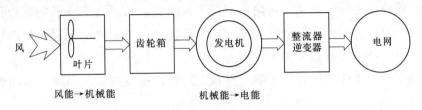

图 5-21 典型风力发电系统结构示意图

风力发电系统正常运行时的功率为

$$P(v) = \frac{1}{2}\rho A v^3 C_p \tag{5-59}$$

式中 ρ——空气密度；

  A——单位时间内空气通过的面积；

  v——风速；

  C_p——风能利用系数，即风力发电系统将风能转化为电能的效率。

由于风速并不平稳，当风速小于切入风速时，风力发电系统并不能输出功率；当风速大于切入风速而小于额定风速时，风力发电系统的输出功率可由式（5-59）确定，处于最大功率跟踪状态；当风速大于额定风速小于切出风速时，风力发电系统通过调整使其输出功率稳定于额定值；当风速大于切出风速时，为防止风力发电系统结构受损，风力发电系统停机，输出功率为零。基于此，风力发电系统的输出功率和风速的近似关系为

$$P = \begin{cases} 0, & v < v_i \\ P(v), & v_i \leqslant v < v_r \\ P_r, & v_r \leqslant v \leqslant v_o \\ 0, & v > v_o \end{cases} \tag{5-60}$$

式中 P_r——额定功率；

  v_i、v_r、v_o——切入风速、额定风速和切出风速，如某 1.5MW 风力发电系统的切入风速、额定风速和切出风速分别为 3m/s、12m/s 和 25m/s。

5.2.2 风功率预测的意义

根据风力发电特性可知，风功率与风速呈现出很强的正相关关系，因此，风速的变化会对风功率产生直接的影响。从风电场现场来看，当接入电网的风电容量比例较

小时，对电网的影响微乎其微；但随着风电并网规模的扩大，风电容量比重也不断增大，风功率的波动对整个电网的扰动则越来越显著，其剧烈的波动会致使电网的电压和频率发生改变，进而影响电能质量，严重时则会威胁电力系统的稳定运行。为保障电力系统的整体稳定性，风功率的输出不得不被限制，因而会造成风电企业利益受损和风能资源的浪费。因此，提前预测风功率输出情况，对于风电企业的生产运营、电网安全稳定以及经济效益意义重大：

（1）对于风电企业，可有效缓解"弃风"问题，提高风能利用率，进而促进清洁能源的发展。

（2）有利于电网调度机构了解风电场的发电预期，优化风电并网结构，从而更加合理地安排调度计划和制定发电计划，削弱风电场输出功率的不确定性对电力系统的不利影响，减少旋转备用容量，降低电力系统的运营成本。

（3）通过风功率预测，风电企业可合理安排时段进行运维检修，尽可能地减少因风电机组维护带来的发电损失，为风电企业带来更多的收益。

（4）准确的风功率预测不仅可以满足电力交易市场对风电的要求，还能摆脱风电企业在电力市场中被动的局面。

因此，对风功率的预测可以提高风电出力的可预见性，弥补风功率不确定性的不足，从而推动风电企业自身的发展，甚至带动整个电力交易市场的改革，使得整个发电行业朝着更加清洁、环保、高效的方向发展。

5.2.3 短期风功率组合预测

基于风电场监测历史数据开展影响风功率的相关因素分析，确定关键影响因素，进而达到降维目的；依据关键影响因素，选择监测历史数据并对其进行数据预处理，形成组合预测模型训练样本集；根据训练样本集，分别构建 BP 预测模型、ANFIS（Adaptive Neuro-Fuzzy Inference System）预测模型和 WNN 预测模型，并将训练样本输入各预测模型进而得到对应的预测结果；选择优化算法，对三种预测模型预测结果进行计算，得到 BP 预测模型、ANFIS 预测模型和 WNN 预测模型对应的权值最优组合，进而完成风功率组合预测模型的构建；对在线监测数据进行数据预处理，将其输入风功率组合预测模型，最终输出功率预测结果。风功率组合预测流程如图 5-22 所示。

1. 数据相关性分析

风电场监测的与风电输出功率相关的数据包括风速、风向、温度、大气压和大气湿度等，现利用 Pearson 相关性分析方法获取影响功率的关键因素，进而降低输入数据的维度，提高预测的计算效率。

Pearson 相关系数是当前应用最多、最广泛的相关性系数法，估算样本的协方差和标准差可得到 Pearson 相关系数，即

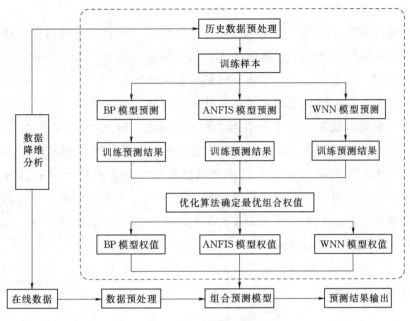

图 5-22　风功率组合预测流程

$$r = \frac{\sum\limits_{i=1}^{n}(X_i - X)(Y_i - Y)}{\sqrt{\sum\limits_{i=1}^{n}(X_i - \overline{X})^2}\sqrt{\sum\limits_{i=1}^{n}(Y_i - \overline{Y})^2}} \qquad (5-61)$$

式中　r——样本的相关系数，其取值范围为 $[-1,1]$；

X_i、Y_i——两个变量 X 和 Y 的样本值，$i=1,2,\cdots,n$；

$\overline{X}$、$\overline{Y}$——两个变量 X 和 Y 的 n 维数据平均值。

表 5-7 为相关系数取值对应的相关性。

表 5-7　　　　　　　　　　相关系数取值对应的相关性

相关系数	变量 X 和 Y 的相关性
$r=0$	无相关性
$0<r<1$	正相关（0～0.3 微相关，0.3～0.5 低相关，0.5～0.8 中相关，0.8～1 高相关）
$-1<r<0$	负相关
$r=-1$	完全负相关
$r=1$	完全正相关

取若干月份的风速、风向、温度、大气压、大气湿度以及风电输出功率数据，可应用统计分析软件 STAT 计算上述因素与风电输出功率的相关系数。根据计算结果进行分析，同时兼顾预测精度以及算法运行效率，从以上各因素中选择对分析目标相关性较高的因素为各个算法的输入量进行研究，此处以风速和风向为例进行介绍。

2. 数据预处理

数据预处理前需对风电场数据和合理性进行检验，检验的内容包括：功率数值不应为负；风速数据应为正值，且不应过大；风向数据应在 0°~360°；单台机组不能超过最大输出功率，风电场总输出功率不能超过总装机容量。

有多个因素可使监测数据产生异常、缺失等问题。异常数据多表现为高风速对应低功率、零功率或负功率，而这些数据会对预测精度产生影响，需要处理，具体为：负功率置零；连续出现为零的功率值，且对应的风速较高，整体剔除；风速低于3m/s的数据，其风电输出功率置零；根据标准风功率曲线，将不在容错范围内的数据剔除；对于输出功率超过最大功率值的置为最大功率值；对于超出切出风速的数据整体剔除。缺失的数据可能包含零星缺失点、少量缺失点和大量缺失点三种情况，具体的处理为：对于零星缺失点，可采用缺失点前后的数据均值作为缺失点数值；对于大量缺失点，可参考临近风电场相同时间段的数值补齐；对于少量缺失点，应用线性插值法将缺失数据补齐，即

$$P_{n+x}=P_n+x\,\frac{|P_{n+y}-P_n|}{y},0<x<y \tag{5-62}$$

式中　P_n、P_{n+x}、P_{n+y}——同一维度数据的第 n、第 $n+x$ 和第 $n+y$ 时刻的数据值。

3. 三种预测模型构建

(1) BP 神经网络短期风功率预测模型。BP 神经网络模型结构如图 5-23 (a) 所示，其整体思路包括四步：一是从输入层输入的信号向前传递；二是训练结果的误差计算值反向传递；三是根据误差阈值循环迭代；四是输出训练结果。

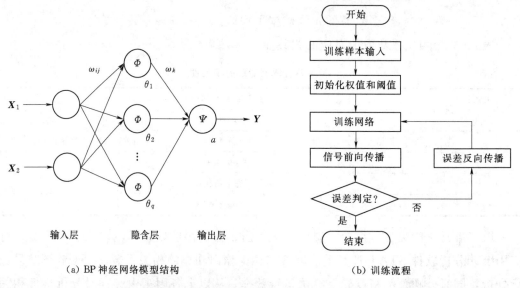

(a) BP 神经网络模型结构　　　　(b) 训练流程

图 5-23　BP 神经网络模型结构及其训练流程

1）网络层次和节点数的确定。综合考虑模型精度和训练效率，确定包括输入层、隐含层和输出层三层网络结构。根据训练样本确定的风速和风向两个输出参数，输入层节点数确定为 2，又由预测输出功率目标确定输出层节点数为 1，进而根据式（5-52）计算得到隐含层节点数为 [4，12]。

2）网络传递函数的确定。输入层和隐含层之间的传递函数选择双曲正切 S 型传输函数，则隐含层第 i 个节点的输出为

$$\phi\left(\sum_{j=1}^{2}\omega_{i,j}x_j\right)=\frac{1-\exp\left[-2\left(\sum_{j=1}^{2}\omega_{i,j}x_j+\theta_i\right)\right]}{1+\exp\left[-2\left(\sum_{j=1}^{2}\omega_{i,j}x_j+\theta_i\right)\right]} \qquad (5-63)$$

式中　$\omega_{i,j}$——输入层至隐含层权值；

　　　θ_i——隐含层阈值。

输出层和隐含层之间的传递函数选择线性传输函数，则输出层输出为

$$\Psi=\sum_{i=1}^{q}\omega_i\phi\left(\sum_{j=1}^{2}\omega_{i,j}x_j\right)+a \qquad (5-64)$$

式中　ω_i——隐含层至输出层权值；

　　　a——输出层阈值。

3）误差的逆向传播。输入信号由输入层向前传递，训练结果误差值向后传递，其中所有训练样本总误差准则函数为

$$E_p=\frac{1}{2}\sum_{p=1}^{P}\sum_{k=1}^{L}(ture_k^p-\psi^p)^2 \qquad (5-65)$$

误差准则函数计算完成后，使用误差梯度下降法调整输出层和隐含层的权值和阈值。

具体流程如图 5-23（b）所示，循环迭代直至误差满足误差阈值，进而确定模型的权值和阈值，完成 BP 输出功率预测模型的构建。

（2）ANFIS 短期风功率预测模型。ANFIS 是结合了人工神经网络（ANN）和模糊推理（FIS）优点的算法，即将 ANN 融合于模糊推理系统的各个步骤中，其网络结构如图 5-24（a）所示。

第一层为隶属度函数层，即各节点隶属度函数表达，而隶属度函数由历史数据训练而确定。隶属度函数为

$$\begin{cases}o_{1i}=u_{A_i}(x_1)=\exp\left[-\frac{(x_1-c)^2}{2\sigma^2}\right]\\o_{2i}=u_{B_i}(x_2)=\exp\left[-\frac{(x_2-c)^2}{2\sigma^2}\right]\end{cases}, \quad i=1,2 \qquad (5-66)$$

式中　A_i、B_i——模糊集合；

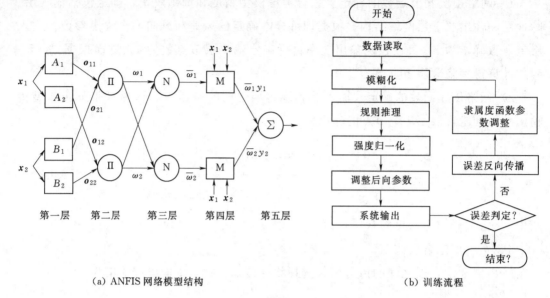

(a) ANFIS 网络模型结构   (b) 训练流程

图 5 - 24   ANFIS 网络模型结构及其训练流程

$u_{A_i}(x_i)$——x_i 对 A_i 的隶属度。

第二层为规则推理层，其节点用 Ⅱ 表示，各节点输出为所有输入信号的乘积，表示各条规则的激励强度，即

$$\omega = u_{A_i}(x_1) \times u_{B_i}(x_2) \tag{5-67}$$

第三层为归一化层，用于对所有规则强度进行归一化，即

$$N = \overline{\omega}_i = \frac{\omega_i}{\omega_1 + \omega_2} \tag{5-68}$$

第四层为模糊规则输出层，一般是输入特征的线性组合，即

$$M = \overline{\omega}_i y_i = \overline{\omega}_i (p_i x + q_i y + r_i) \tag{5-69}$$

式中 x、y——输入的特征；

p_i、q_i、r_i——后向参数。

第五层为计算总输出层，是每条规则结果的加权平均，即

$$\Sigma = \frac{\sum \omega_i y_i}{\sum \omega_i} \tag{5-70}$$

ANFIS 网络模型的训练流程如图 5 - 24 (b) 所示，具体为：读取训练数据，并对其进行归一化处理；根据式（5 - 63）设置隶属度函数，并用于对输入的训练数据集的模糊化处理，形成模糊集；基于"if - then"规则形式，构建模糊规则库；根据模糊规则库里的规则，应用 T - S 模糊法对输入的模糊集数据进行判断，实现模型推理，并根据式（5 - 67）计算各规则激励强度；应用式（5 - 68）对所有规则强度进行归一化处理；对式（5 - 69）中的后向参数应用最小二乘法进行调整，进而结合式（5 -

70) 输出结果；对系统输出结果进行误差判断，若未满足误差阈值则进行误差反向传播计算，同时对隶属度函数参数调整，进而开展模型训练直到满足误差阈值，完成 ANFIS 输出功率模型的构建。

（3）WNN 短期风功率预测模型。小波神经网络是基于小波变换而构成的神经网络模型，模型将 ANN 的传递函数用小波分析的非线性小波基替代，使其拥有更强的学习性能和更快的收敛效率。此处以嵌套型或紧凑型 WNN 构建第三种功率预测模型，其中，权值和阈值分别换成小波的伸缩因子和平移因子，结构如图 5-25（a）所示。

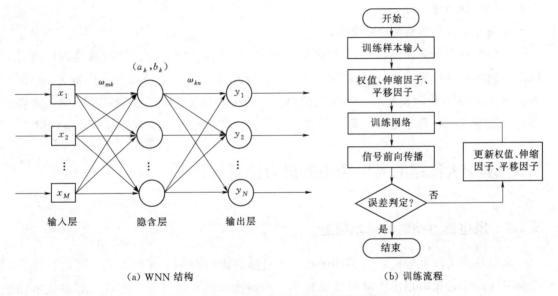

（a）WNN 结构　　　　　　　（b）训练流程

图 5-25　WNN 模型结构及其训练流程

构建三层结构 WNN，其参数设置和计算见 5.1.3 第 4 部分，具体训练过程如图 5-25（b）所示，具体为：将训练样本数据输入，并进行归一化处理；对权值、节点和权值增量初始化；设定输入层节点数为 2，输出层节点数为 1，从而应用式（5-52）计算隐含层节点数，并选择 Morlet 函数作为小波基函数；应用归一化训练数据，训练网络模型并提取最优参量；对比模型输出误差值与误差阈值，若未满足要求，更新权值、伸缩因子和平移因子，进而循环训练模型直至满足要求，完成 WNN 输出功率预测模型。

4. 基于协方差优选组合法的组合预测模型

协方差优选组合法采用统计学方法对各预测模型的输出结果进行收集，是常用的非等权值法之一。若各预测模型输出结果的误差和方差分别为 e_i 和 σ_i，则组合预测模型的误差和误差的方差分别为

$$\omega_{\mathrm{var}}(e) = \sum_{i=1}^{k} \omega_i \sigma_i \qquad (5-71)$$

$$\sigma_{\mathrm{var}}(e) = \sum_{i=1}^{k} \omega_i^2 \sigma_i \qquad (5-72)$$

引入拉格朗日乘子，在 $\sum_{i=1}^{k} \omega_i = 1$ 的约束条件下对 $\sigma_{\mathrm{var}}(e)$ 求极小值，可得

$$\omega_i = \left[\sigma_i \sum_{i=1}^{k} \sigma_i^{-1} \right]^{-1} \text{ 且 } \sigma_{\mathrm{var}} = \left[\sum_{i=1}^{k} \sigma_i^{-1} \right]^{-1} \qquad (5-73)$$

因此，由式（5-73）可确定各预测模型输出结果的权值，最终完成组合风电输出功率预测模型的构建。

5. 基于组合预测模型的功率预测

根据数据降维分析的结果，首先将风力发电系统在线监测数据进行降维，然后对降维后的数据进行异常、缺失等预处理，之后对其进行归一化处理并分别输入 BP 预测模型、ANFIS 预测模型和 WNN 预测模型，得到各单一模型的预测结果，然后将各预测结果输入组合预测模型，最后得到风力发电系统短期输出功率的组合预测结果。

5.3 基于大数据的风电场集群出力控制优化

5.3.1 风电出力控制的基本问题

风电场出力波动会影响电网的运行，而且随着风电并网规模的扩大，风电容量比重也不断增大，风电场出力的波动对整个电网的扰动越来越显著。因此，掌握风电场乃至风电场集群的出力波动特性是研究风力发电对电网影响的必要条件。随着大数据技术的发展，应用风电机组的完备运行状态数据，实现风功率的准确预测，掌握风电机组的运行状态等已成为可能，因此很好地支撑了风电机组和风电场的出力优化，也是当前解决风电大规模并网负面影响的有效手段和解决思路。

风电出力的控制主要包括三个层次的问题，即单台风电机组的有功功率控制、风电场的有功功率控制以及风电场集群的有功功率控制。

1. 风电机组有功功率控制

风电机组的有功功率控制主要包括最大风功率捕获控制、平均功率控制和随机最优控制，是通过对风电机组变桨距控制实现风电机组捕获风功率并跟踪调度指令的功能，而单台机组跟踪调度指令的有效性是风电场和风电场集群控制的基础。

2. 风电场有功功率控制

风电场有功功率控制的实现是基于场内风电机组出力的控制和分配，其控制方法分为最大出力控制和出力跟踪控制。最大出力控制是指风电场出力低于电网允许最大

出力时自由发电，否则便向系统提交增加出力申请。该方法在无风或者风小的时候存在较大的偏差，需要风电场具备很大的备用容量来平衡。出力跟踪控制是根据风电场的发电能力和安全约束制定风电场调度计划，然后实时跟踪。相比于最大出力控制，这种控制方法偏差小，但对风电场的控制能力提出了更高的要求。

3. 风电场集群出力控制

不同于国外风电分布式并网就地消纳的模式，国内存在大规模风电并网出力的格局，这要求风电场集群并网时要考虑风功率在各个风电场间分配的问题。针对该问题，学者们提出了"类常规电源控制""间歇式电源"集群分层分区控制以及模型预测控制（Model Predictive Control，MPC）等。其中，MPC方法由预测模型、滚动优化以及反馈校正三部分构成，因其滚动优化和闭环反馈校正能力强在风电行业受到重视。

综上所述，将风电场集群纳入系统调度，完成各个风电场跟踪响应风电场集群的调度指令，是当前风电场集群出力控制研究的热点，本节对其主要内容进行介绍。

5.3.2 风电场集群出力控制

1. 风电场集群出力控制架构

单台或若干台风电机组参与电网调控的备用容量较低，可靠性较低，但对于风电场集群层面，大规模风电机组的平滑效应使得风电场集群出力调控的备用容量变得更加可靠。不过，各风电场的调控能力存在差异，需要基于统一的风电场集群出力控制架构，针对各个风电场的功率预测信息实现出力控制，其架构如图 5-26 所示。其中，风电场集群控制中心基于电网参考指令 P_0 和各风电场的预测功率 $P_{\text{pre},j}(j=1,2,\cdots,C)$，依据控制策略划分各类型风电场子群并下达调度指令 $P_{\text{dis},i}$；风电场子群的出力控制器则

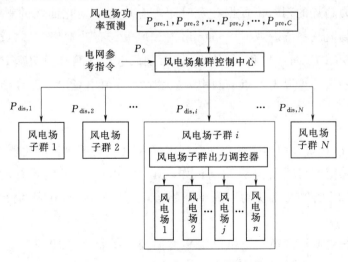

图 5-26 风电场集群出力控制架构

根据下达的调度指令、实测功率和预测功率，依据控制策略对风电场内各风电机组进行动态调节，实现整个风电场的跟踪响应调度。

2. 风电场集群控制策略

(1) 风电场动态分群。风电集群控制中心调控各个风电场出力时，其目标是在满足系统对于风电场集群调度指令的情况下，尽可能优化各个风电场的出力，避免出现"高发电能力低调度值、低发电能力高调度值、高负荷率增出力、低负荷率减出力"的状况。为此，对风电场集群中各个风电场根据其负荷率、发电能力、发电趋势进行分类是优化各个风电场出力的前提。

根据风电场负荷率和出力趋势，可对集群内风电场进行如下分类：高负荷率出力上升、高负荷率出力不变、高负荷率出力下降、中负荷率出力上升、中负荷率出力不变、中负荷率出力下降、低负荷率出力上升、低负荷率出力不变和低负荷率出力下降。

风电场的负荷率分类可由各个风电场实际发出功率和总装机容量的比值进行判断，即

$$\lambda_j(t) = \frac{P_{real,j}(t)}{P_{total,j}} \times 100\%$$ (5-74)

式中 $\lambda_j(t)$——第 j 个风电场的实时负荷率；

$P_{real,j}(t)$——第 j 个风电场的实际出力；

$P_{total,j}$——风电场总装机容量。

设 $\lambda_j(t) \leqslant 33\%$ 时，风电场为低负荷率，$\lambda_j(t) \geqslant 66\%$ 时，风电场为高负荷率，而 $33\% < \lambda_j(t) < 66\%$ 时为中负荷率。以上述条件作为负荷率判断标准，那么结合风电场出力趋势判断方法即可动态划分风电场类型，从而有针对性地调节风电场出力。

风电场出力趋势的判断可根据一定时间内有功功率变化曲线的斜率来实现。如，首先通过风电场监测系统获取 $(t-5)$min 时刻风电场有功功率 $P_{real,j}(t-5)$、$t$min 时刻风电场有功功率 $P_{real,j}(t)$ 和 $(t+5)$min 时刻风电场预测有功功率 $P_{pre,j}(t+5)$；接着采用最小二乘法计算以上三点的斜率 k；然后计算风电场出力趋势判断因子 ξ，即

$$\xi = \frac{k}{P_{total,j}}$$ (5-75)

式中 ξ——10min 内有功功率变化曲线斜率同风电场装机总量的比值。

根据 ξ 计算值即可进行趋势判断，如认定 $\xi > 0.85$ 时风电场有功功率为上升趋势，$\xi < -0.85$ 时风电场有功功率为下降趋势，$-0.85 \leqslant \xi \leqslant 0.85$ 时风电场有功功率趋于平稳。

(2) 风电场集群调度模型。风电场集群的控制关键在于跟踪系统下发的调度值，并下达场群内各个风电场的有功功率值，一般以 15min 为控制周期实现风电集群有功

功率控制高精度目标是其重要任务。其目的在于充分利用风功率预测的信息，结合系统下发的调度值，确定需要进行功率调控的风电场。根据系统调度指令 $P_0(t)$ 和上一时刻风电场集群实际出力值 $P_{real}(t-1)$ 的差值 $\Delta P = P_0(t) - P_{real}(t-1)$ 可分为三种情况，具体如下：

1）调度变化值 $\Delta P > 0$。此时，风电场集群需要在下一时刻增加出力。那么，可首先选择场群内所有低负荷率出力上升的风电场承担出力任务。若当前时刻低负荷率出力上升风电场的实际出力为 $P_{real,1}(t)$，而下一时刻有功功率预测值为 $P_{pre,1}(t+1)$，那么所有低负荷率出力上升的风电场的出力空间为 $\Delta P_1 = P_{pre,1}(t+1) - P_{real,1}(t)$。若 $\Delta P < \Delta P_1$，无须调整其他风电场出力；若 $\Delta P > \Delta P_1$，则需调节中负荷率出力上升风电场。若两者的出力空间依然不能满足调度值的变化，则还需调节高负荷率出力上升风电场。

2）调度变化值 $\Delta P < 0$。这种情况需要风电场集群在下一时刻减少出力。此时首先选择高负荷率出力下降的风电场承担出力任务。设下一时刻高负荷率出力下降的所有风电场实测有功功率为 $P_{real,4}(t)$，而下一时刻有功功率预测值为 $P_{pre,4}(t+1)$，那么所有高负荷率出力下降的风电场的出力空间为 $\Delta P_4 = P_{pre,4}(t+1) - P_{real,4}(t)$。若 $\Delta P > \Delta P_4$，无须调整其他风电场出力；若 $\Delta P < \Delta P_4$，则需依次调节中负荷率出力下降风电场。若两者的出力下降空间依然不能满足调度值的变化，则还需调节高负荷率出力下降风电场。

3）调度值变化量 $\Delta P = 0$。这种情况需要风电场集群在下一时刻维持功率稳定。因此只需考虑调度指令不变的情况下风电场集群自然功率的变化值，此时的变化值一般比较小，若有功功率升高则控制低负荷出力上升风电场，若有功功率降低则控制高负荷出力下降风电场。

根据以上的控制策略，设需要进行调控的风电场类型总数为 M。那么，风电场集群的控制目标为尽可能满足系统调度需要的同时使出力发生变化的风电场调控量最小，其数学描述为

$$\min Q_1 = \sum_{n=1}^{T} \left\{ \alpha \left[P_0 - \sum_{i=1}^{M} P_{dis,i}(t+\Delta t_1) \right]^2 + (1-\alpha) \sum_{i=1}^{M} \left[P_{dis,i}(t+\Delta t_1) - P_{real,i}(t) \right]^2 \right\}$$

$$(5-76)$$

式中　　P_0——系统下发的整个风电场集群的超短期调度指令；

$P_{dis,i}(t+\Delta t_1)$——所有第 i 种风电场 15min 后的调度值；

$P_{real,i}(t)$——对应 t 时刻的实际值；

α——取值小于 1 的优化目标偏重程度的权重系数；

T——优化时间段，在场群分类协调中，每次对未来 1h 的计划值进行优化，分辨率 $\Delta t_1 = 15min$，那么优化时间段 $T=4$，其值每增加 1 个单

位，时间 t 就向前推移 Δt_1 的步长，每次求解完成后得到 4 个时间点的优化解，但控制指令的下达是基于 $T=1$ 时的值。

上述模型的约束条件为

$$s.t \begin{cases} \displaystyle\sum_{i=1}^{M} P_{dis,i}(t+\Delta t_1) \leqslant P_{total} \\ \displaystyle\sum_{i=1}^{M} P_{dis,i}(t+\Delta t_1) \leqslant P_{pre}(t+\Delta t_1) \\ \Delta P_{real,i}(t) - \Delta P_{down,i}(t) \leqslant P_{dis,i}(t+\Delta t_1) \leqslant \Delta P_{real,i}(t) + \Delta P_{up,i}(t) \end{cases}$$

$$(5-77)$$

式中　$\Delta P_{up,i}(t)$、$\Delta P_{down,i}(t)$——Δt 时间段内所有第 i 种风电场允许的最大出力增加值和出力降低值。

上述约束条件分别代表了风电场集群出力之和不大于风电场集群的总装机容量、风电场集群有功出力之和不大于超短期风电场集群有功功率预测值，以及风电场集群有功出力爬坡率在合理范围。

上述模型可采用粒子群算法求解，得到 15min 后各种类型风电场的出力计划值，然后对各类型风电场子群的功率再次分配，实现各个风电场的调度优化。

3. 风电场控制策略

根据风电场集群控制中心下达的各类型风电场子群调度指令，子群再进行滚动优化求解各个风电场的出力。滚动周期为 5min，并优化未来 15min 的风电场子群有功输出。优化目标是在满足风电场集群控制中心下发的调度值的基础上，最大化各个风电场的有功出力并减小风电场的有功损耗，其优化目标函数为

$$\min Q_2 = \sum_{n=1}^{T} \left[\beta \sum_{j=1}^{n} P_{dis,j}(t+\Delta t_2) + \frac{1-\beta}{\displaystyle\sum_{j=1}^{n} \Delta P_j} \right] \quad (5-78)$$

其中

$$\Delta P_j = P_{dis,j}^2(t+\Delta t_2) \frac{R_j}{U_j^2} \quad (5-79)$$

式中　$P_{dis,j}(t+\Delta t_2)$——第 j 个风电场在 $t+\Delta t_2$ 时刻的出力调度值；

　　　　n——子群中风电场个数；

　　　　ΔP_j——第 j 个风电场到风电场集群汇集站的有功损耗；

　　　　U_j——第 j 个风电场升压站高压侧的电压；

　　　　R_j——第 j 个风电场升压站到风电场集群汇集站的电阻。

另外，T 表示优化时间段，每次对未来 15min 的计划值进行优化，分辨率 $\Delta t_2 = 5min$，那么优化时间段 $T=3$，其值每增加 1 个单位，时间 t 就向前推移 Δt_2 的步长，每次求解完成后得到 3 个时间点的优化解，但控制指令的下达是基于 $T=1$ 时的值。

上述模型的约束条件为

$$s.t\begin{cases} \sum_{j=1}^{n} P_{\text{dis},j}(t+\Delta t_2) = P_{\text{dis},j}(t+\Delta t_1) \\ P_{\text{dis},j}(t+\Delta t_2) \leqslant P_{\text{total},j} \\ P_{\text{dis},j}(t+\Delta t_2) \leqslant P_{\text{pre},j}(t+\Delta t_2) \\ \left| \dfrac{P_{\text{dis},j}(t+\Delta t_2) - P_{\text{real},j}(t)}{P_{\text{total},j}} \right| \leqslant \omega_j(\Delta t_2) \end{cases} \tag{5-80}$$

式中　　$P_{\text{pre},j}(t+\Delta t_2)$——分辨率为 5min 的第 j 个风电场功率超短期预测值；

$P_{\text{dis},j}(t+\Delta t_1)$——场群下达的子群调度计划值；

$\omega_j(\Delta t_2)$——第 j 个风电场在 5min 时间段内的爬坡率限值。

上述约束条件分别代表了子群内部风电场有功出力之和等于子群调度值、各风电场有功出力调度值不大于风电场装机容量、各风电场有功出力调度值不大于超短期风功率预测值，以及风电场有功出力爬坡率在合理范围。

5.3.3　风电场集群出力控制优化方法

对于风电场集群和子群的出力调度滚动优化模型，本书采取智能优化算法进行求解，并在每一个控制周期结束后，将量测到的系统实际输出和基于模型预测的输出进行对比，利用反馈信息修正预测模型形成闭环优化，进行新一轮的预测控制。现以粒子群算法进行说明。

1. 优化算法

选取粒子群算法求解风电场集群和子群调度的滚动优化模型。粒子群算法是根据动物觅食行为得到的启发式全局优化搜索算法。其优点是计算速度快、易实现，其计算流程如图 5-27 所示。

主要步骤如下：

（1）初始化。在取值域内随机初始化每个解的速度和位置，应用式（5-76）或式（5-78）计算每个解的适应度函数值，得到初始情况下粒子的最优位置和群体的全局最优位置。

（2）更新粒子的位置和速度。根据上一步求解得到的历史最优位置和全局最优位置，更新每个粒子的位置和速度。

（3）评估粒子的适应度函数值。求解式（5-76）或式（5-78），进一步更新粒子的历史最优位置和全局最优位置，对于越界位置进行调整。

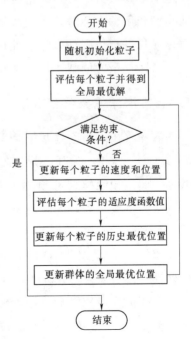

图 5-27　粒子群优化算法流程

（4）满足约束条件输出结果，若不满足则转到步骤（2）继续优化。

2. 误差反馈校正

对于基于 MPC 的风电出力控制策略，其误差的来源主要是风功率预测方法的误差、风力发电的波动性和随机性引起的有功偏差等。而建立误差反馈环节可校正模型的误差，从而提高风电出力控制的适用性。根据风电场当前时刻的实际出力值，可进行以下更新和校正：

（1）更新各个风电场的当前负荷状态，以便进行下个周期的风电场动态分群。

（2）更新风电场当前出力值，结合调度值计算风电场集群下一时刻调度值的变化值 ΔP，并协同步骤（1）中更新的负荷状态进行下一周期风电场的分群。

（3）对超短期风功率预测模型进行反馈校正。

需要注意的是，风电场内各风电机组的超短期功率可根据 5.2 节的方法进行预测，而对预测误差的校正方法可参见相关文献。

5.4　基于大数据的海洋气象预测

相比于陆上风电场，海洋气象对于海上风电场建设和运营的影响非常复杂，如海上升压站、风电机组装备等面临着海风、海浪、海流等多重复杂载荷的作用，极端海况使海上升压站、风电机组装备及海缆等面临着严重受损的危险，多变的海洋气象使得施工维修人员出行和设备材料运输面临不确定性海况的风险等。同时，海上风电场的建设和运营也会对海洋生态环境造成不利的影响。因此，对海洋环境进行监测，对海洋气象进行预测是风电企业面临的重要课题。针对上述问题，本节以施工/运维时间窗口区预报为例阐述基于大数据的海洋气象预测。

5.4.1　海洋气象预测方法

海洋气象的预测是基于海洋监测的要素而展开的，包括水位、海浪、海流、水温、盐度、水深、底质、风速、风向、气压、气温等。基于上述历史数据和实时监测数据，应用预测模型可预测未来一定时期内的海洋气象，包括风速、风向、有效波高、浪向、波长等，进而根据阈值给出施工/运维时间窗口区的预报，其主要流程如图 5-28 所示。

首先，采用空间抽样优化处理技术，对海上风电场内海洋监测站/点历史数据进行处理，拟合风力等级大小、水位、底质、气温等与平均浪高之间的关系，计算风电场内空间抽样步长以及数量，确定风电场内用于模型训练的监测站/点样本集；接着，结合施工/运维时间窗口历史数据，对样本监测站/点的历史数据进行特征分析，获取用于预测模型训练的数据样本集；然后，建立交替稀疏自编码（ASAE）网络模型，

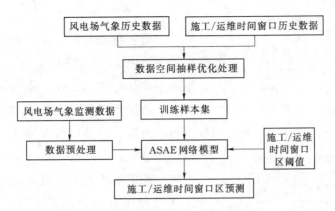

图 5-28　海上风电场施工/运维时间窗口区预测流程

并应用训练用数据样本对其进行训练,完成海上风电场气象预测模型的构建;最后,对海上风电场内样本监测站/点的实时监测数据进行处理,将结果输入 ASAE 网络模型并结合施工/运维时间窗口阈值,得到施工/运维时间窗口区预测信息。

在上述分析中,空间抽样优化处理技术和 ASAE 网络模型的构建是关键,现对其进行阐述。

5.4.2　海洋气象监测数据抽样优化处理

海上风电场气象监测数据具备以下特点:①海量性,即规模性、多样性和生成快速性;②空间自相关性,即在一定区域范围内海洋环境监测数据的特征相似;③空间异质性,表示空间位置差异造成观察不恒定现象,即海上风电场气象、水文等属性要素数据复杂且分布不均匀。由于监测数据的海量性,直接将所有数据应用于海上风电场气象预测并不现实,因此需要具有代表性、全面性的样本数据用于预测。针对上述三项特点,应用基于概率的抽样方法处理海上风电场海洋环境监测数据难度比较大且精度低,还会丢失数据特征。空间抽样方法在概率抽样方法的基础上同时考虑了地理空间上的连续性,因而适用于具有空间相关性特征数据的抽样。

对于海上风电场海洋环境监测数据来说,空间抽样方法是从海洋环境监测数据总体中按照一定的方法抽取空间数据样本,同时考虑数据存在的空间特征,例如地理坐标、区域范围及空间变异度等,再由抽取的样本推算出总体特征和趋势,其基本流程如图 5-29 所示。

整体上,图 5-29 是从空间自相关性角度,利用变异系数理论对空间多属性权重进行计算,通过半变异函数优化系统抽样方法,具体步骤如下:

(1)获取海上风电场气象监测历史数据。包括地面、海面、海底、空间等监测站(点),浮标,以及基于 SWAN、POM、FVCOM、HAMSOM、HYCOM 等气象仿真数据,针对海上风电场的施工/运维时间窗口区需求,获取对应的数据用于处理、

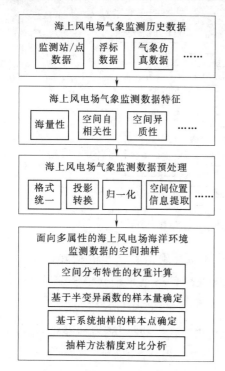

图 5-29　海洋监测数据空间抽样
优化处理流程

分析等。

（2）分析数据特征。对上述海量数据进行空间自相关性和异质性分析，避免监测站/点空间分布的不均性，在此基础上分析数据特征。

（3）数据预处理。由于监测站/点所获取的数据类型复杂，需要对数据格式进行统一、投影转换、归一化，并提取空间位置信息等处理。

（4）确定抽样研究的对象。分析海上风电场海洋环境监测数据的属性，明确调查对象的单位、数据意义等。

（5）计算各海洋环境监测站/点的间距阈值。利用空间变异函数，研究监测站/点的空间属性分布特征 $Z(x)$，包括水文、生态、温度等，进而确定监测站/点的间距阈值。监测站/点间的变异度为

$$\Delta(h)=\frac{1}{2}\left[Z(x)-Z(x+h)\right]^2 \quad (5-81)$$

其中，$Z(x)$ 和 $Z(x+h)$ 在空间上存在一定相关性的变化规律，表达了位置 x、$x+h$ 与海洋环境监测数据特征的关系。$\Delta(h)$ 为变异度，一般随着距离 h 的增加而变大，但存在临界值，即距离 h 接近某一值 h_c 时，变异度趋于临界值，h_c 即为系统抽样中的最优步长。对其进行求解，可用非线性规则化模型来描述，即

$$\min \varepsilon^2$$
$$s.t.\ |\Delta(h)_{xi-1}-\Delta(h)_{xi}|-|\Delta(h)_{xi}-\Delta(h)_{xi+1}|\leqslant\varepsilon \quad (5-82)$$

式中　　　　　　　　　　ε——任意小的数；

$\Delta(h)_{xi-1}$、$\Delta(h)_{xi}$、$\Delta(h)_{xi+1}$——监测站/点 $x_{i-1}-h$、x_i 和 $x_{i-1}+h$ 处的海洋空间属性之间的变异度。

对于任意监测站/点 $Z(x_i)$ 的空间属性为

$$Z(x_i)=\sum_{j=1}^{n}Z(x_{ij})\times W_{ij},\ i=1,2,\cdots,m \quad (5-83)$$

式中　m——监测站/点总数；

　　　n——任意监测站/点的属性数；

　　W_{ij}——第 j 个属性的权重，且对于任意监测站/点各属性的权重和为 1。

（6）实施优化后的抽样方法，对海洋环境监测数据进行空间抽样。

5.4.3　海洋气象预测模型

海上风电场海洋监测站/点多，生成的监测数据量大，隐含关系较多，应用多层非线性映射层组成的深度网络结构比浅层 ANN 能更有效满足海洋气象的预测需求。深层神经网络的优势在于不仅能表达更大更高维的数据集合，而且训练方式更加紧凑简洁，其中稀疏自编码（Sparse Auto - Encoders，SAE）网络模型是最常用的隐藏层构建的方法之一，再结合逐层贪婪训练方法，实现整个深层网络的训练。具体的训练过程如图 5 - 30 所示。主要思路是每次只训练网络中的一层，即首先训练单隐含层的网络，仅当这层网络训练结束之后才开始训练两个隐含层的网络，以此类推。在每一步中，把已经训练好的前 $k-1$ 个隐含层固定，然后将第 $k-1$ 个隐含层作为第 k 个隐含层的输入训练第 k 个隐含层。在这个过程当中，每一层都用无监督方法训练，并应用输出层的 $a_{k,i}$ 值以近似于输入层的 $h_{k,i}$ 值为目标逐层调优，最终完成图 5 - 31 所示的 SAE 网络模型。

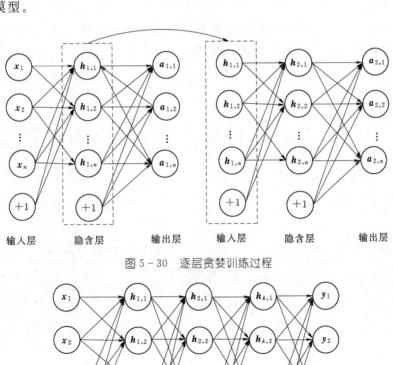

图 5 - 30　逐层贪婪训练过程

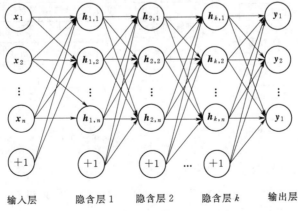

图 5 - 31　SAE 网络模型结构示意图

5.5 基于大数据的海上风电智能运维

当前，多数风电场对于风电机组的运维模式是定期维护、故障维护以及初步的预防性维护。海上风电场运维窗口期的不确定性、运维可达性较差、海上作业耗时长、作业难度大等因素，造成机组停机时间长、维修成本高等问题。而随着海上风电机组运维经验的积累和海上风电集控系统的发展，基于大数据的海上风电智能运维解决方案成为发展趋势，从而实现海上风电场运维成本的有效降低。

海上风电智能运维是基于大数据中心平台实现风电场运维日常管理的数字化、远程运维管理、设备状态监测与智能评价、船舶管理等功能。本节以海上风电机组维修策略和维护任务调度为例介绍基于大数据的海上风电智能运维。

5.5.1 基于状态监测的海上风电机组维护策略

海上风电机组维护方案的决策为：首先预测风电机组故障，并结合预警信息分析风电机组其他部件的维修区间；接着将各个部件统一考虑，建立整个风电机组的预防机会维修模型；然后选择维修方案，并对其进行评估，最终确定维修方案。海上风电机组维修方案决策过程如图 5-32 所示。

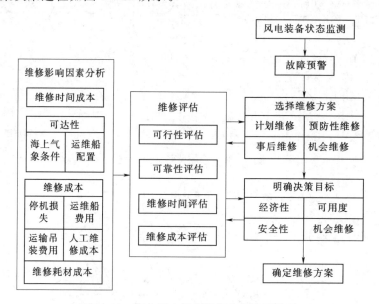

图 5-32　海上风电机组维修方案决策过程

1. 海上风电机组故障预警

风电机组故障的预警是进行维修方案决策的前提。可通过挖掘风电机组运行数据，应用专家经验、数据统计和机器学习等多种方法开发机组故障预警模型，实现对风电机组的故障预警，并将结果推送到现场运维管理系统上。通过预警排查指导现场运维人员进行针对性排查，并将排查结果进行反馈，从而迭代优化预警模型，为运维方案决策提供支持。

对于风电机组故障，可根据专家经验尽可能地建立包含所有故障的故障树模型，并逐一分析每个故障原因对应的运行数据，提取每个故障原因对应的数据特征，实现智能故障诊断模型的建立。大数据中心则根据故障代码调用相应的智能故障诊断模型，输入故障风电机组运行数据，从而提取运行数据的故障特征，给出各故障原因的占比，形成维修决策的前提条件。

2. 维护策略

选择适合的海上风电场运行维护策略，降低风电场运行维护成本，是海上风电技术需要解决的关键问题。随着传感技术、监测和诊断技术在风电行业的广泛应用，兼顾预防性维修、计划维修、事后维修、机会维修等维修方案的多目标机会维修模型应用广泛。

（1）维修方案。

1）预防性维修是指部件在未发生故障但其运行状态达到故障预设值时，对部件进行润滑、定期拆修及定期更换等各种维修活动，其目的是在故障发生前发现并采取措施。

2）计划维修是指基于设备的故障规律，对设备进行维修时间的规划，无论设备的运行状态如何，当运行达到规定的时间时，对其进行维修的一种维修方式。对于海上风电机组的计划维护主要包括对输配电线路等发电部件进行常规性检查、处理和记录；监测风电机组运行过程中的响声、跟踪叶片风向动作系统；日常检查和维护机组辅助系统中的电缆、密封等；风电机组年度维护。

3）视情维修是指基于状态的维修，包括基于探测的维修和基于故障的维修。该方法利用监测技术对系统中可能发生故障部件的状态进行整合与分析，并给出诊断结果，进而安排系统部件的预防性维修。

4）事后维修或称基于故障的维修是指风电机组部件发生故障后采取措施使其恢复到规定技术状态所进行的维修活动，适用于不重要、价格低廉、维修成本低或故障率一定的设备。

5）机会维修是指在预防性维修和事后维修的基础上，结合系统部件之间的各种相关性，对系统进行维修的一种方法。对于风电机组来说，每个部件发生故障时都需要机组停机维修会造成很大的停机损失。若某个部件需要维修时，判断其他部件是否进入设定的机会维修区间，若是则同时进行维修，从而可以节省整个机组的维修时间，大幅降低维修成本。

（2）部件可靠度及维修程度。由于机会维修可大幅降低维修成本，机会维修已经

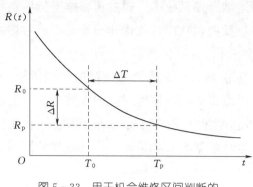

图 5-33 用于机会维修区间判断的
可靠度分布函数曲线

成为对复杂系统进行维修的重点研究领域。图 5-33 所示为用于机会维修区间判断的可靠度分布函数曲线。其中，R_0 为机会维修区可靠度阈值，R_p 为预防性维修可靠度阈值，T_0 为对应的机会维修时间，T_p 为对应的预防性维修时间。当部件运行时间到达 T_p 时，则需要实施预防性维修，在 $T_0 \sim T_p$ 之间则需要为部件进行机会维修。

对于风电机组还需考虑完全维修、不完全维修和最小维修三种维修程度。

1）最小维修是指设备发生故障时，对设备进行使其工作性能恢复到故障前运行状态的一种维修方法。这种维修方法对设备本身的使用寿命和故障率分布函数并无影响，且设备在第 i 次维修前后可靠度关系为 $R_{i-1}(t) = R_i(t)$。

2）完全维修是指设备发生故障时，对设备进行使其工作性能恢复初始运行状态的一种维修方法。经过完全维修后设备可靠度提高到 1，即 $R_i(t) = 1$。

3）不完全维修是指设备在发生故障时，对设备进行使其工作性能有一定的提升，介于初始状态和故障前的运行状态的一种维修方法。不完全维修在实际应用中最为广泛，且在对部件建立不完全维修仿真模型计算时，基本上采用改善因子法，即 $R_{i+1}(t) = R_i(t + \alpha t_m)$，其中，$\alpha$ 代表部件可靠度恢复因子，t_m 表示部件第 i 个维修时间的间隔区间。

对于风电机组，部件故障率变化趋势符合浴盆曲线，其故障率服从威布尔分布，而可靠度函数为

$$R(t) = \exp\left[-\int_0^t \lambda(t)\mathrm{d}t\right] \tag{5-84}$$

式中　$\lambda(t)$——故障率函数，具体可查阅威布尔分布的参数表达，在应用过程中，可根据风电机组的故障维修历史数据进行统计拟合获得。

3. 海上风电机组多部件机会维护模型

风电机组系统较为复杂，多部件机会维护模型构建过程中，需要确定模型的边界条件，即风电机组多部件系统为串联系统，任意一个部件发生故障时，都需要停机进行维修；系统中部件的故障率分布函数服从威布尔分布，故障率随着部件运行时间的增加而逐渐增加；各个部件相互独立，在机会维护模型中需要考虑各个部件之间的经济相关性，不考虑部件之间的故障相关性；部件更换所需要的维修费用远大于部件进行预防性更换所产生的维修费用。

基于上述分析，现以维护成本为目标，阐述多部件机会维护模型的构建。海上风电机组的维修成本主要分为人力成本、材料设备成本、基础设施成本、维修停机损失成本、非预期故障维修成本等。以维修成本最小为目标函数，那么海上风电机组多部件机会维护模型为

$$\begin{cases} \min(C_x + C_{pd} + C_{fd}) \\ s.t - \ln(R_{km} + \Delta R_k) \leqslant \int_0^{T_a} \lambda_{ik}(t)\mathrm{d}t \leqslant -\ln R_{km} \\ 0 \leqslant \Delta R_k \leqslant \min_{1\leqslant k \leqslant S}(1 - R_{km}) \end{cases} \tag{5-85}$$

式中　C_x——直接维修成本，由运行周期内所有部件不同维修阶段的维修措施成本构成，包括机会维修、机会更换以及非预期故障等成本；

　　　C_{pd}——预防维修停机损失成本，选取进行维修活动时间最长的部件维修时间为系统停机时间，并将运行周期的停机时间进行累计；

　　　C_{fd}——故障维修停机损失成本，由运行周期内所有部件的非预期故障停机构成。

　　　$s.t$——约束条件。

对于式（5-85）的模型可用遗传算法求解，其计算过程如图 5-34 所示。

5.5.2　基于维修分区的海上风电机组群维护任务调度

海上风电机组群维护策略形成后，维护任务的调度是一个复杂的优化问题，其安排受到海上天气情况、维修类型、维修船只载重、维修工作时长等因素的影响。海上风电场机组维护任务的安排，可归结成一个物流配送优化调度问题。本小节针对维护任务重要性的差异，研究考虑维修分区的预防性维护任务调度方法，分析在不同维修资源配置下，机组维护任务的调度安排方案和对维修成本的影响。

1. 基本思路

基于上述考虑，对海上风电机组部件的预防性维护任务调度方法进行优化，其基本思路如图 5-35 所示。

具体的操作步骤如下：

（1）基于海上风电场风电机组群实时状态监控数据，确认停机风电机组及原因，将其列入当天待维修机组；在此基础上，根据海上风电场机组的维修日志计划，得到定期计划待维修机组，从而形成待维修机组群。

（2）基于优先维修运行告警和被延迟维修的机组的原则，对待维修机组群进行维修分区，结合维修资源兼顾当天计划待修机组，进而形成待选分区集合。

（3）确定约束条件，包括维修人员、船只、备品备件、工作时长、维修类型等，构建维护任务调度模型，应用节约算法进行优化，得到待选分区集合中的优化维修路

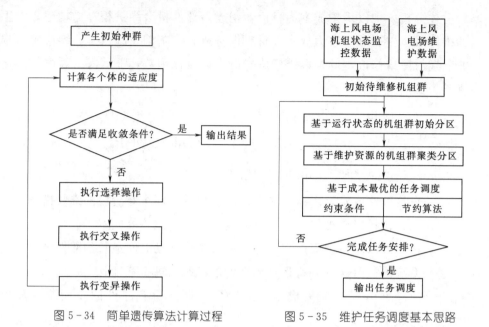

图 5-34 简单遗传算法计算过程　　　图 5-35 维护任务调度基本思路

径。在此基础上，判断维护任务完成度，若未达到要求则再次计算，进而获得任务调度方案。

2. 两阶段风电场维护分区

（1）基于运行状态的维护机组群初始分区。根据运行监控状态和日常维修计划，确认需要维修的机组，包括告警、延迟维修和定期维修的机组数量。按照维修任务的紧迫性，需优先处理告警和延迟维修的机组，并以此为聚类中心，采用均值聚类法对风电场待维修机组进行初始分区。

（2）考虑维护资源的机组群聚类分区。对于一定规模的海上风电场，其维修资源（人员、船只等）的配备往往是有限的，若告警和延迟维修机组数与维修船只数相同，则同时开展维修工作；若告警和延迟维修机组数大于维修船只数，即受限于维修资源数量时，需在初始分区的基础上，采用层次聚类法，自下而上，以可用的维修船只数作为分区数，对初始分区进行合并。其中，分区间距离（类间距）采用 Ward 距离，即离差平方和。该方法采用了方差分析的思想，在分类时能够使得类内部的距离尽量小，而类间的距离尽量大，以实现在维修资源约束下的待维修机组的合理分区。

3. 海上风电机组群维护任务调度模型

维修任务调度安排的目的是在海上维修船只、人员、备件、天气的约束下，通过对维修任务的有序安排，在执行预防性维修计划的时间段内，使得完成维修所需的费用最小，以减少由于维修带来的停机损失，降低运行维护成本。

维修任务调度带来的成本包括人员、船只、路径交通的费用，维修停机损失和维修条件（天气、备件、有效工作时长限制等）不满足所造成延迟维修的惩罚费用。

基于上述分析，以维修调度费用最小为目标，则优化目标函数为

$$\min z = \frac{C_C + C_L + C_D}{W_f} \qquad (5-86)$$

式中　C_C——人员、船只、路径交通的费用合计；

　C_L、C_D——维修停机损失和延迟维修惩罚费用；

　W_f——全场发电量。

约束条件包括维修船数量约束、维修船载重约束、维修人员约束、机组维修时序约束、维修船日有效工作时长约束、维修停机时间和延迟维修时间约束、船只日维修机组次数约束、维修路线约束。

4. 模型求解算法

机组维修任务调度是一个优化组合问题，对于式（5-86）模型的求解可采用节约算法，该方法的优点是运算速度较快，可以解决大规模优化组合问题。其基本思想是在约束条件下，依次将运输问题中的两个回路合并为一个回路，使得每次合并后的总距离减少的幅度最大，直到满足全部需求。求解步骤如下：

（1）将港口与各个待维修机组单独相连，构成 n 条"$0-i-0$"的初始化线路，第 i 条线路的行驶距离为 $d_i = d_{0i} + d_{i0}$。

（2）组合任意两个机组（i 机组和 j 机组），形成"$0-i-j-0$"的线路，其路径节约值为 $d(i,j) = d_{0i} + d_{0j} - d_{ij}$，$d(i,j)$ 越大说明节约的费用越多。计算各机组节约值构成数组 $D(i,j)$。

（3）对 $D(i,j)$ 进行排序，首先尽可能选择 $d(i,j)$ 最大的两个机组，然后按照由大到小连接各机组，从而使得总距离最小。

（4）计算初始方案的总载重量、人数、时间，筛选出有效维修方案集合。

（5）用式（5-86）目标函数对有效维修方案集进行进一步筛选，得到最优调试方案。

第 6 章

海上风电场大数据中心的发展展望

经过多年的建设和发展，大数据技术在风力发电领域已有所建树，从测风到运维的众多环节初步形成了智能传感、智能控制、能源管理等技术，推动了传统能源领域的智慧变革。前面给出了部分有代表性的大数据技术在海上风电场中的应用案例，但在应用过程中仍存在难题，还需要不断地完善。基于此，本章结合大数据技术在海上风电场中的应用，阐述了海上风电大数据发展所面临的挑战，分析了海上风电场数字化的发展趋势，以及在今后发展中需要解决的关键问题，以期为风电行业数字化转型提供借鉴。

6.1 海上风电场大数据中心的发展挑战

当前，大数据在海上风电的应用已有所建树，Vestas、GE 等风电整机企业已积累了多年的经验，国内远景能源等企业也借助智能控制、智能传感、云计算、大数据和能源管理等技术，积极构建智慧能源蓝图，但大数据应用于海上风电仍面临着挑战。

1. 有效数据的可靠采集

海上风电场运营过程会产生大量数据，给数据传输、存储和分析带来挑战。同时，受限于对风电机组装备运动特性的理解，监测点的布置还需进一步优化。因此，需要确保对有效数据的可靠采集。

2. 数据融合问题

海上风电场各业务部门的信息化系统由不同研发团队、围绕不同应用需求设计开发，采集的各类数据存在种类交叉、数据冗余、数据不一致、采集频率和存储频率差异性大、数据格式不统一等问题。风电行业对于行业层面的数据模型定义与数据管理仍较薄弱，业务链条间尚未实现充分的数据共享，这为数据融合带来很大的技术挑战。

3. 数据质量问题

数据在体量上越来越大，但有效信息缺乏、数据有效清洗困难、基础不牢等瓶颈依然存在。对于海上风电场的信息数据，可获取的颗粒程度以及数据获取的及时性、完整性、一致性有待提升，同时缺乏较好的数据管控策略和组织管理流程。

4. 数据分享问题

风电机组全生命周期内的数据分散于风机制造商、风电场业主、系统运营商和运维服务商等多个环节，由于利益的问题这些数据的分享存在很大的阻力。另外，数据存储于不同系统中，而这些系统由不同企业、部门开发和运维管理，未考虑数据跨系统、跨部门共享和交互的需求，这给数据在跨部门、各业务环节的顺畅流通带来了困难。

5. 数据分析及应用

随着风电并网规模的扩大，对应用大数据技术实现有效的出力控制需求迫切。同时，海上风电场的风电机组服役环境更为复杂，对其建设和运维的窗口期的预测技术还有待深入研究。

6.2　海上风电场数字化的发展趋势

1. 数据采集和数据融合

各类数据采集是数字化海上风电场生产和运营的关键基础，但传统的数据采集存在成本高、部署不合理等问题，难以达到风电场精细化设计和运营的要求。随着智能设备和通信技术的发展，建立更加实时、全面、精细的数据采集成为可能，从而为海上风电场设计、运营建立精细风能资源图谱，风电机组运行可靠性评估建立机械传动系统仿真模型，风电场运维提供准确有效的气象预测模型，以及风电场智能选址设计、风电机组机群优化排布、风电场个性定制等提供有效的数据支撑。

此外，数据融合可使海上风电场各参与方进行协同决策，进而提高效率、节约成本；同时，能够进一步加强实时监控功能，提高风电的控制效率，也有助于实现风力发电的集约化管理；此外，通过大数据中心的数据整合可支持各种分布式设备的识别与通信，有利于实现大数据中心分布式设备的协调优化；通过数据集成与电网系统相融合，可以在很大程度上实现优化调度，有助于风电消纳问题的解决。

对于数据的融合，则以信息技术体系及 IEC 61400-25 标准、ISO 15926 标准为保障实现信息融合，通过内部及外部分别集成的方式实现数据集成，进而实现整个海上风电产业链在信息上的价值融合和价值增值，形成以为用户提供更优质的服务及实现风电产业链价值增值为目标的数据融合体系。

2. 智能运维

海上风电场服役环境恶劣，维护人员不能长期驻扎，导致后期运营维护费用占总成本的一半以上。另外，由于风电行业发展的前期缺乏统一标准，风电机组质量良莠不齐，在实际运行中存在运行不稳、故障频发等问题。同时，对于风电机组的运维以纠正型维修为主，后期设备维护成本较高。随着通信技术、人工智能技术、故障智能诊断技术等的发展，结合无人机、巡检机器人、无人艇等智能产品的投入运营，海上风电场的智能运维是发展趋势，从而实现精准故障定位、预测性维护、虚拟辅助维修、风电场设备的远程巡检等。

（1）基于机器人的变电站运维。在海上风电场的变电站运维工作中，可基于物联网应用机器人代替人工实现设备巡视检查、部分异常处理、倒闸操作辅助检查等。基于物联网的工业设计模式，机器人主要作为一个"移动终端"存在，是具备可见光检测、红外温度检测、音频检测、图片和视频记录等功能的综合性移动终端，为变电站的无人值守运行模型提供支撑。

机器人可实现对变电站内设备表计、状态指示、设备温度、外观及辅助设施外观、变电站运行环境等方面的例行巡检、全面巡检、专项巡检、特殊巡检等全方位巡视检查作业。机器人将采集到的信息通过局域网传送至后台监控平台，监控平台系统通过数据对比分析给出设备运行状态评估报告及各类图片、声音和视频资料。同时，大数据中心通过历史数据积累、标准制度等"学习"过程，不断积累"知识"，持续提升数据分析和判断的准确率，实现智能分析和决策。

（2）叶片无人机智能巡检。近年来，海上风电正逐步实现叶片的无人机巡检工作，如图6-1所示。无人机可以携带各种检测传感器，如可见光高清摄像机、红外传感器、激光测距仪等，其巡检可弥补传统巡检方式的不足，具有安全、可靠和高效的特点。

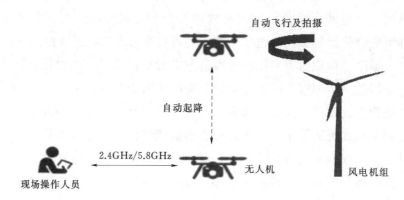

图6-1　无人机叶片巡检

无人机巡检是通过在海上平台部署自动机场与无人机实现海上风电机组叶片的巡检全流程。其中，自动机场实现无人机的自动释放与回收、电池充电等；后端管控中心用于调度无人机与机场，获得无人机实时视频；AI识别与处理系统实现故障检测和巡检检测报。

目前常规的无人机叶片巡检方式虽然已经比较高效，但是远未达到智能化水平。一方面，海上风电场离岸距离越来越远，且随着场区装机容量的上升，海域面积也越来越大；另一方面，叶片数量的增多和长度的增加，无人机的拍摄数据也将显著增加，缺陷分析的工作量也相应急剧增长。因此，智能化的无人机叶片巡检方式，需实现无人机航线的自主规划、多机协同作业、缺陷智能诊断等内容，从而将操作人员和缺陷分析人员从繁杂的作业中解放出来，高效地完成场区的叶片巡检和缺陷诊断。

（3）海上无人艇运维。通过配置无人艇，搭载不同应用模块实现海事巡逻、警戒、救助、海洋测绘等功能，能够作业于危险、污染、近岸水域，具有全天候、高精度、高效率、高安全性等优点，能根据规划路线自主航行，具备多传感感知自动躲避障碍、支持航行状态与自检显示、设备管理与数据存储、全景视频实时显示和历史记录与系统回放等功能，能显著提高水域行业的工作效率和安全性。

另外，无人艇还可搭载高精度实时三维声呐、浅地层剖面仪等仪器，打破传统海底线缆排查靠人工探摸、巡检周期长、海底风险高等瓶颈，实现自动对风电机组周边区域进行探测，检测风电机组桩基冲刷情况、风电机组周边水下地形地貌、风电场海底电缆冲刷与掩埋状况、海上升压站基础冲刷情况等，根据调查结果评估桩基与线缆的安全性和可靠性，为海上风电场后续的检测作业和维护性施工提供依据，为海上风电场日常运维提供可靠支撑。

3. 风电场群虚拟集成管理

由于风力发电波动较大，并网后对于电网的影响不可忽视。另外，风电场集群的系统规划较弱、功率预测精度仍需提高、电网配套性还需改善等，使得风力发电的弃风压力较大，从而造成资源浪费。为此，构建"数字化"风电场，对大气环境、设备运行、电力输送等建立虚拟模型，进而利用大数据分析开展风电场集群运行参数优化，提升风电产量精准预测，优化运行控制策略执行，提高风电场发电效率是今后风电场集群管理的发展趋势。

4. 海上风电场大数据建设

（1）底层数据云平台建设。基于海上风电场各业务需求，建立各类系统间的底层数据交换机制，打破信息孤岛，研究云平台数据传输、储存、分析等技术，实现升压站、风电机组等关键设备的云端动态监控，依托风电机组中的叶片、主轴、齿轮箱、发电机等关键部件的运行数据支撑备件生产、维修策略制定等。

（2）强化关键业务模型的构建。综合地理、气候、运输等因素，加强研究风能资源模拟、风电场集群影响仿真、虚拟风电场设计等模型，提升风电场设计与建设能力；针对风电机组螺旋载荷计算、叶片结冰机理、传动机械设备寿命分析等，建立关键设施设备故障预测、可靠性分析等模型；整合地方风电产业各方资源，研究海上风电场集群出力控制策略、能源错峰调配、集群效率提升、风电消纳扩容、风电场功率预测、气象变化应对、风场能量分布等模型，提升风电场生产效率；强化运营管理经验模型研究，实现模型的标签化管理、智能化搜索与精准化调用。

（3）建立基于大数据中心的服务模式。依托大数据中心，充分挖掘数据潜在价值，探索开展金融服务、数据交易、融资租赁等商业模式，形成客户分级管理、特色供电套餐等营销模式，推动收益利润增值。

（4）加强数据安全管理体系建设。注重对海上风电场数据中心的网络、信息的安全性考虑，强化工业防火墙、网闸等工控安全产品的建设；制定数据分类分级管理标准，按照系统特性定期异地备份数据；全面排查数据访问漏洞，完善电力数据管理体系，确保满足电网横向隔离、纵向加密的安全要求。

海上风电场数据接口标准及内容

附录1　标准引用文件和缩略语

下列文件中的内容通过文中的规范性引用而构成本文件必不可少的条款。其中，注日期的引用文件，仅该日期对应的版本适用于本文件；不注日期的引用文件，其最新版本（包括所有的修改单）适用于本文件。

《远动设备及系统 第5-104部分：传输规约 采用标准传输协议子集的 IEC 60870-5-101 网络访问》（DL/T 634.5104）

《海上风力发电场设计标准》（GB/T 51308—2019）

《电力监控系统安全防护总体方案》（国能安全〔2015〕36号）

《信息安全技术网络安全等级保护基本要求》（GB/T 22239—2019）

附录2　风电机组标准数据点表

风电机组的实时状态数据测点如下：

（1）环境参数：风速、风向、温度、湿度等。

（2）机械参数：风轮转速、发电机转速、偏航位置、偏航速度、扭缆角度、桨距角、变桨速度、液压系统压力、油位、振动加速度、温度（发电机定子、轴承、齿轮箱等）等。

（3）电气参数：电压、电流、频率、功率、功率因数、发电量、UPS状态等。

风电机组机型标准数据点见附表2-1。

附表2-1　　　　　　　　　　风电机组机型标准数据点表

序号	测点中文名称	测点英文ID	单位	测点类型	M/O	备注
1	（1#风电机组）故障偏航等级	001WT. ERYWLV	—	整数		
2	（1#风电机组）故障启机等级	001WT. ERSTTLV	—	整数		
3	（1#风电机组）故障复位等级	001WT. ERRSLV	—	整数		

续表

序号	测点中文名称	测点英文 ID	单位	测点类型	M/O	备注
4	（1#风电机组）风电机组状态	001WT.ST（ACSP）	—	整数		
5	（1#风电机组）故障不激活字	001WT.DCTM	—	整数		
6	（1#风电机组）动作停机等级	001WT.EVSTPLV	—	整数		
7	（1#风电机组）动作启机等级	001WT.EVSTTLV	—	整数		
8	（1#风电机组）动作复位等级	001WT.EVRSLV	—	整数		
9	（1#风电机组）动作偏航等级	001WT.EVYWLV	—	整数		
10	（1#风电机组）水冷进阀压力（逆变）	001WTCV.IWPRS	bar	浮点数		
11	（1#风电机组）水冷出阀压力	001WTCV.OWPRS	bar	浮点数		
12	（1#风电机组）水冷流量	001WTCV.WFL	L/min	浮点数		
13	（1#风电机组）变流扭矩反馈	001WTCV.T	N·m	浮点数		
14	（1#风电机组）变流转速反馈	001WTCV.GSP	r/min	浮点数		
15	（1#风电机组）需求扭矩	001WTCV.TRF	N·m	浮点数		
16	（1#风电机组）需求功率	001WTCV.PRF	kW	浮点数		
17	（1#风电机组）变流网侧电压	001WTCV.CSV	V	浮点数		
18	（1#风电机组）变流网侧电流	001WTCV.CSC	A	浮点数		
19	（1#风电机组）水冷进阀水温	001WTCVWC.IWTP	℃	浮点数		
20	（1#风电机组）水冷出阀水温	001WTCVWC.OWTP	℃	浮点数		
21	（1#风电机组）3s平均风速	001WTNC.WSP	m/s	浮点数		
22	（1#风电机组）偏航位置	001WTYW.POS	(°)	浮点数		
23	（1#风电机组）对风角度	001WNAC.OWA	(°)	浮点数		
24	（1#风电机组）偏航速度	001WTYW.SP	(°)/s	浮点数		
25	（1#风电机组）1#偏航电机工作时间	001WTYWMT1.WKTM	h	浮点数		
26	（1#风电机组）2#偏航电机工作时间	001WTYWMT2.WKTM	h	浮点数		
27	（1#风电机组）3#偏航电机工作时间	001WTYWMT3.WKTM	h	浮点数		
28	（1#风电机组）液压工作时间	001WTYWHY.WKTM	m	浮点数		
29	（1#风电机组）25s平均风向	001WNAC.WDIR	(°)	浮点数		
30	（1#风电机组）风向角	001WNAC.WDIR1	(°)	浮点数		
31	（1#风电机组）发电机转速	001WTGN.SP	r/min	浮点数		
32	（1#风电机组）发电机接近开关测转速1	001WTROT.SP1	r/min	浮点数		
33	（1#风电机组）发电机接近开关测转速2	001WTROT.SP2	r/min	浮点数		
34	（1#风电机组）发电机转速最大值	001WTGN.SPMX	r/min	浮点数		
35	（1#风电机组）x轴方向加速度	001WTNAC.ACCX	g	浮点数		
36	（1#风电机组）y轴方向加速度	001WTNAC.ACCY	g	浮点数		
37	（1#风电机组）加速度峰值	001WNAC.ACCMX	g	浮点数		
38	（1#风电机组）加速度有效值	001WNAC.ACCEF	g	浮点数		

续表

序号	测点中文名称	测点英文 ID	单位	测点类型	M/O	备注
39	（1#风电机组）发电机温度 1	001WTGN. TP1	℃	浮点数		
40	（1#风电机组）发电机温度 2	001WTGN. TP2	℃	浮点数		
41	（1#风电机组）发电机温度 3	001WTGN. TP3	℃	浮点数		
42	（1#风电机组）发电机温度 4	001WTGN. TP4	℃	浮点数		
43	（1#风电机组）发电机温度 5	001WTGN. TP5	℃	浮点数		
44	（1#风电机组）发电机温度 6	001WTGN. TP6	℃	浮点数		
45	（1#风电机组）发电机温度最大值	001WTGN. TPMX	℃	浮点数		
46	（1#风电机组）变流器网侧 A 相电压	001WGDC. GSCVA	V	浮点数		
47	（1#风电机组）变流器网侧 B 相电压	001WGDC. GSCVB	V	浮点数		
48	（1#风电机组）变流器网侧 C 相电压	001WGDC. GSCVC	V	浮点数		
49	（1#风电机组）变流器网侧 A 相电流	001WGDC. GSCIA	A	浮点数		
50	（1#风电机组）变流器网侧 B 相电流	001WGDC. GSCIB	A	浮点数		
51	（1#风电机组）变流器网侧 C 相电流	001WGDC. GSCIC	A	浮点数		
52	（1#风电机组）变流器有功功率	001WTCV. P	kW	浮点数		
53	（1#风电机组）网侧频率	001WTCV. GDSF	Hz	浮点数		
54	（1#风电机组）变流器无功功率	001WTCV. Q	kvar	浮点数		
55	（1#风电机组）功率因数	001WTCV. PF	—	浮点数		
56	（1#风电机组）主控柜体温度	001WTCTCBN. TP	℃	浮点数		
57	（1#风电机组）机舱控制柜体温度	001WTNCTBX. TP	℃	浮点数		
58	（1#风电机组）环境温度	001WTNC. EXTP	℃	浮点数		
59	（1#风电机组）机舱温度	001WTNC. INTP	℃	浮点数		
60	（1#风电机组）1#变桨电机温度	001WTPTMT1. TP	℃	浮点数		
61	（1#风电机组）2#变桨电机温度	001WTPTMT2. TP	℃	浮点数		
62	（1#风电机组）3#变桨电机温度	001WTPTMT3. TP	℃	浮点数		
63	（1#风电机组）1#变桨电容柜体温度	001WTPTCP1. TP	℃	浮点数		
64	（1#风电机组）2#变桨电容柜体温度	001WTPTCP2. TP	℃	浮点数		
65	（1#风电机组）3#变桨电容柜体温度	001WTPTCP3. TP	℃	浮点数		
66	（1#风电机组）1#变桨柜体温度	001WTPTCBN1. TP	℃	浮点数		
67	（1#风电机组）2#变桨柜体温度	001WTPTCBN2. TP	℃	浮点数		
68	（1#风电机组）3#变桨柜体温度	001WTPTCBN3. TP	℃	浮点数		
69	（1#风电机组）1#变桨逆变器温度	001WTPTCV1. TP	℃	浮点数		
70	（1#风电机组）2#变桨逆变器温度	001WTPTCV2. TP	℃	浮点数		
71	（1#风电机组）3#变桨逆变器温度	001WTPTCV3. TP	℃	浮点数		
72	（1#风电机组）1#变桨充电器温度	001WTPTSPY1. TP	℃	浮点数		
73	（1#风电机组）2#变桨充电器温度	001WTPTSPY2. TP	℃	浮点数		

续表

序号	测点中文名称	测点英文 ID	单位	测点类型	M/O	备注
74	（1#风电机组）3#变桨充电器温度	001WTPTSPY3.TP	℃	浮点数		
75	（1#风电机组）1#变桨超级电容高电压	001WTPTUCP1.HU	V	浮点数		
76	（1#风电机组）2#变桨超级电容高电压	001WTPTUCP2.HU	V	浮点数		
77	（1#风电机组）3#变桨超级电容高电压	001WTPTUCP3.HU	V	浮点数		
78	（1#风电机组）1#变桨超级电容低电压	001WTPTUCP1.LU	V	浮点数		
79	（1#风电机组）2#变桨超级电容低电压	001WTPTUCP2.LU	V	浮点数		
80	（1#风电机组）3#变桨超级电容低电压	001WTPTUCP3.LU	V	浮点数		
81	（1#风电机组）1#变桨充电器输出直流电流	001WTPTSPY1.ODCI	A	浮点数		
82	（1#风电机组）2#变桨充电器输出直流电流	001WTPTSPY2.ODCI	A	浮点数		
83	（1#风电机组）3#变桨充电器输出直流电流	001WTPTSPY3.ODCI	A	浮点数		
84	（1#风电机组）1#变桨桨距角	001WTPT1.PTAG	(°)	浮点数		
85	（1#风电机组）2#变桨桨距角	001WTPT2.PTAG	(°)	浮点数		
86	（1#风电机组）3#变桨桨距角	001WTPT3.PTAG	(°)	浮点数		
87	（1#风电机组）1#变桨变桨速度	001WTPT1.PTSP	(°)/s	浮点数		
88	（1#风电机组）2#变桨变桨速度	001WTPT2.PTSP	(°)/s	浮点数		
89	（1#风电机组）3#变桨变桨速度	001WTPT3.PTSP	(°)/s	浮点数		
90	（1#风电机组）风电机组机组号	001WT.NO	—	整数		
91	（1#风电机组）风电机组当前故障个数	001WT.ERAM	—	整数		
92	（1#风电机组）网侧逆变器温度	001WTGDSIV.TP	℃	浮点数		
93	（1#风电机组）1#电机侧逆变器温度	001WTGNSIV1.TP	℃	浮点数		
94	（1#风电机组）2#电机侧逆变器温度	001WTGNSIV2.TP	℃	浮点数		
95	（1#风电机组）1#电机侧控制器温度	001WTGNSCTR1.TP	℃	浮点数		
96	（1#风电机组）2#电机侧控制器温度	001WTGNSCTR2.TP	℃	浮点数		
97	（1#风电机组）10#子站 DP 故障信息	001WTSSTA10.DP	—	字符/整数		
98	（1#风电机组）11#子站 DP 故障信息	001WTSSTA11.DP	—	字符/整数		
99	（1#风电机组）20#子站 DP 故障信息	001WTSSTA20.DP	—	字符/整数		
100	（1#风电机组）41#子站 DP 故障信（VENSYS）	001WTSSTA41.DP	—	字符/整数		
101	（1#风电机组）42#子站 DP 故障信（VENSYS）	001WTSSTA42.DP	—	字符/整数		
102	（1#风电机组）43#子站 DP 故障信（VENSYS）	001WTSSTA43.DP	—	字符/整数		
103	（1#风电机组）通电总时间	001WT.SWOTM	h	浮点数		
104	（1#风电机组）系统正常时间	001WT.SSTNMTM	h	浮点数		
105	（1#风电机组）故障时间	001WT.FTTM	h	浮点数		
106	（1#风电机组）环境正常时间	001WT.EVMNMTM	h	浮点数		
107	（1#风电机组）1#变桨软件版本号	001WTPT1.VER	—	字符/整数		
108	（1#风电机组）2#变桨软件版本号	001WTPT2.VER	—	字符/整数		

续表

序号	测点中文名称	测点英文 ID	单位	测点类型	M/O	备注
109	（1#风电机组）3#变桨软件版本号	001WTPT3. VER	—	字符/整数		
110	（1#风电机组）发电时间	001WTGN. GENTM	h	浮点数		
111	（1#风电机组）远程电网停机时间	001WTGN. RPGD	h	浮点数		
112	（1#风电机组）塔底环境温度	001WTNC. TWBSTP	℃	浮点数		
113	（1#风电机组）风电机组发电量	001WTGN. TPW	kW·h	浮点数		
114	（1#风电机组）风电机组消耗电量	001WTGN. EPDPW	kW·h	浮点数		
115	（1#风电机组）维护时间	001WT. MTNTM	h	浮点数		
116	（1#风电机组）能量控制模式	001WMAN. ECM	—	字符		
117	（1#风电机组）首故障故障号	001WTUR. FFN	—	字符		
118	（1#风电机组）自启动次数	001WT. ASTCNT	—	整数		
119	（1#风电机组）自启动倒计时	001WT. ASTCTD	—	浮点数		
120	（1#风电机组）变流急停命令	001WTCV. TRPCMD	—	整数		
121	（1#风电机组）故障	001WT. FT	—	整数		
122	（1#风电机组）风电机组程序版本号	001WT. VER	—	字符/整数		
123	（1#风电机组）就地时间	001WMAN. WTTM	—	浮点数		
124	（1#风电机组）10min 统计量	001WT. TMINSTAT	—	浮点数		
125	（1#风电机组）解缆日期时间	001WTYW. UNTWDT	—	整数		
126	（1#风电机组）偏航加脂日期时间	001WYAW. YFDT	—	整数		
127	（1#风电机组）变流准备启动	001WTCV. RON	—	整数		
128	（1#风电机组）变流调制反馈	001WTCV. MDFB	—	整数		
129	（1#风电机组）变流加热请求	001WTCV. HTRQ	—	整数		
130	（1#风电机组）变流准备运行	001WTCV. STRDY	—	整数		
131	（1#风电机组）变流故障	001WTCV. FT	—	整数		
132	（1#风电机组）变流急停	001WTCV. TRP	—	整数		
133	（1#风电机组）变流警告	001WTCV. ALM	—	整数		
134	（1#风电机组）变流控制模式	001WTCV. RC	—	整数		
135	（1#风电机组）变流启动使能	001WTCV. CG	—	整数		
136	（1#风电机组）变流运行	001WTCV. RP	—	整数		
137	（1#风电机组）变流总线复位命令	001WTCV. RS	—	整数		
138	（1#风电机组）自启动状态使能	001WT. ATEA	—	整数		
139	（1#风电机组）风电机组解缆激活	001WTYW. DVIA	—	整数		
140	（1#风电机组）左偏航反馈	001WYAW. LFS	—	整数		
141	（1#风电机组）右偏航反馈	001WYAW. RGS	—	整数		
142	（1#风电机组）液压使能	001WT. HYEA	—	整数		
143	（1#风电机组）液压油位正常	001WT. HYLVS	—	整数		

续表

序号	测点中文名称	测点英文 ID	单位	测点类型	M/O	备注
144	（1#风电机组）液压反馈	001WT. HYFB	—	整数		
145	（1#风电机组）偏航液压刹车	001WTYWBRK. S	—	整数		
146	（1#风电机组）液压零压阀	001WTYWHYZPV. PRS	—	整数		
147	（1#风电机组）全局风暴信号	001WT. GBSTMD	—	整数		
148	（1#风电机组）瞬间风暴信号	001WTUR. ISSTMD	—	整数		
149	（1#风电机组）10s风暴信号	001WTUR. STMD_10s	—	整数		
150	（1#风电机组）10m风暴信号	001WTUR. STMD_10m	—	整数		
151	（1#风电机组）塔底 UPS 供电正常	001WTBSUPS. PWS	—	整数		
152	（1#风电机组）塔底 UPS 电池正常	001WTBSUPS. BTYS	—	整数		
153	（1#风电机组）机舱 UPS 供电正常	001WTNCUPS. PWS	—	整数		
154	（1#风电机组）机舱 UPS 电池正常	001WTNCUPS. BTYS	—	整数		
155	（1#风电机组）1#变桨急停	001WTPT1. EMSTP	—	整数		
156	（1#风电机组）2#变桨急停	001WTPT2. EMSTP	—	整数		
157	（1#风电机组）3#变桨急停	001WTPT3. EMSTP	—	整数		
158	（1#风电机组）1#变桨外部安全链正常	001WTPT1. SFCS	—	整数		
159	（1#风电机组）2#变桨外部安全链正常	001WTPT2. SFCS	—	整数		
160	（1#风电机组）3#变桨外部安全链正常	001WTPT3. SFCS	—	整数		
161	（1#风电机组）1#变桨逆变器正常	001WTPT1. CVS	—	整数		
162	（1#风电机组）2#变桨逆变器正常	001WTPT2. CVS	—	整数		
163	（1#风电机组）3#变桨逆变器正常	001WTPT3. CVS	—	整数		
164	（1#风电机组）1#变桨限位开关	001WTPTLMSW1. S	—	整数		
165	（1#风电机组）2#变桨限位开关	001WTPTLMSW2. S	—	整数		
166	（1#风电机组）3#变桨限位开关	001WTPTLMSW3. S	—	整数		
167	（1#风电机组）1#变桨充电器正常	001WTPTSPY1. S	—	整数		
168	（1#风电机组）2#变桨充电器正常	001WTPTSPY2. S	—	整数		
169	（1#风电机组）3#变桨充电器正常	001WTPTSPY3. S	—	整数		
170	（1#风电机组）1#变桨手动模式	001WTPT1. MNL	—	整数		
171	（1#风电机组）2#变桨手动模式	001WTPT2. MNL	—	整数		
172	（1#风电机组）3#变桨手动模式	001WTPT3. MNL	—	整数		
173	（1#风电机组）1#变桨强制手动模式	001WTPT1. FMNL	—	整数		
174	（1#风电机组）2#变桨强制手动模式	001WTPT2. FMNL	—	整数		
175	（1#风电机组）3#变桨强制手动模式	001WTPT3. FMNL	—	整数		
176	（1#风电机组）1#变桨旋编警告信号	001WTPTRECD1. FT	—	整数		
177	（1#风电机组）2#变桨旋编警告信号	001WTPTRECD2. FT	—	整数		
178	（1#风电机组）3#变桨旋编警告信号	001WTPTRECD3. FT	—	整数		

续表

序号	测点中文名称	测点英文 ID	单位	测点类型	M/O	备注
179	(1#风电机组)1#变桨旋编信号	001WTPTRECD1.S	—	整数		
180	(1#风电机组)2#变桨旋编信号	001WTPTRECD2.S	—	整数		
181	(1#风电机组)3#变桨旋编信号	001WTPTRECD3.S	—	整数		
182	(1#风电机组)1#变桨5°接近开关	001WTPT1.INT5S	—	整数		
183	(1#风电机组)2#变桨5°接近开关	001WTPT2.INT5S	—	整数		
184	(1#风电机组)3#变桨5°接近开关	001WTPT3.INT5S	—	整数		
185	(1#风电机组)1#变桨87°接近开关	001WTPT1.INT87S	—	整数		
186	(1#风电机组)2#变桨87°接近开关	001WTPT2.INT87S	—	整数		
187	(1#风电机组)3#变桨87°接近开关	001WTPT3.INT87S	—	整数		
188	(1#风电机组)故障次数统计使能标志位	001WTUR.FCEF	—	整数		
189	(1#风电机组)维护模式激活	001WT.SVM	—	整数		
190	(1#风电机组)自启动次数超限	001WT.ASTOV	—	整数		
191	(1#风电机组)右叶轮锁定	001WTRGIP.LK	—	整数		
192	(1#风电机组)左叶轮锁定	001WTLFIP.LK	—	整数		
193	(1#风电机组)扭缆开关	001WTCBTSW.S	—	整数		
194	(1#风电机组)振动开关	001WTVBRSW.S	—	整数		
195	(1#风电机组)过速模块1动作	001WTUR.OSM1A	—	整数		
196	(1#风电机组)过速模块2动作	001WTUR.OSM2A	—	整数		
197	(1#风电机组)机舱急停按扭	001WTNCESBT.S	—	整数		
198	(1#风电机组)塔底急停按扭	001WTBSESBT.S	—	整数		
199	(1#风电机组)11#子站供电正常	001WTSSTA11.PWS	—	整数		
200	(1#风电机组)20#子站供电正常	001WTSSTA20.PWS	—	整数		
201	(1#风电机组)11#子站熔丝检测	001WTSSTA11.FSS	—	整数		
202	(1#风电机组)20#子站熔丝检测	001WTSSTA20.FSS	—	整数		
203	(1#风电机组)限功率标志	001WT.PWLMFG	—	整数		
204	(1#风电机组)机舱熔断器反馈	001WTNC.FSS	—	整数		
205	(1#风电机组)变流启动	001WTCV.ST	—	整数		
206	(1#风电机组)水冷熔断器反馈	001WTNCWC.FSFB	—	整数		
207	(1#风电机组)水冷变流熔断器反馈	001WTNCWCCV.FSFB	—	整数		
208	(1#风电机组)水冷泵状态	001WTNCWCP.S	—	整数		
209	(1#风电机组)1#水冷风扇状态	001WTNCWCF1.S	—	整数		
210	(1#风电机组)2#水冷风扇状态	001WTNCWCF2.S	—	整数		
211	(1#风电机组)3#水冷风扇状态	001WTNCWCF3.S	—	整数		
212	(1#风电机组)水冷加热器状态	001WTNCWCH.S	—	整数		
213	(1#风电机组)水冷三通阀全开	001WTNCWCTV.OS	—	整数		

序号	测点中文名称	测点英文 ID	单位	测点类型	M/O	备注
214	（1#风电机组）水冷三通阀全关	001WTNCWCTV. CS	—	整数		
215	（1#风电机组）水冷排气阀状态	001WTNCWCDTP. S	—	整数		
216	（1#风电机组）水冷补气泵状态	001WNAC. SWCAP	—	整数		
217	（1#风电机组）变流充电反馈	001WTCV. CCFB	—	整数		
218	（1#风电机组）8#子站供电正常	001WTSSTA08. PWS	—	整数		
219	（1#风电机组）8#子站熔丝检测	001WTSSTA11. FSS	—	整数		
220	（1#风电机组）变流硬件复位命令	001WTCV. HWRRS	—	整数		
221	（1#风电机组）有功功率	001WT. P	kW	浮点数		
222	（1#风电机组）无功功率	001WT. Q	kW	浮点数		
223	（1#风电机组）有功功率限定状态	001WT. DMDPLM	—	整数		
224	（1#风电机组）总有功发电量	001WT. TAPW	kW·h	浮点数		
225	（1#风电机组）日发电量总计	001WT. DAPW	kW·h	浮点数		
226	（1#风电机组）月发电量总计	001WT. MAPW	kW·h	浮点数		
227	（1#风电机组）年发电量总计	001WT. YAPW	kW·h	浮点数		
228	（1#风电机组）IEC 风电机组状态	001IEC. S	—	整数		
229	（1#风电机组）轮毂转速	001WTHB. SP	r/min	浮点数		
230	（1#风电机组）轮毂控制柜温度	001WTHCCBN. TP	℃	浮点数		
231	（1#风电机组）桨叶 1 角度	001WTPT1. PBAG	(°)	浮点数		
232	（1#风电机组）桨叶 2 角度	001WTPT2. PBAG	(°)	浮点数		
233	（1#风电机组）桨叶 3 角度	001WTPT3. PBAG	(°)	浮点数		
234	（1#风电机组）桨叶 1 变桨电机温度	001WTPT1. PTMTT	℃	浮点数		
235	（1#风电机组）桨叶 2 变桨电机温度	001WTPT2. PTMTT	℃	浮点数		
236	（1#风电机组）桨叶 3 变桨电机温度	001WTPT3. PTMTT	℃	浮点数		
237	（1#风电机组）桨叶 1 变桨电池温度	001WTPT1. PTBTP	℃	浮点数		
238	（1#风电机组）桨叶 2 变桨电池温度	001WTPT2. PTBTP	℃	浮点数		
239	（1#风电机组）桨叶 3 变桨电池温度	001WTPT3. PTBTP	℃	浮点数		
240	（1#风电机组）桨叶 1 变桨电池充电器温度	001WTPT1. PTBCT	℃	浮点数		
241	（1#风电机组）桨叶 2 变桨电池充电器温度	001WTPT2. PTBCT	℃	浮点数		
242	（1#风电机组）桨叶 3 变桨电池充电器温度	001WTPT3. PTBCT	℃	浮点数		
243	（1#风电机组）发电机绕组温度 1	001WTGN. WDTP1	℃	浮点数		
244	（1#风电机组）发电机绕组温度 2	001WTGN. WDTP2	℃	浮点数		
245	（1#风电机组）发电机绕组温度 3	001WTGN. WDTP3	℃	浮点数		
246	（1#风电机组）发电机绕组温度 4	001WTGN. WDTP4	℃	浮点数		
247	（1#风电机组）发电机绕组温度 5	001WTGN. WDTP5	℃	浮点数		
248	（1#风电机组）发电机绕组温度 6	001WTGN. WDTP6	℃	浮点数		

续表

序号	测点中文名称	测点英文 ID	单位	测点类型	M/O	备注
249	（1#风电机组）力矩设定值	001WTCV.DMDT	N·m	字符/整数		
250	（1#风电机组）变频器冷却系统入口温度	001WTCV.ITP	℃	浮点数		
251	（1#风电机组）变频器冷却系统出口温度	001WTCV.OTP	℃	浮点数		
252	（1#风电机组）网侧功率因数	001WTCV.GDSPF	—	字符/整数		
253	（1#风电机组）网侧线电压	001WTCV.GDSLNU	V	浮点数		
254	（1#风电机组）网侧电流	001WTCV.GDSI	A	浮点数		
255	（1#风电机组）机舱外风速实时值	001WTNC.WSP	m/s	浮点数		
256	（1#风电机组）机舱外风向	001WNAC.WDIR	(°)	浮点数		
257	（1#风电机组）机舱外环境温度	001WNAC.EXTP	℃	浮点数		
258	（1#风电机组）机舱内温度	001WNAC.INTP	℃	浮点数		
259	（1#风电机组）塔筒振动（轴向）	001WTTW.VBRX	mm	浮点数		
260	（1#风电机组）塔筒振动（径向）	001WTTW.VBRY	mm	浮点数		
261	（1#风电机组）塔筒控制柜温度	001WTTWCTCBN.TP	℃	浮点数		
262	（1#风电机组）机舱与风向夹角	001WYAW.YWERAG	(°)	浮点数		
263	（1#风电机组）电缆扭转角度	001WYAW.CBTAG	(°)	浮点数		
264	（1#风电机组）无功功率设定值	001WT.DMDQ	—	字符/整数		
265	（1#风电机组）功率因数设定值	001WT.DMDPF	—	字符/整数		
266	（1#风电机组）轮毂状态	001WTHB.S	—	字符/整数		
267	（1#风电机组）轮毂内温度	001WTHB.TP	℃	浮点数		
268	（1#风电机组）轮毂位置	001WTHB.POS	—	字符/整数		
269	（1#风电机组）轮毂总旋转圈数	001WTHB.LAP	—	浮点数		
270	（1#风电机组）变桨1控制柜温度	001WTVO1.CCTP	℃	浮点数		
271	（1#风电机组）变桨2控制柜温度	001WTVO2.CCTP	℃	浮点数		
272	（1#风电机组）变桨3控制柜温度	001WTVO3.CCTP	℃	浮点数		
273	（1#风电机组）桨叶1变桨电机电流	001WTPTMT1.I	A	浮点数		
274	（1#风电机组）桨叶2变桨电机电流	001WTPTMT2.I	A	浮点数		
275	（1#风电机组）桨叶3变桨电机电流	001WTPTMT3.I	A	浮点数		
276	（1#风电机组）桨叶1变桨电机功率	001WTPTMT1.P	W	浮点数		
277	（1#风电机组）桨叶2变桨电机功率	001WTPTMT2.P	W	浮点数		
278	（1#风电机组）桨叶3变桨电机功率	001WTPTMT3.P	W	浮点数		
279	（1#风电机组）桨叶1总变桨角度	001WTPT1.TPAG	(°)	浮点数		
280	（1#风电机组）桨叶2总变桨角度	001WTPT2.TPAG	(°)	浮点数		
281	（1#风电机组）桨叶3总变桨角度	001WTPT3.TPAG	(°)	浮点数		

续表

序号	测点中文名称	测点英文 ID	单位	测点类型	M/O	备注
282	(1#风电机组)主轴承温度 1	001WTRTBR.TP1	℃	浮点数		
283	(1#风电机组)主轴承温度 2	001WTRTBR.TP2	℃	浮点数		
284	(1#风电机组)发电机气隙温度	001WTGN.ARGTP1	℃	浮点数		
285	(1#风电机组)发电机有功功率设定值	001WTGN.DMDP	—	浮点数		
286	(1#风电机组)发电机定子频率	001WTGN.STAF	Hz	浮点数		
287	(1#风电机组)发电机定子侧电流	001WTGN.STAI	A	浮点数		
288	(1#风电机组)发电机状态	001WTGN.S	—	整数		
289	(1#风电机组)发电机气隙温度 2	001WTGN.ARGTP2	℃	浮点数		
290	(1#风电机组)变频器机侧温度 (IGBT)	001WTCV.GNSTP	℃	浮点数		
291	(1#风电机组)变频器网侧温度 (IGBT)	001WTCV.GDSTP	℃	浮点数		
292	(1#风电机组)变频器运行模式	001WTCV.OPMD	—	整数		
293	(1#风电机组)变频器控制板温度	001WTCVCTBD.TP	℃	浮点数		
294	(1#风电机组)变频器冷却系统入口压力	001WTCV.IPRS	Pa	浮点数		
295	(1#风电机组)变频器冷却系统出口压力	001WTCV.OPRS	Pa	浮点数		
296	(1#风电机组)机舱控制柜温度	001WTNCTBX.TP	℃	浮点数		
297	(1#风电机组)偏航系统状态	001WTYW.S	—	整数		
298	(1#风电机组)偏航运行模式	001WTYW.OPMD	—	整数		
299	(1#风电机组)偏航运行次数	001WTYW.OPCNT	—	整数		
300	(1#风电机组)偏航运行角度和	001WTYW.SMAG	—	整数		
301	(1#风电机组)偏航刹车压力	001WTYWBRK.PRS	Pa	浮点数		
302	(1#风电机组)理论发电量	001WTGN.TTPW	kW·h	浮点数		

附录3 升压站和集控中心标准数据点表

附 3.1 升压站点和集控中心测点信息

升压站和集控中心的状态信息包括主要电气设备基本信息、实时状态;电网实时信息、AGC、AVC 系统信息等。

附 3.2 实时状态测点数据

海上升压站、陆上集控中心主要状态信息列表(不限于本表)见附表 3-1。

附表 3－1 海上升压站、陆上集控中心数据测点

序号	部 件	参 数 名 称	测点英文 ID（×××. Offshore Substation/ OnshoreCentralized ControlCenter）	单位	测点类型	M/O	备注
1		1# 高压海缆线路有功功率	. 001HVSCB. P	kW	遥测，模拟量	M	
2		高压海缆线路无功功率	. 001HVSCB. Q	kW	遥测，模拟量	M	
3		高压海缆线路功率因数	. 001HVSCB. PF	—	遥测，模拟量	M	
4		高压海缆线路 A 相电压	. 001HVSCB. APV	V	遥测，模拟量	M	
5		高压海缆线路 B 相电压	. 001HVSCB. BPV	V	遥测，模拟量	M	
6		高压海缆线路 C 相电压	. 001HVSCB. CPV	V	遥测，模拟量	M	
7		高压海缆线路 A 相电流	. 001HVSCB. APC	A	遥测，模拟量	M	
8		高压海缆线路 B 相电流	. 001HVSCB. BPC	A	遥测，模拟量	M	
9		高压海缆线路 C 相电流	. 001HVSCB. CPC	A	遥测，模拟量	M	
10		高压母线电压	. 001HVBS. V	V	遥测，模拟量	M	
11		高压母线频率	. 001NVBS. F	Hz	遥测，模拟量	M	
12		主变有功功率	. 001MTF. P	kW	遥测，模拟量	M	
13		主变无功功率	. 001MTF. Q	kW	遥测，模拟量	M	
14		主变功率因数	. 001MTF. PF	—	遥测，模拟量	M	
15		主变 A 相电压	. 001MTF. APV	V	遥测，模拟量	M	
16		主变 B 相电压	. 001MTF. BPV	V	遥测，模拟量	M	
17		主变 C 相电压	. 001MTF. CPV	V	遥测，模拟量	M	
18	海上升压站	主变 A 相电流	. 001MTF. APC	A	遥测，模拟量	M	
19		主变 B 相电流	. 001MTF. BPC	A	遥测，模拟量	M	
20		主变 C 相电流	. 001MTF. CPC	A	遥测，模拟量	M	
21		主变绕组温度	. 001MTF. WDTP	℃	遥测，模拟量	M	
22		35kV 母线电压	. 001MVBS. V	V	遥测，模拟量	M	
23		35kV 母线频率	. 001MVBS. F	Hz	遥测，模拟量	M	
24		35kV 各回路有功功率	. 001MVCC. P	kW	遥测，模拟量	M	
25		35kV 各回路无功功率	. 001MVCC. Q	kW	遥测，模拟量	M	
26		35kV 各回路功率因数	. 001MVCC. PF	—	遥测，模拟量	M	
27		35kV 各回路 A 相电压	. 001MVCC. APV	V	遥测，模拟量	M	
28		35kV 各回路 B 相电压	. 001MVCC. BPV	V	遥测，模拟量	M	
29		35kV 各回路 C 相电压	. 001MVCC. CPV	V	遥测，模拟量	M	
30		35kV 各回路 A 相电流	. 001MVCC. APC	A	遥测，模拟量	M	
31		35kV 各回路 B 相电流	. 001MVCC. BPC	A	遥测，模拟量	M	
32		35kV 各回路 C 相电流	. 001MVCC. CPC	A	遥测，模拟量	M	
33		35kV 各回路 AB 线电压	. 001MVCC. ABLNV	V	遥测，模拟量	M	
34		35kV 各回路 BC 线电压	. 001MVCC. BCLNV	V	遥测，模拟量	M	
35		35kV 各回路 CA 线电压	. 001MVCC. CALNV	V	遥测，模拟量	M	

续表

序号	部 件	参 数 名 称	测点英文 ID (×××. Offshore Substation/ OnshoreCentralized ControlCenter)	单位	测点类型	M/O	备注
36		35kV 无功补偿有功功率	. 001MVRCP. P	kW	遥测，模拟量	M	
37		35kV 无功补偿无功功率	. 001MVRCP. Q	kW	遥测，模拟量	M	
38		35kV 无功补偿功率因数	. 001MVRCP. PF	—	遥测，模拟量	M	
39		35kV 无功补偿 A 相电压	. 001MVRCP. APV	V	遥测，模拟量	M	
40		35kV 无功补偿 B 相电压	. 001MVRCP. BPV	V	遥测，模拟量	M	
41		35kV 无功补偿 C 相电压	. 001MVRCP. CPV	V	遥测，模拟量	M	
42		35kV 无功补偿 A 相电流	. 001MVRCP. APC	A	遥测，模拟量	M	
43		35kV 无功补偿 B 相电流	. 001MVRCP. BPC	A	遥测，模拟量	M	
44		35kV 无功补偿 C 相电流	. 001MVRCP. CPC	A	遥测，模拟量	M	
45		35kV 无功补偿 AB 线电压	. 001MVRCP. ABLNV	V	遥测，模拟量	M	
46		35kV 无功补偿 BC 线电压	. 001MVRCP. BCLNV	V	遥测，模拟量	M	
47		35kV 无功补偿 CA 线电压	. 001MVRCP. CALNV	V	遥测，模拟量	M	
48		出线主表正向总有功电量	. 001OMM. FWTAP	kW · h	遥测，模拟量	M	
49		出线主表正向总无功电量	. 001OMM. FWTRP	kW · h	遥测，模拟量	M	
50		出线主表反向总有功电量	. 001OMM. BWTAP	kW · h	遥测，模拟量	M	
51		出线主表反向总无功电量	. 001OMM. BWTRP	kW · h	遥测，模拟量	M	
52		出线副表正向总有功电量	. 001OAM. FWTAP	kW · h	遥测，模拟量	M	
53	海上升压站	出线副表正向总无功电量	. 001OAM. FWTRP	kW · h	遥测，模拟量	M	
54		出线副表反向总有功电量	. 001OAM. BWTAP	kW · h	遥测，模拟量	M	
55		出线副表反向总无功电量	. 001OAM. BWTRP	kW · h	遥测，模拟量	M	
56		主变高压侧正向总有功电量	. 001MTFHS. FWTAP	kW · h	遥测，模拟量	M	
57		主变高压侧正向总无功电量	. 001MTFHS. FWTRP	kW · h	遥测，模拟量	M	
58		主变高压侧反向总有功电量	. 001MTFHS. BWTAP	kW · h	遥测，模拟量	M	
59		主变高压侧反向总无功电量	. 001MTFHS. BWTRP	kW · h	遥测，模拟量	M	
60		主变低压侧正向总有功电量	. 001MTFLS. FWTAP	kW · h	遥测，模拟量	M	
61		主变低压侧正向总无功电量	. 001MTFLS. FWTRP	kW · h	遥测，模拟量	M	
62		主变低压侧反向总有功电量	. 001MTFLS. BWTAP	kW · h	遥测，模拟量	M	
63		主变低压侧反向总无功电量	. 001MTFLS. BWTRP	kW · h	遥测，模拟量	M	
64		35kV 各回路正向总有功电量	. 001MVCC. FWTAP	kW · h	遥测，模拟量	M	
65		35kV 各回路正向总无功电量	. 001MVCC. FWTRP	kW · h	遥测，模拟量	M	
66		35kV 各回路反向总有功电量	. 001MVCC. BWTAP	kW · h	遥测，模拟量	M	
67		35kV 各回路反向总无功电量	. 001MVCC. BWTRP	kW · h	遥测，模拟量	M	
68		各断路器位置	. 001BK. POS	—	遥信，开关量	M	
69		各隔离开关位置	. 001ISW. POS	—	遥信，开关量	M	
70		各手车位置	. 001HCT. POS	—	遥信，开关量	M	

续表

序号	部 件	参 数 名 称	测点英文 ID (×××. Offshore Substation/ OnshoreCentralized ControlCenter)	单位	测点类型	M/O	备注
71	海上升压站	各接地开关位置	. 001ESW. POS	—	遥信, 开关量	M	
72		主变信号	. 001MTF. SIG	—	遥信, 开关量	M	
73		各断路器信号	. 001BK. SIG	—	遥信, 开关量	M	
74		保护装置保护信号	. 001PRTDV. PRTSIG	—	遥信, 开关量	M	
75	陆上集控中心	送出线路有功功率	. 001OLN. P	kW	遥测, 模拟量	M	
76		送出线路无功功率	. 001OLN. Q	kW	遥测, 模拟量	M	
77		送出线路功率因数	. 001OLN. PH	—	遥测, 模拟量	M	
78		送出线路 A 相电压	. 001OLN. APV	V	遥测, 模拟量	M	
79		送出线路 B 相电压	. 001OLN. BPV	V	遥测, 模拟量	M	
80		送出线路 C 相电压	. 001OLN. CPV	V	遥测, 模拟量	M	
81		送出海缆线路 A 相电流	. 001OSCB. APC	A	遥测, 模拟量	M	
82		送出海缆线路 B 相电流	. 001OSCB. BPC	A	遥测, 模拟量	M	
83		送出海缆线路 C 相电流	. 001OSCB. CPC	A	遥测, 模拟量	M	
84		高压母线电压	. 001HVBusbar. V	V	遥测, 模拟量	M	
85		高压母线频率	. 001HVBSB. F	Hz	遥测, 模拟量	M	
86		降压变有功功率	. 001SDTF. P	kW	遥测, 模拟量	M	
87		降压变无功功率	. 001SDTF. Q	kW	遥测, 模拟量	M	
88		降压变功率因数	. 001SDTF. PH	—	遥测, 模拟量	M	
89		降压变 A 相电压	. 001SDTF. APV	V	遥测, 模拟量	M	
90		降压变 B 相电压	. 001SDTF. BPV	V	遥测, 模拟量	M	
91		降压变 C 相电压	. 001SDTF. CPV	V	遥测, 模拟量	M	
92		降压变 A 相电流	. 001SDTF. APC	A	遥测, 模拟量	M	
93		降压变 B 相电流	. 001SDTF. APC	A	遥测, 模拟量	M	
94		降压变 C 相电流	. 001SDTF. CPC	A	遥测, 模拟量	M	
95		降压变绕组温度	. 001SDTF. WDT	℃	遥测, 模拟量	M	
96		35kV 母线电压	. 001MVBSB. V	V	遥测, 模拟量	M	
97		35kV 母线频率	. 001MVBSB. F	Hz	遥测, 模拟量	M	
98		35kV 各回路有功功率	. 001MVCC. P	kW	遥测, 模拟量	M	
99		35kV 各回路无功功率	. 001MVCC. Q	kW	遥测, 模拟量	M	
100		35kV 各回路功率因数	. 001MVCC. PF	—	遥测, 模拟量	M	
101		35kV 各回路 A 相电压	. 001MVCC. APV	V	遥测, 模拟量	M	
102		35kV 各回路 B 相电压	. 001MVCC. BPV	V	遥测, 模拟量	M	
103		35kV 各回路 C 相电压	. 001MVCC. CPV	V	遥测, 模拟量	M	
104		35kV 各回路 A 相电流	. 001MVCC. APC	A	遥测, 模拟量	M	
105		35kV 各回路 B 相电流	. 001MVCC. BPC	A	遥测, 模拟量	M	

序号	部件	参数名称	测点英文ID（×××. Offshore Substation/ OnshoreCentralized ControlCenter）	单位	测点类型	M/O	备注
106		35kV各回路C相电流	.001MVCC. CPC	A	遥测，模拟量	M	
107		35kV各回路AB线电压	.001MVCC. ABLNV	V	遥测，模拟量	M	
108		35kV各回路BC线电压	.001MVCC. BCLNV	V	遥测，模拟量	M	
109		35kV各回路CA线电压	.001MVCC. CALNV	V	遥测，模拟量	M	
110		35kV无功补偿有功功率	.001MVRCP. P	kW	遥测，模拟量	M	
111		35kV无功补偿无功功率	.001MVRCP. Q	kW	遥测，模拟量	M	
112		35kV无功补偿功率因数	.001MVRCP. PF	—	遥测，模拟量	M	
113		35kV无功补偿A相电压	.001MVRCP. APV	V	遥测，模拟量	M	
114		35kV无功补偿B相电压	.001MVRCP. BPV	V	遥测，模拟量	M	
115		35kV无功补偿C相电压	.001MVRCP. CPV	V	遥测，模拟量	M	
116		35kV无功补偿A相电流	.001MVRCP. APC	A	遥测，模拟量	M	
117		35kV无功补偿B相电流	.001MVRCP. BPC	A	遥测，模拟量	M	
118		35kV无功补偿C相电流	.001MVRCP. CPC	A	遥测，模拟量	M	
119		35kV无功补偿AB线电压	.001MVRCP. ABLNV	V	遥测，模拟量	M	
120		35kV无功补偿BC线电压	.001MVRCP. BCLNV	V	遥测，模拟量	M	
121	陆上集控中心	35kV无功补偿CA线电压	.001MVRCP. CALNV	V	遥测，模拟量	M	
122		出线主表正向总有功电量	.001OMM. FWTAP	kW·h	遥测，模拟量	M	
123		出线主表正向总无功电量	.001OMM. FWTRP	kW·h	遥测，模拟量	M	
124		出线主表反向总有功电量	.001OMM. BWTAP	kW·h	遥测，模拟量	M	
125		出线主表反向总无功电量	.001OMM. BWTRP	kW·h	遥测，模拟量	M	
126		出线副表正向总有功电量	.001OAM. FWTAP	kW·h	遥测，模拟量	M	
127		出线副表正向总无功电量	.001OAM. FWTRP	kW·h	遥测，模拟量	M	
128		出线副表反向总有功电量	.001OAM. BWTAP	kW·h	遥测，模拟量	M	
129		出线副表反向总无功电量	.001OAM. BWTRP	kW·h	遥测，模拟量	M	
130		各断路器位置	.001BK. POS	—	遥信，开关量	M	
131		各隔离开关位置	.001ISW. POS	—	遥信，开关量	M	
132		各手车位置	.001HCT. POS	—	遥信，开关量	M	
133		各接地开关位置	.001ESW. POS	—	遥信，开关量	M	
134		主变信号	.001MTF. SIG	—	遥信，开关量	M	
135		各断路器信号	.001BK. SIG	—	遥信，开关量	M	
136		保护装置保护信号	.001PRTDV. PRTSIG	—	遥信，开关量	M	
137	AGC	AGC全场实发有功	001AGC. FFA	kW	遥测，模拟量	M	
138		AGC限电指令值	001AGC. PLTV	kW	遥测，模拟量	M	
139		AGC有功上限	001AGC. ULTA	kW	遥测，模拟量	M	
140		AGC有功下限	001AGC. LLTA	kW	遥测，模拟量	M	

序号	部 件	参 数 名 称	测点英文 ID (×××. Offshore Substation/ OnshoreCentralized ControlCenter)	单位	测点类型	M/O	备注
141	AGC	AGC 远方\就地	001AGC. L/R	—	遥信，开关量	M	
142		AGC 投入\退出	001AGC. EA/DA	—	遥信，开关量	M	
143		AGC 限电标志	001AGC. ELT	—	遥信，开关量	M	
144		AGC 减闭锁	001AGC. RCD	—	遥信，开关量	M	
145		AGC 增闭锁	001AGC. ICD	—	遥信，开关量	M	
146	AVC	AVC 母线电压实际值	. 001AVCBSB. ATV	V	遥测，模拟量	M	
147		AVC 母线电压调控值	. 001AVCBSB. RGV	V	遥测，模拟量	M	
148		AVC 母线系统可减无功	. 001AVCBSBSST. DDQ	kW	遥测，模拟量	M	
149		AVC 母线系统可增无功	. 001AVCBSBSST. ICQ	kW	遥测，模拟量	M	
150		AVC 子站投退状态	. 001AVCSSTA. EA/DA	—	遥信，开关量	M	
151		AVC 子站运行状态	. 00AVC1SSTA. OPS	—	遥信，开关量	M	
152		AVC 母线减无功闭锁	. 001AVCBSB. RARCD	—	遥信，开关量	M	
153		AVC 母线增无功闭锁	. 001AVCBSB. RAICD	—	遥信，开关量	M	

附录 4 升压站结构监测标准数据点表

附 4.1 升压站结构监测标准数据信息

升压站和集控中心的状态信息包括主要倾斜监测信息、振动监测信息；基础不均匀沉降监测信息、应力、应变及温度监测信息、腐蚀监测信息、水下地形（冲刷）监测信息等。

附 4.2 升压站结构监测标准点表

升压站结构监测标准点见附表 4-1。

附表 4-1　　　　　升压站结构监测标准点表

序号	测点中文名称	测点英文 ID	监测物理量	单位	测点类型	M/O	备注
一	倾斜监测						
1.1	倾斜监测点 1	001OSS. TMP1	倾斜量	(°)	浮点数	O	
1.2	倾斜监测点 2	001OSS. TMP2	倾斜量	(°)	浮点数	O	
	⋮						
二	振动监测						
2.1	振动监测点 1（振动加速度）	001OSS. VMP1	振动加速度	m/s²	浮点数	O	
			振动主频	Hz	浮点数	O	

序号	测点中文名称	测点英文 ID	监测物理量	单位	测点类型	M/O	备注
2.2	振动监测点 2（振动加速度）	001OSS. VMP2	振动加速度	m/s²	浮点数	O	
			振动主频	Hz	浮点数	O	
2.3	振动监测点 3（振动速度）	001OSS. VMP3	振动速度	m/s	浮点数	O	
			振动主频	Hz	浮点数	O	
2.4	振动监测点 4（振动速度）	001OSS. VMP4	振动速度	m/s	浮点数	O	
			振动主频	Hz	浮点数	O	
2.5	振动监测点 5（振动位移）	001OSS. VMP5	振动位移	mm	浮点数	O	
			振动主频	Hz	浮点数	O	
2.6	振动监测点 6（振动位移）	001OSS. VMP6	振动位移	mm	浮点数	O	
			振动主频	Hz	浮点数	O	
	⋮						
三	基础不均匀沉降监测						
3.1	基础不均匀沉降监测点 1	001OSS. USMP1	不均匀沉降量	mm	浮点数	O	
3.2	基础不均匀沉降监测点 2	001OSS. USMP2	不均匀沉降量	mm	浮点数	O	
	⋮						
四	应力、应变及温度监测						
4.1	应力监测点 1	001OSS. STMP1	结构应力值	MPa	浮点数	O	
			温度	℃	浮点数	O	
4.2	应力监测点 2	001OSS. STMP2	结构应力值	MPa	浮点数	O	
			温度	℃	浮点数	O	
4.3	应变监测点 1	001OSS. SMP1	结构应变值	—	浮点数	O	
			温度	℃	浮点数	O	
4.4	应变监测点 2	001OSS. SMP2	结构应变值	—	浮点数	O	
			温度	℃	浮点数	O	
	⋮						
五	腐蚀监测						
5.1	阴极保护电位监测点 1	001OSS. CPMP1	阴极保护电位	V	浮点数	O	
5.2	阴极保护电位监测点 2	001OSS. CPMP2	阴极保护电位	V	浮点数	O	
5.3	牺牲阳极输出电流监测点 1	001OSS. SAMP1	牺牲阳极输出电流	mA	浮点数	O	
5.4	牺牲阳极输出电流监测点 2	001OSS. SAMP2	牺牲阳极输出电流	mA	浮点数	O	
5.5	混凝土腐蚀监测点 1	001OSS. CCMP1	腐蚀速率	mm/a	浮点数	O	
			pH 值	—	浮点数		
5.6	混凝土腐蚀监测点 2	001OSS. CCMP2	腐蚀速率	mm/a	浮点数	O	
			pH 值	—	浮点数		
	⋮						

续表

序号	测点中文名称	测点英文 ID	监测物理量	单位	测点类型	M/O	备注
六	水下地形（冲刷）监测						
6.1	冲刷监测点 1	001OSS. CCMP1	高程变化量	m	浮点数	O	
6.2	冲刷监测点 2	001OSS. CCMP2	高程变化量	m	浮点数	O	
	⋮						

附录 5　测风设备系统

测风设备设备数据测点见附表 5-1。

附表 5-1　　　　　　　测风设备设备数据测点表

序号	测点中文名称	测点英文 ID	单位	测点类型	M/O	备注
1	测风设备 10m 风速	001WMEQ. 10WSP	m/s	浮点数	M	
2	测风设备 10m 风向	001WMEQ. 10WDIR	(°)	浮点数	M	
3	测风设备 30m 风速	001WMEQ. 30WSP	m/s	浮点数	M	
4	测风设备 30m 风向	001WMEQ. 30WDIR	(°)	浮点数	M	
5	测风设备 50m 风速	001WMEQ. 50WSP	m/s	浮点数	M	
6	测风设备 50m 风向	001WMEQ. 50WDIR	(°)	浮点数	M	
7	测风设备 70m 风速	001WMEQ. 70WSP	m/s	浮点数	M	
8	测风设备 70m 风向	001WMEQ. 70WDIR	(°)	浮点数	M	
9	测风设备 90m 风速	001WMEQ. 90WSP	m/s	浮点数	M	
10	测风设备 90m 风向	001WMEQ. 90WDIR	(°)	浮点数	M	
11	测风设备最高处风速	001WMEQ. TPWSP	m/s	浮点数	M	
12	测风设备最高处风向	001WMEQ. TPWDIR	(°)	浮点数	M	
13	测风设备温度	001WMEQ. TEM	℃	浮点数	M	
14	测风设备湿度	001WMEQ. HM	%	浮点数	M	
15	测风设备气压	001WMEQ. AMPR	Pa	浮点数	M	
16	测风雷达垂直风廓线	001WMRD. VEWPF	m/s	浮点数	M	
17	海浪高度测量	.. WVH	m	浮点数	M	
18	风电机组轮毂高度风速	001WMEQ. FHWSP	m/s	浮点数		
19	风电机组轮毂高度风向	001WMEQ. FHWDIR	m/s	浮点数		
20	测风设备经度	001WMEQ. LONG	(°)	浮点数		
21	测风设备纬度	001WMEQ. LAT	(°)	浮点数		

附录6　风功率预测系统

风功率预测系统测点见附表6-1。

附表6-1　　　　　　　　　　风功率预测系统测点表

序号	测点中文名称	测点英文ID	单位	测点类型	M/O	备　注
一	升压站综自系统					
1.1	总有功	001OSSIASST.FCTTP	MW	浮点数	M	
二	风电机组					
2.1	1#并网状态	001WT.FCGDCNS	—	浮点数	M	
2.2	1#有功	001WT.FCP	kW	浮点数	M	
2.3	1#无功	001WT.FCQ	kvar	浮点数	M	
2.4	1#风速	001WT.FCWSP	m/s	浮点数	M	
2.5	1#风向	001WT.FCWDIR	(°)	浮点数	M	
2.6	1#温度	001WT.FCTP	℃	浮点数	M	
2.7	1#电压A相	001WT.FCAPU	V	浮点数	O	
2.8	1#电流A相	001WT.FCAPI	A	浮点数	O	
2.9	1#理论有功功率	001WT.FCTHEP	kW	浮点数		
2.10	1#风电机组发电量	001WT.FCTPW	kW·h	浮点数		
2.11	1#能量控制模式	001WT.FCECM	—	整数		
2.12	1#风电机组状态	001WT.FCST		整数		
2.13	1#故障	001WT.FT		整数		
2.14	1#发电机转速瞬时值	001WT.FCGSIV	r/min	浮点数		
2.15	1#变桨桨距角	001WT.FCPTA	(°)	浮点数		
2.16	1#限功率标志	001WT.FCPWLMFG	—	整数		
	⋮					
	2#并网状态	002WT.FCGDCNS	—	浮点数	M	
	2#有功	002WT.FCP	kW	浮点数	M	
	2#无功	002WT.FCQ	kvar	浮点数	M	
	2#风速	002WT.FCWSP	m/s	浮点数	M	
	2#风向	002WT.FCWDIR	(°)	浮点数	M	
	2#温度	002WT.FCTP	℃	浮点数	M	
	2#电压A相	002WT.FCAPU	V	浮点数	O	
	2#电流A相	002WT.FCAPI	A	浮点数	O	

序号	测点中文名称	测点英文 ID	单位	测点类型	M/O	备 注
	2# 理论有功功率	002WT. FCTHEP	kW	浮点数		
	2# 风电机组发电量	002WT. FCTPW	kW·h	浮点数		
	2# 能量控制模式	002WT. FCECM	—	整数		
	2# 风机状态	002WT. FCST	—	整数		
	2# 故障	002WT. FT	—	整数		
	2# 发电机转速瞬时值	002WT. FCGSIV	r/min	浮点数		
	2# 变桨桨距角	002WT. FCPTA	(°)	浮点数		
	2# 限功率标志	002WT. FCPWLMFG	—	整数		
	⋮					
三	测风塔					
3.1	10m 风速	001WMEQ. FC10WSP	m/s	浮点数	M	
3.2	10m 风向	001WMEQ. FC10WDIR	(°)	浮点数	M	
3.3	30m 风速	001WMEQ. FC30WSP	m/s	浮点数	M	
3.4	30m 风向	001WMEQ. FC30WDIR	(°)	浮点数	M	
3.5	50m 风速	001WMEQ. FC50WSP	m/s	浮点数	M	
3.6	50m 风向	001WMEQ. FC50WDIR	(°)	浮点数	M	
3.7	70m 风速	001WMEQ. FC70WSP	m/s	浮点数	M	
3.8	70m 风向	001WMEQ. FC70WDIR	(°)	浮点数	M	
3.9	轮毂高度风速	001WMEQ. FCHBWSP	m/s	浮点数	M	
3.10	轮毂高度风向	001WMEQ. FCHBWDIR	(°)	浮点数	M	
3.11	温度	001WMEQ. FCTP	℃	浮点数	M	
3.12	气压	001WMEQ. FCAMPR	hPa	浮点数	M	
3.13	湿度	001WMEQ. FCHM	%	浮点数	M	
	⋮					
四	上送调度					
4.1	短期预测上报 （3 天 288 个点）	000ULDP. STFCR	MW	文本	M	测点以各省调度对功率预测 上报调度的要求为准
4.2	超短期预测上报 （4 小时 16 个点）	000ULDP. USTFCR	MW	文本	M	测点以各省调度对功率预测 上报调度的要求为准
4.3	理论超短期预测上报 （6 小时 24 个点）	000ULDP. TUSFCT	MW	文本	O	测点以各省调度对功率预测 上报调度的要求为准
4.4	测风塔数据上报	000ULDP. WTWDR	—	文本	O	测点以各省调度对功率预测 上报调度的要求为准
4.5	理论功率数据上报	000ULDP. TPDR	MW	文本	O	测点以各省调度对功率预测 上报调度的要求为准

序号	测点中文名称	测点英文 ID	单位	测点类型	M/O	备 注
4.6	风电机组/逆变器数据上报	000ULDP. FIVDR	kvar	文本	O	测点以各省调度对功率预测上报调度的要求为准
4.7	中长期预测上报	000ULDP. MTFCR	MW	文本	O	测点以各省调度对功率预测上报调度的要求为准
	⋮					

附录 7   电度计量系统

电能量采集数据点见附表 7-1。

附表 7-1   电能量采集数据点表

序号	测点中文名称	测点英文 ID	单位	测点类型	M/O	备 注
1	（1#）220kV 线路双向有功电能、双向无功电能	001LN220. BDARE	kW·h	浮点数	M	系统内单侧电源线只测单向
2	（1#）110kV 线路双向有功电能、双向无功电能	001LN110. BDARE	kW·h	浮点数	M	系统内单侧电源线只测单向
3	（1#）35kV 集电线路双向有功电能、双向无功电能	001CLLN35. BDARE	kW·h	浮点数	M	系统内单侧电源线只测单向
4	（1#）双绕组变压器高压侧单向有功电能和无功电能	001DWTF. HSUDARE	kW·h	浮点数	M	
5	（1#）三绕组变压器高、中压侧双向有功电能和无功电能单向有功电能，低压侧单向有功电能和无功电能	001TWTF. HMSBDARE&UDAE/LSUDARE	kW·h	浮点数	M	当低压侧装有并联电容器时，应测双向无功电能
6	（1#）自耦变压器高、中压侧双向有功电能和无功电能单向有功电能，低压侧单向有功电能和无功电能	001ATF. HMSBDARE&UDAE/LSUDARE	kW·h	浮点数	M	当低压侧装有并联电容器时，应测双向无功电能
7	（1#）厂用变压器高压侧单向有功电能	001AXTF. HSUDAE	kW·h	浮点数	M	
8	（1#）厂用备用分支电源侧单向有功电能	001AXSBB. SCSUDAE	kW·h	浮点数	M	
9	（1#）厂用供电线路负荷侧单向有功电能	001AXSLN. LDSUDAE	kW·h	浮点数	M	
10	（1#）并联电抗器/电容器双向无功电能	001SHRA/CP. BDRE	kW·h	浮点数	M	
11	（1#）SVG 双向功电能单向有功电能	001SVG. BDRE/UDAE	kW·h	浮点数	M	

附录 8 海缆数据监测系统标准测点

附 8.1 海缆数据监测系统数据信息

海缆数据监测系统的状态信息包括主要海缆温度信息、海缆应变信息、海缆振动监测信息、船舶监测信息等。

附 8.2 海缆数据监测系统标准点表

海缆数据监测系统标准点见附表 8-1。

附表 8-1　　　　　　　　　海缆数据监测系统标准点表

序号	测点中文名称	测点英文 ID	单位	测点类型	M/O	备　注
一	温度监测					
1.1	1 号海缆温度 1	001CB. TP1	℃	浮点数	M	
1.2	1 号海缆温度 2	001CB. TP2	℃	浮点数	M	
1.3	1 号海缆温度 3	001CB. TP3	℃	浮点数	M	由于海缆是分布式光纤传感测温,数据点数量较多,典型的温度点个数为 10 万个,将占用较多点表地址
⋮						
	2 号海缆温度 1	002CB. TP1	℃	浮点数	M	
	2 号海缆温度 2	002CB. TP2	℃	浮点数	M	
	2 号海缆温度 3	002CB. TP3	℃	浮点数	M	
二	应变监测					
2.1	1 号海缆应变 1	001CB. STR1	—	浮点数	M	
2.2	1 号海缆应变 2	001CB. STR2	—	浮点数	M	
2.3	1 号海缆应变 3	001CB. STR3	—	浮点数	M	由于海缆是分布式光纤传感测应变,数据点数量较多,典型的应变点个数为 10 万个,将占用较多点表地址
⋮						
	2 号海缆应变 1	002CB. STR1	—	浮点数	M	
	2 号海缆应变 2	002CB. STR2	—	浮点数	M	
	2 号海缆应变 3	002CB. STR3	—	浮点数	M	
⋮						
三	振动监测					
3.1	1 号海缆振动 1	001CB. VBR1	—	浮点数	M	
3.2	1 号海缆振动 2	001CB. VBR2	—	浮点数	M	
3.3	1 号海缆振动 3	001CB. VBR3	—	浮点数	M	由于海缆是分布式光纤传感测振动,数据点数量较多,典型的探测点个数为 5000 个,将占用较多点表地址
⋮						
	2 号海缆振动 1	002CB. VBR1	—	浮点数	M	
	2 号海缆振动 2	002CB. VBR2	—	浮点数	M	
	2 号海缆振动 3	002CB. VBR3	—	浮点数	M	
⋮						

续表

序号	测点中文名称	测点英文 ID	单位	测点类型	M/O	备 注
四	船舶监测					
4.1	船舶 1MMSI 号	001SHP.MMSI	—	整数	M	
4.2	船舶 1 经度	001SHP.LONG	(°)	浮点数	M	
4.3	船舶 1 纬度	001SHP.LAT	(°)	浮点数	M	
4.4	船舶 1 航速	001SHP.SP	kn	浮点数	M	
4.5	船舶 1 航向角	001SHP.CAG	(°)	浮点数	M	由于海域附近船舶数量较
4.6	船舶 2MMSI 号	002SHP.MMSI	—	整数	M	多，典型的个数为 200 艘，
4.7	船舶 2 经度	002SHP.LONG	(°)	浮点数	M	将占用较多点表地址
4.8	船舶 2 纬度	002SHP.LAT	(°)	浮点数	M	
4.9	船舶 2 航速	002SHP.SP	kn	浮点数	M	
4.1	船舶 2 航向角	002SHP.CAG	(°)	浮点数	M	
⋮						
五	载流量监测					
5.1	1 号海缆载流量 1	001CB.APC1	A	浮点数	M	由于海缆是分布式光纤传感测温度，数据点数量较多，典型的探测点个数为 5000 个，将占用较多点表地址
5.2	1 号海缆载流量 2	001CB.APC2	A	浮点数	M	
5.3	1 号海缆载流量 3	001CB.APC3	A	浮点数	M	
⋮						
	2 号海缆载流量 1	002CB.APC1	A	浮点数	M	
	2 号海缆载流量 2	002CB.APC2	A	浮点数	M	
	2 号海缆载流量 3	002CB.APC3	A	浮点数	M	
⋮						
六	埋深监测					
6.1	1 号海缆埋深 1	001CB.BDP1	m	浮点数	M	由于海缆是分布式光纤传感测温度，数据点数量较多，典型的探测点个数为 5000 个，将占用较多点表地址
6.2	1 号海缆埋深 2	001CB.BDP2	m	浮点数	M	
6.3	1 号海缆埋深 3	001CB.BDP3	m	浮点数	M	
⋮						
	2 号海缆埋深 1	002CB.BDP1	m	浮点数	M	
	2 号海缆埋深 2	002CB.BDP2	m	浮点数	M	
	2 号海缆埋深 3	002CB.BDP3	m	浮点数	M	
⋮						

附录9 风电机组安全监测系统

附9.1 风电机组安全监测系统标准测点信息

风电机组安全监测系统系统的状态信息包括主要风电机组润滑油监测系统信息、风电机组自动消防系统监测信息、发电机绝缘电阻监测信息、塔筒及机舱应力监测信息、风电机组螺栓载荷在线监测信息、干式变运行状态监测信息、风电机组在线振动监测信息、桨叶监测信息、风电机组整体结构安全保护系统信息等。

附9.2 风电机组安全监测系统标准点表

风电机组安全监测系统标准测点见附表9-1。

附表9-1 风电机组安全监测系统标准测点表

序号	子系统	测点中文名称	测点英文 ID	单位	数据类型	M/O	备注
1	润滑油监测系统	1#风电机组齿轮油清洁度	001LOMS. WT1CLGO	—	浮点数	M	
2		1#风电机组齿轮油水分	001LOMS. WT1GOM	—	浮点数	M	
3		1#风电机组金属颗粒监测	001LOMS. WT1MPM	—	浮点数	M	
4		2#风电机组齿轮油清洁度	001LOMS. WT2CLGO	—	浮点数	M	
5		2#风电机组齿轮油水分	001LOMS. WT2GOM	—	浮点数	M	
6		2#风电机组金属颗粒监测	001LOMS. WT2MPM	—	浮点数	M	
7		⋮					
8	自动消防系统	1#风电机组故障反馈信号	001AFFS. WT1FFBS	—	布尔值	M	
9		1#风电机组预报警信号	001AFFS. WT1FCWS	—	布尔值	M	
10		1#风电机组主报警信号	001AFFS. WT1MALS	—	布尔值	M	
11		2#风电机组故障反馈信号	001AFFS. WT2FFBS	—	布尔值	M	
12		2#风电机组预报警信号	001AFFS. WT2FCWS	—	布尔值	M	
13		2#风电机组主报警信号	001AFFS. WT2MALS	—	布尔值	M	
14		⋮					
15	发电机绝缘电阻监测	1#风电机组电阻测量值	001MGIR. WT1MVR	—	浮点数	M	
16		1#风电机组电阻测量时间	001MGIR. WT1RMT	—	时间	M	
17		2#风电机组电阻测量值	001MGIR. WT2MVR	—	浮点数	M	
18		2#风电机组电阻测量时间	001MGIR. WT2RMT	—	时间	M	
19		⋮					
20	塔筒及机舱应力监测	1#风电机组塔筒及机舱应力	001SMTE. WT1STE	—	浮点数	M	
21		1#风电机组塔筒及机舱应力数据	001SMTE. WT1STED	—	文本	M	
22		2#风电机组塔筒及机舱应力	001SMTE. WT2STE	—	浮点数	M	
23		2#风电机组塔筒及机舱应力数据	001SMTE. WT2STED	—	文本	M	
24		⋮					

续表

序号	子系统	测点中文名称	测点英文 ID	单位	数据类型	M/O	备注
25	风电机组螺栓载荷在线监测	螺栓载荷	001OMBL. BTL	—	浮点数	M	
26		短路告警信息	001OMBL. SCAM	—	布尔值	M	
27		螺栓载荷	001OMBL. BTL	—	文本	M	
28		⋮					
29	干式变压器运行状态监测（弧光监测）	1#风电机组弧光强度	001ALM. WT1ARI	—	浮点数	M	
30		2#风电机组弧光强度	001ALM. WT2ARI	—	浮点数		
31		⋮					
32	机组在线振动监测	1#风电机组加速度	001OMVB. WT1A	—	浮点数	M	
33		1#风电机组加速度数据文本	001OMVB. WT1AD	—	文本	M	
34		1#风电机组主轴承径向12点方向	001OMVB. WT1MBR12D	—	浮点数	M	
35		1#风电机组主轴承径向6点方向	001OMVB. WT1MBR6D	—	浮点数	M	
36		1#风电机组主轴承径向3点方向	001OMVB. WT1MBR3D	—	浮点数	M	
37		1#风电机组主轴承径向9点方向	001OMVB. WT1MBR9D	—	浮点数	M	
38		1#风电机组齿轮箱加速度	001OMVB. WT1GBXA	—	浮点数		
39		1#风电机组发电机加速度	001OMVB. WT1GNA	—	浮点数		
40		1#风电机组机舱弯头加速度	001OMVB. WT1EREBA	—	浮点数		
41		⋮					
42	桨叶状态监测	1#风电机组叶片损坏轻度预警	001BCM. WT1BDMW	—	布尔值		
43		1#风电机组叶片损坏故障报警	001BCM. WT1BDFA	—	布尔值		
44		1#风电机组叶片不平衡轻度预警	001BCM. WT1BIMA	—	布尔值		
45		1#风电机组叶片不平衡故障报警	001BCM. WT1BIFA	—	布尔值		
46		1#风电机组叶片载荷异常轻度预警	001BCM. WT1BLAMW	—	布尔值		
47		1#风电机组叶片载荷异常故障报警	001BCM. WT1BLAFA	—	布尔值		
48		1#风电机组高频震动数据	001BCM. WT1HFVD	—	文本		
49		2#风电机组叶片损坏轻度预警	001BCM. WT2BDMW	—	布尔值		
50		2#风电机组叶片损坏故障报警	001BCM. WT2BDFA	—	布尔值		
51		2#风电机组叶片不平衡轻度预警	001BCM. WT2BIMA	—	布尔值		
52		2#风电机组叶片不平衡故障报警	001BCM. WT2BIFA	—	布尔值		
53		2#风电机组叶片载荷异常轻度预警	001BCM. WT2BLAMW	—	布尔值		
54		2#风电机组叶片载荷异常故障报警	001BCM. WT2BLAFA	—	布尔值		
55		2#风电机组高频振动数据	001BCM. WT2HFVD	—	文本		
56		⋮					

序号	子系统	测点中文名称	测点英文 ID	单位	数据类型	M/O	备注
57		风轮不平衡	001SPSIS. IBWT	—	浮点数		
58		传动链扭振	001SPSIS. TVTC	—	浮点数		
59	风电机组整体结构安全保护系统	机舱晃动	001SPSIS. ERSL	—	浮点数		
60		机舱过振	001SPSIS. EROV	—	浮点数		
61		转速	001SPSIS. RSP	—	浮点数		
62		塔架倾斜	001SPSIS. TTL	—	浮点数		
63		基础不均匀沉降	001SPSIS. USF		浮点数		

附录 10 风电机组防腐监测

附 10.1 风电机组防腐监测系统数据信息

风电机组防腐监测系统的状态信息包括主要风电机组防腐监测系统信息、风电机组内环境腐蚀在线监测信息等。

附 10.2 牺牲阳极阴极保护电位在线监测数据表

牺牲阳极阴极保护电位在线监测数据见附表 10-1。

附表 10-1　　　　　　　牺牲阳极阴极保护电位在线监测数据表

序号	测点中文名称	测点英文 ID	单位	测点类型	M/O	备注
1	阴极保护电位 1	001WT. CPP1	—	real	M	
2	阴极保护电位 2	001WT. CPP2	—	real	M	
3	阴极保护电位 3	001WT. CPP3	—	real	M	

附 10.3 风电机组内环境腐蚀在线监测数据表

风电机组内环境腐蚀在线监测数据见附表 10-2。

附表 10-2　　　　　　　风电机组内环境腐蚀在线监测数据表

序号	测点中文名称	测点英文 ID	单位	测点类型	M/O	备注
1	温度	001WT. TP	℃	字符串	M	空值为 null
2	湿度值	001WT. HM	%	字符串	M	上传会带有单位，空值为 null
3	一通道腐蚀电流	001WT. 1CCI	nA、μA、mA	字符串	M	上传会带有单位，空值为 null
4	二通道腐蚀电流	001WT. 2CCI	nA、μA、mA	字符串	M	上传会带有单位，空值为 null
5	三通道腐蚀电流	001WT. 3CCI	nA、μA、mA	字符串	M	上传会带有单位，空值为 null

续表

序号	测点中文名称	测点英文 ID	单位	测点类型	M/O	备 注
6	四通道腐蚀电流	001WT.4CCI	nA、μA、mA	字符串	M	上传会带有单位，空值为 null
7	一通道电压	001WT.1CV	V	字符串	M	上传会带有单位，空值为 null
8	二通道电压	001WT.2CV	V	字符串	M	上传会带有单位，空值为 null
9	消息记录时间（采集时间）	001WT.CTIME	YYYYMMDD	字符串	M	非空
10	探头类型	001WT.PRT	—	字符串	M	非空

附录 11　雷达系统检测测点

雷达技术要求及参数见附表 11-1。

附表 11-1　　　　　　雷达技术要求及参数

序号	测点中文名称	测点英文 ID	单位	测点类型	M/O	备注
1	工作频率范围	001RD.OPFR	GHz	浮点数	M	
2	量程	001RD.MSR	nm	浮点数	M	
3	天线转速	001RD.ANSP	r/min	浮点数	M	
4	发射峰值功率	001RD.TRSPP	W	浮点数	M	
5	水平波束宽度	001RD.HZBW	(°)	浮点数	M	
6	垂直波束宽度	001RD.VTBW	(°)	浮点数	M	
7	跟踪目标容量	001RD.TRTC	—	浮点数	M	
8	跟踪距离范围	001RD.TRDR	nm	浮点数	M	
9	功耗	001RD.PCS	W	浮点数	M	

附录 12　渔政 AIS 系统测点

AIS 感知方式为被动感知方式，系统能够接入已安装的 AIS 系统数据，获得船舶动态信息（位置、航向、航速、艏向等）和静态信息（MMSI、船名、国籍、吃水、船货类型、尺寸等）。雷达感知方式及 CCTV 光电方式为主动感知方式，通过对海域进行扫描跟踪，获得未开启 AIS 发射装置船舶的位置、航向及航速信息，CCTV 光电设备捕捉海域动态影像，对进入视频区域船只进行跟踪记录，存留视频影像等图像信息。系统需将 AIS 系统提供目标与雷达探测目标融合，将获得的融合目标，通过监控管理软件在电子海图上展现给用户。渔政 AIS 系统测点见附表 12-1。

附表 12-1 渔政 AIS 系统测点表

序号	测点中文名称	测点英文 ID	单位	测点类型	M/O	备注
1	国籍	001SHP. MIMSI	—	字符串	M	
2	呼号	001SHP. CS	—	整数	M	
3	类型	001SHP. TYPE	—	整数	M	
4	状态	001SHP. STATE	—	浮点数	M	
5	船长	001SHP. SLEN	m	浮点数		
6	船宽	001SHP. SWID	m	浮点数		
7	吃水	001SHP. DRAU	m	浮点数		
8	船首向	001SHP. BWDIR	(°)	浮点数		
9	航迹向	001SHP. TRDIR	(°)	浮点数		
10	航速	001SHP. SPD	kn	浮点数		
11	纬度	001SHP. LAT	(°)	浮点数		
12	经度	001SHP. LONG	(°)	浮点数		
13	目的地	001SHP. DEST	—	字符串		
14	预到达时间	001SHP. PAVT	YYYYMMDD	时间		
15	最后时间	001SHP. LST	YYYYMMDD	时间		
16	MMSI	001SHP. MMSI	—	整数		
17	船名	001SHP. SNM	—	字符串		
18	坐标系	001SHP. COOS	—	整数		
19	IMO 编号	001SHP. IMON	—	整数		
20	航舷	001SHP. BOW	—	浮点数		
21	航尾	001SHP. TAIL	—	浮点数		
22	左舷	001SHP. LPTS	—	浮点数		
23	右舷	001SHP. RPTS	—	浮点数		

附录 13　海事 AIS 系统测点

海事 AIS 系统测点见附表 13-1。

附表 13-1 海事 AIS 系统测点表

序号	测点中文名称	测点英文 ID	单位	测点类型	M/O	备注
1	国籍	001MRT. MIMSI	—	字符串	M	
2	呼号	001MRT. CS	—	整数	M	
3	类型	001MRT. TYPE	—	整数	M	
4	状态	001MRT. STATE	—	浮点数	M	
5	船长	001MRT. SLEN	m	浮点数		

续表

序号	测点中文名称	测点英文 ID	单位	测点类型	M/O	备注
6	船宽	001MRT. SWID	m	浮点数		
7	吃水	001MRT. DRAU	m	浮点数		
8	船首向	001MRT. BWDIR	(°)	浮点数		
9	航迹向	001MRT. TRDIR	(°)	浮点数		
10	航速	001MRT. SPD	kn	浮点数		
11	纬度	001MRT. LAT	(°)	浮点数		
12	经度	001MRT. LONG	(°)	浮点数		
13	目的地	001MRT. DEST	—	字符串		
14	预到达时间	001MRT. PAVT	YYYYMMDD	时间		
15	最后时间	001MRT. LST	YYYYMMDD	时间		
16	MMSI	001MRT. MMSI	—	整数		
17	船名	001MRT. SNM	—	字符串		
18	坐标系	001MRT. COOS	—	整数		
19	IMO 编号	001MRT. IMON	—	整数		
20	航艏	001MRT. BOW	—	浮点数		
21	航尾	001MRT. TAIL	—	浮点数		
22	左舷	001MRT. LPTS	—	浮点数		
23	右舷	001MRT. RPTS	—	浮点数		

附录 14　海洋数据

　　海洋气象浮标每十分钟发送一次其所观测到资料，其中包括常规气象观测要素数据文件、海洋气象要素数据文件、状态信息文件。海洋数据测点见附表 14-1。

附表 14-1　　　　　　　　　海洋数据测点表

序号	测点中文名称	测点英文 ID	单位	测点类型	M/O	备　注
1	站名	SEA. STNM	—	字符串		站名
2	观测时间	SEA. OBTM	YYYYMMDD	时间		观测时间
3	浮标方位	SEA. BAZ	—	浮点数		当前时刻的浮标方位
4	海表温度	SEA. SSTP	℃	浮点数		每 1 小时内的海表温度
5	海表最高温度	SEA. MXSST	℃	浮点数		每 1 小时内的海表最高温度
6	海表最高出现时间	SEA. MXOT	YYYYMMDD	时间		每 1 小时内海表最高温度出现时间
7	海表最低温度	SEA. MNSST	℃	浮点数		每 1 小时内的海表最低温度
8	海表最低出现时间	SEA. MNOT	YYYYMMDD	时间		每 1 小时内海表最低温度出现时间

序号	测点中文名称	测点英文 ID	单位	测点类型	M/O	备　注
9	海水盐度	SEA. SWSA	‰	浮点数		当前时刻的海水盐度
10	海水平均盐度	SEA. AVSWSA	‰	浮点数		上一正点后至当前时刻的海水平均盐度
11	海水电导率	SEA. SECD	μS/cm	浮点数		当前时刻的海水电导率
12	海水平均电导率	SEA. AVSECD	μS/cm	浮点数		上一正点后至当前时刻的海水平均电导率
13	有效波高	SEA. EFWH	m	浮点数		当前时刻的有效波高
14	有效波高的周期	SEA. PEFWH	s	浮点数		当前时刻有效波高的周期
15	平均波高	SEA. MWH	m	浮点数		上一正点后至当前时刻的平均波高
16	平均波周期	SEA. AVWP	s	整数		上一正点后至当前时刻的平均波周期
17	最大波高	SEA. MXWH	m	整数		每1小时内最大波高
18	最大波高出现时间	SEA. MXWHOT	YYYYMMDD	整数		每1小时内最大波高出现时间
19	最大波高的周期	SEA. PMXWH	s	浮点数		每1小时内最大波高的周期
20	表层海洋面流速	SEA. SOVE	m/s	浮点数		当前时刻的表层海洋面流速
21	表层海洋面波向	SEA. SOWD	m/s	浮点数		当前时刻的表层海洋面波向
22	海水浊度	SEA. SWTB	NTU	浮点数		当前时刻的海水浊度
23	海水平均浊度	SEA. AVSWTB	NTU	浮点数		上一正点后至当前时刻的海水平均浊度
24	海水叶绿素浓度	SEA. SCC	mg/m³	浮点数		当前时刻的海水叶绿素浓度
25	海水平均叶绿素浓度	SEA. AVSCC	mg/m³	浮点数		上一正点后至当前时刻的海水平均叶绿素浓度

附录 15　气象数据

附 15.1　海洋预报数据

海洋预报数据测点见附表 15-1。

附表 15-1　　　　　　　　海洋预报数据测点表

序号	测点中文名称	测点英文 ID	单位	测点类型	M/O	备　注
1	预报区域	001MTO. FCA	经纬度	浮点数		站名
2	预报时间	001MTO. FCT	min	浮点数		
3	天气现象	001MTO. WEPH	—	整数		
4	10m 风力	001MTO. WP_10m	级	浮点数		
5	10m 风向	001MTO. WDIR_10m	(°)	浮点数		
6	100m 风力	001MTO. WP_100m	级	浮点数		根据风电机组轮毂高度修改高度值
7	100m 风向	001MTO. WDIR_100m	(°)	浮点数		根据风电机组轮毂高度修改高度值

序号	测点中文名称	测点英文 ID	单位	测点类型	M/O	备　注
8	能见度	001MTO. VSB	m	浮点数		
9	浪高	001MTO. WH	m	浮点数		
10	雷电预警	001MTO. LTWN	次/h	浮点数		
11	台风预警	001MTO. TPWN	级	浮点数		
12	暴雨预警	001MTO. RNWN	mm	浮点数		
13	预报时间	001MTO. FCT	YYYYMMDD	时间		
14	预报时次	001MTO. PSP	—	整数		
15	时效	001MTO. SLPR	h	浮点数		
16	海平面气压	001MTO. VSB	Pa	浮点数		
17	气温	001MTO. TP	℃	浮点数		
18	湿度	001MTO. HM	%	浮点数		
19	降水量	001MTO. PRP	mm	浮点数		

附 15.2　台风数据

台风数据测点见附表 15-2。

附表 15-2　　台风数据测点表

序号	测点中文名称	测点英文 ID	单位	测点类型	M/O	备　注
1	编号	001TYP. NO	—	整数		
2	报文信息的发布者	001TYP. PMI	—	整数		
3	台风中文编号	001TYP. TCSN	—	整数		台风中文名称，如海棠等
4	台风国际编号	001TYP. TISN	—	整数		台风国际名称，如 WIPHA 等
5	台风位置的当前时间	001TYP. CTPT	YYYMMDD	时间		
6	预报时效	001TYP. FCTL	h	浮点数		
7	预报时间	001TYP. FCT	YYYMMDD	时间		预报台风位置的时间
8	台风当前的纬度	001TYP. CLAT	(°)	浮点数		台风实况信息
9	台风当前的经度	001TYP. CLOT	(°)	浮点数		台风实况信息
10	台风当前的风力	001TYP. CWFT	级	整数		台风实况信息
11	台风当前的中心气压	001TYP. CCPT	Pa	浮点数		台风实况信息
12	台风预报纬度	001TYP. FCTLA	(°)	浮点数		台风预报信息
13	台风预报经度	001TYP. FCTLO	(°)	浮点数		台风预报信息
14	台风预报中心风力	001TYP. FCTCW	级	整数		台风预报信息
15	台风预报气压	001TYP. FCTP	Pa	浮点数		台风预报信息
16	7 级风圈中心经度	001TYP. WR7LO	(°)	浮点数		
17	7 级风圈中心纬度	001TYP. WR7LA	(°)	浮点数		

序号	测点中文名称	测点英文 ID	单位	测点类型	M/O	备　注
18	7 级风圈半径	001TYP. WR7RD	km	浮点数		
19	10 级风圈中心经度	001TYP. WR10LO	(°)	浮点数		
20	10 级风圈中心纬度	001TYP. WR10LA	(°)	浮点数		
21	10 级风圈半径	001TYP. WR10RD	km	浮点数		
22	台风移动风向	001TYP. TMWD	(°)	浮点数		台风未来移动方向
23	台风移动风速	001TYP. TMWS	m/s	浮点数		台风当前移动风速
24	标识码	001TYP. IC	—	字符串		用于标记
25	台风当前的中心经度	001TYP. CCLOT	(°)	浮点数		
26	台风当前的中心纬度	001TYP. CCLAT	(°)	浮点数		
27	台风最大风速	001TYP. TMXWS	m/s	浮点数		

附 15.3　潮汐数据

潮汐数据测点见附表 15-3。

附表 15-3　　　　　　　潮汐数据测点表

序号	测点中文名称	测点英文 ID	单位	测点类型	M/O	备注
1	潮汐观测点名称	TID. TOPN	地名 XX 港	字符串		
2	时区	TID. TZO	东八区	整数		
3	所属区域（省市）	TID. REG	广东珠海	字符串		
4	测点经度	TID. LONG	(°)	浮点数		
5	测点纬度	TID. LAT	(°)	浮点数		
6	潮高基本面	TID. FDTH	m	浮点数		
7	潮汐性质	TID. TDP	—	字符串		
潮汐测点						
1	潮汐观测点名称	TID. TOPN	—	字符串		
2	时间	TID. TIME	YYYYMMDD	时间		
3	农历	TID. LCL	—	字符串		
4	潮时一	TID. TD1	h	时间		
5	潮高	TID. TDH1	cm	浮点数		
6	潮时二	TID. TD2	h	时间		
7	潮高	TID. TDH2	cm	浮点数		
8	潮时三	TID. TD3	h	时间		
9	潮高	TID. TDH3	cm	浮点数		
10	潮时四	TID. TD4	h	时间		
11	潮高	TID. TDH4	cm	浮点数		

序号	测点中文名称	测点英文 ID	单位	测点类型	M/O	备注
12	潮时五	TID. TD5	h	时间		
13	潮高	TID. TDH5	cm	浮点数		
14	潮时六	TID. TD6	h	时间		
15	潮高	TID. TDH6	cm	浮点数		

附录 16 现场视频采集通信

视频信息采集测点见附表 16-1。

附表 16-1　　　　　　　　　　视频信息采集测点表

视频监控测点					
序号	分 类	测 点	描述	IP 地址	数据等级
1		硬盘录像机品牌			三级
2		摄像头型号			三级
3		是否具备网络传输通道			三级
4		视频探头数量			三级
5		信号源类型	数字/模拟		三级
6	海上风电场	对外传输需要网络带宽数值			三级
7		1# 探头坐标点	经纬度		三级
8		2# 探头坐标点	经纬度		三级
9		3# 探头坐标点	经纬度		三级
10		4# 探头坐标点	经纬度		三级
11		⋮			
12		硬盘录像机品牌			三级
13		摄像头型号			三级
14		是否具备网络传输通道			三级
15		视频探头数量			三级
16		信号源类型			三级
17	陆上集控中心	对外传输需要网络带宽数值			三级
18		1# 探头坐标点			三级
19		2# 探头坐标点			三级
20		3# 探头坐标点			三级
21		4# 探头坐标点			三级
22		⋮			

参 考 文 献

［1］ 邱颖宁，李晔. 海上风电场开发概述［M］. 北京：中国电力出版社，2018.

［2］ Barroso L A，Hölzle. The Datacenter as a Computer：An Introduction to the Design of Warehouse-Scale Machines［J］. Synthesis Lectures on Computer Architecture，2009，4（1）：1-108.

［3］ 秦常贵. SCADA 系统及其在风力发电场的应用［J］. 电力设备，2004，5（12）：31-33.

［4］ 王成，王志新. 基于无线局域网的大型风电场远程监控系统［J］. 电网与清洁能源，2009，25（12）：75-78.

［5］ 叶剑斌，左剑飞，黄小缽. 风电场群远程集中 SCADA 系统设计［J］. 电力系统自动化，2010，34（23）：97-101.

［6］ 杨玉坤. 基于 CIM 模型的风电场集控中心 SCADA 系统设计与实现［D］. 天津：河北工业大学，2016.

［7］ 谢源，高志飞，汪永海，等. 海上风力发电机组远程状态监测系统设计［J］. 测控技术，2016，35（4）：27-30，34.

［8］ Remote Data Collection Options for the NOMAD，Generic Wind Farm Supervisory Control and Data Acquisition System，http：//www.garradhassan.com.

［9］ Kovács A，Csempesz J，Erdos G，et al. WindMT：An integrated system for failure detection and maintenance scheduling at wind farms［J］. ICAPS 2011，2011：46.

［10］ Intelligent integrated maintenance for wind power generation［J］. Wind Energy，2016，19（3）：547-562.

［11］ Saalmann P，Zuccolotto M，Silva T R D，et al. Application Potentials for an Ontology-based Integration of Intelligent Maintenance Systems and Spare Parts Supply Chain Planning［J］. Procedia CIRP，2016，41：270-275.

［12］ 杨立. 数据库技术在风电场测风数据评估与验证中的应用［J］. 水利技术监督，2005，13（5）：77-80.

［13］ 杨茂，孙涌，孙兆键，等. 风电场大规模数据管理系统设计与研发［J］. 东北电力大学学报，2014，34（2）：27-31.

［14］ 王韬. 基于 PI 数据库的风电场实时监控系统应用研究［J］. 电气自动化，2016，38（6）：35-37，76.

［15］ 高洋. 兴和风电场监测数据管理系统的设计与应用［D］. 北京：华北电力大学，2016.

［16］ Sideratos G，Hatziargyriou N D. An Advanced Statistical Method for Wind Power Forecasting［J］. IEEE Transactions on Power Systems，2007，22（1）：258-265.

［17］ Negnevitsky M，Potter C W. Innovative Short-Term Wind Generation Prediction Techniques［C］//2006 IEEE Power Engineering Society General Meeting. IEEE，2006，60-65.

［18］ Taylor J W，Mcsharry P E，Buizza R. Wind Power Density Forecasting Using Ensemble Predictions and Time Series Models［J］. 2006 IEEE Transactions on Energy Conversion，2009，24（3）：775-782.

［19］ 丁明，张立军，吴义纯. 基于时间序列分析的风电场风速预测模型［J］. 电力自动化设备，2005，

25（8）：32-34.

[20] 胡百林，李晓明，李小平，等. 基于 ARMA 模型的水电站概率性发电量预测 [J]. 电力系统自动化，2003，15（3）：62-65.

[21] Rohrig K，Lange B. Application of wind power prediction tools for power system operations [C]//2006 IEEE Power Engineering Society General Meeting. IEEE，2006：5.

[22] 范高锋，王伟胜，刘纯，等. 基于人工神经网络的风电功率预测 [J]. 中国电机工程学报，2008，28（34）：118-123.

[23] 傅蓉，王维庆，何桂雄. 基于气象因子的 BP 神经网络风电场风速预测 [J]. 可再生能源，2009，27（5）：86-89.

[24] 戚双斌，王维庆，张新燕. 基于支持向量机的风速与风功率预测方法研究 [J]. 华东电力，2009，37（9）：1600-1603.

[25] Mori H，Kurata E. Application of Gaussian Process to wind speed forecasting for wind power generation [C]//2008 IEEE International Conference on Sustainable Energy Technologies. IEEE，2008：956-959.

[26] Ahlstrom M L，Zavadil R M. The Role of Wind Forecasting in Grid Operations & Reliability [A]. in：Ransmission and Distribution Conference and Exhibition [C]. Asia and Pacific：2005：1-5.

[27] Lange B，Rohrig K，Ernst B，et al. Wind power prediction in Germany - Recent advances and future challenges [C]//European Wind Energy Conference，Athens. 2006，（15）：73-81.

[28] 符金伟，马进，周榆晓，等. 风电功率预测研究方法综述 [J]. 华东电力，2012，40（5）：888-892.

[29] 郭鹏，David Infield，杨锡运. 风电机组齿轮箱温度趋势状态监测及分析方法 [J]. 中国电机工程学报，2011，31（32）：129-136.

[30] 尹诗，余忠源，孟凯峰，等. 基于非线性状态估计的风电机组变桨控制系统故障识别 [J]. 中国电机工程学报，2014，34（S1）：160-165.

[31] 李成成. 基于 NSET 模型的风电机组故障诊断研究 [D]. 秦皇岛：燕山大学，2016.

[32] 邸帅. 风电机组关键部件故障预测技术研究 [D]. 北京：华北电力大学，2017.

[33] Schlechtingen M，Santos I F. Wind turbine condition monitoring based on SCADA data using normal behavior models. Part 2：Application examples [J]. Applied Soft Computing，2014，14：447-460.

[34] Bangalore P，Letzgus S，Karlsson D，et al. An artificial neural network - based condition monitoring method for wind turbines，with application to the monitoring of the gearbox [J]. Wind Energy，2017，20（8）：1421-1438.

[35] Wang L，Zhang Z，Long H，et al. Wind Turbine Gearbox Failure Identification with Deep Neural Networks [J]. IEEE Transactions on Industrial Informatics，2017，13（3）：1360-1368.

[36] Sun P，Li J，Wang C，et al. A generalized model for wind turbine anomaly identification based on SCADA data [J]. Applied Energy，2016，168：550-567.

[37] 李剑，雷潇，冉立，等. 一种计及运行状态的风电机组短期停运模型 [J]. 中国电机工程学报，2015，35（8）：1845-1852.

[38] 郭慧东，王玮，夏明超. 基于数据挖掘的风电机组变桨系统劣化状态在线辨识方法 [J]. 中国电机工程学报，2016，36（9）：2389-2397.

[39] 田彤彤. 基于 SCADA 数据的风电机组变桨系统运行状态评估与预测研究 [D]. 北京：北京交通大学，2017.

[40] 姚万业，姚吉行. 基于 Hadoop 平台的风机群落故障预警 [J]. 电力科学与工程，2018（6）：66-72.

［41］ 乌建中，陶益. 基于短时傅里叶变换的风机叶片裂纹损伤检测［J］. 中国工程机械学报，2014，
12（2）：180-183.

［42］ Tang B，Liu W，Song T. Wind turbine fault diagnosis based on Morlet wavelet transformation and
Wigner-Ville distribution［J］. Renewable Energy，2010，35（12）：2862-2866.

［43］ Jiang Y，Tang B，Qin Y，et al. Feature extraction method of wind turbine based on adaptive Morlet
wavelet and SVD［J］. Renewable Energy，2011，36（8）：2146-2153.

［44］ Tang B，Song T，Li F，et al. Fault diagnosis for a wind turbine transmission system based on manifold
learning and Shannon wavelet support vector machine［J］. Renewable Energy，2014，62：1-9.

［45］ Huang Q，Jiang D，Hong L，et al. Application of Wavelet Neural Networks on Vibration Fault Di-
agnosis for Wind Turbine Gearbox［M］. Advances in Neural Networks-ISNN 2008. Springer
Berlin Heidelberg，2008.

［46］ 刘骊. 基于多尺度排列熵和支持向量机的风力发电机组齿轮箱振动故障诊断［D］. 西安：西安理
工大学，2017.

［47］ 张细政，郑亮，刘志华. 基于遗传算法优化 BP 神经网络的风机齿轮箱故障诊断［J］. 湖南工程学
院学报，2018，28（3）：1-5.

［48］ 周晓军. 生产系统智能维护决策及优化技术研究［D］. 上海：上海交通大学，2006.

［49］ D. Pattison，M. S. Garcia，W. Xie，et al. Intelligent integrated maintenance for wind power genera-
tion［J］. Wind Energy，2016，19（3）：547-562.

［50］ Saalmann P，Zuccolotto M，Silva T R D，et al. Application Potentials for an Ontology-based Inte-
gration of Intelligent Maintenance Systems and Spare Parts Supply Chain Planning［J］. Procedia
CIRP，2016，41：270-275.

［51］ 郭华东，王力哲，陈方，等. 科学大数据与数字地球［J］. 科学通报，2014，59（12）：1047-1054.

［52］ Malewicz G，Austern M H，Bik A J C，et al. Pregel：a system for large-scale graph
processing. SIGMOD'10 Proceedings of the 2010 ACM SIGMOD International Conference on Man-
agement of data. New York：ACM，2010：135-146.

［53］ Chen G，Wang X. Vertical structure of upper-ocean seasonality：Annual and semiannual cycles
with oceanographic implications. Journal of Climate，2016，29：37-59.

［54］ Woodring J，Petersen M，Schmeißer A，et al. In situ Eddy analysis in a high-resolution ocean cli-
mate model. IEEE Transactions on Visualization and Computer Graphics，2016，22：857-866.

［55］ 陈工孟，须成忠. 大数据导论 关键技术与行业应用最佳实践［M］. 北京：清华大学出版
社，2015.

［56］ 孟小峰. 大数据管理概念［M］. 北京：机械工业出版社，2017.

［57］ 周苏，王文. 大数据导论［M］. 北京：清华大学出版社，2016.

［58］ 孙立伟，何国辉，吴礼发. 网络爬虫技术的研究［J］. 电脑知识与技术，2010（15）：4112-4115.

［59］ 索雷斯. 大数据治理［M］. 匡斌，译. 北京：清华大学出版社，2014.

［60］ Philip B，Wenfei F，Floris G，et al. Conditional Functional Dependencies for Data Clearing［C］.
Piscalaway，IEEE，2007：746-755.

［61］ Megan Squire，斯夸尔，任政委. 干净的数据：数据清洗入门与实践［M］. 北京：人民邮电出版
社，2016.

［62］ April R. 大数据管理：数据集成的技术、方法与最佳实践［M］. 余水清，潘黎萍，译. 北京：机
械工业出版社，2014.

［63］ 张尧学. 大数据导论［M］. 北京：机械工业出版社，2018.

［64］ Sidi F，Panahy P H S，Affendey L S，et al. Data quality：A survey of data quality dimensions

[C] // 2012 International Conference on Information Retrieval & Knowledge Management. IEEE，2012：300 - 304.

[65] 梅宏. 大数据导论 [M]. 北京：高等教育出版社，2018.

[66] 朱洁，罗华霖. 大数据架构详解：从数据获取到深度学习 [M]. 北京：电子工业出版社，2016.

[67] 刘军，冷芳玲，李世奇，等. 基于 HDFS 的分布式文件系统 [J]. 东北大学学报（自然科学版），2019，40（06）：795 - 800.

[68] 李鸣. 基于 HDFS 的分布式存储系统的研究与实现 [D]. 广州：华南理工大学，2016.

[69] 肖凌，刘继红，姚建初. 分布式数据库系统的研究与应用 [J]. 计算机工程，2001（1）：33 - 35.

[70] Chang F，Dean J，Ghemawat S，et al. Bigtable：A Distributed Storage System for Structured Data [J]. ACM Transactions on Computer Systems，2008，26（2）：1 - 26.

[71] 林子雨. 大数据技术原理与应用 [M]. 北京：人民邮电出版社，2015.

[72] 董西成. 大数据技术体系详解：原理、架构与实践 [M]. 北京：机械工业出版社，2018.

[73] Leung C K，Zhang H. Management of Distributed Big Data for Social Networks [C] // 2016 16th IEEE/ACM International Symposium on Cluster Cloud and Grid Computing（CCGrid）. IEEE，2016：639 - 648.

[74] 梅长林，范金城. 数据分析方法 [M]. 北京：高等教育出版社，2006.

[75] 周志华. 机器学习 [M]. 北京：清华大学出版社，2016.

[76] 吴思远. 数据挖掘实践教程 [M]. 北京：清华大学出版社，2017.

[77] 周苏，王文. 大数据可视化 [M]. 北京：清华大学出版社，2016.

[78] Joachims T. Making large - scale SVM learning practical [J]. Technical Reports，1999，8（3）：499 - 526.

[79] Guyon I，Elisseeff，André. An Introduction to Variable and Feature Selection [J]. Journal of Machine Learning Research，2003，3（6）：1157 - 1182.

[80] Kira K，Rendell L A. The Feature Selection Problem：Traditional Methods and a New Algorithm [C] // Aaai. 1992，2（1992a）：129 - 134.

[81] 朱雯. 风电机组运行状态监测与分析 [D]. 北京：华北电力大学，2016.

[82] 武英杰. 基于变分模态分解的风电机组传动系统故障诊断研究 [D]. 北京：华北电力大学，2016.

[83] Gilles J. Empirical Wavelet Transform [J]. IEEE Transactions on Signal Processing，2013，61（16）：3999 - 4010.

[84] 黄南天，方立华，王玉强，等. 基于局域均值分解和支持向量数据描述的高压断路器机械状态监测 [J]. 电工电能新技术，2017，036（1）：73 - 80.

[85] Guo Y，Zhang Y，Mursalin M，et al. Automated epileptic seizure detection by analyzing wearable EEG signals using extended correlation - based feature selection [C] // 2018 IEEE 15th International Conference on Wearable & Implantable Body Sensor Networks（BSN）. IEEE，2018：66 - 69.

[86] Cerrada M，Pacheco F，Cabrera D，et al. Hierarchical Feature Selection Based on Relative Dependency for Gear Gault Diagnosis [J]. Applied Intelligence，2015，44（3）：1 - 17.

[87] 黄南天，方立华，王玉强，等. 基于局域均值分解和支持向量数据描述的高压断路器机械状态监测 [J]. 电工电能新技术，2017，36（1）：73 - 80.

[88] Huang N，Fang L，Cai G，et al. Mechanical Fault Diagnosis of High Voltage Circuit Breakers with Unknown Fault Type Using Hybrid Classifier Based on LMD and Time Segmentation Energy Entropy [J]. Entropy，2016，18（9）：1 - 19.

[89] 任梦祎. 火电厂制粉系统故障诊断的研究 [D]. 北京：华北电力大学，2016.

[90] 孙伟. 基于 SCADA 数据和振动信息相结合的风电机组状态监测研究 [D]. 秦皇岛：燕山大学，2017.

［91］ Niu G，Singh S，Holland S W，et al. Health monitoring of electronic products based on Mahalanobis distance and Weibull decision metrics ［J］. Microelectronics reliability，2011，51（2）：279 – 284.

［92］ 孙建平，朱雯，翟永杰，等. 基于 MSET 方法的风电机组齿轮箱预警仿真研究 ［J］. 系统仿真学报. 2013，25（12），3009 – 3014.

［93］ 任学平，庞震，邢义通，等. 改进小波包的滚动轴承故障诊断 ［J］. 河南科技大学学报：自然科学版，2014（35）：14.

［94］ Pratumnopharat P，Leung P S，Court R S. Wavelet transform – based stress – time history editing of horizontal axis wind turbine blades ［J］. Renewable Energy，2014，63（1）：558 – 575.

［95］ Zhang L，Wang S. Fault diagnosis of induction motor rotor based on BP neural network and DS evidence theory ［C］// Proceedings of the 10th World Congress on Intelligent Control & Automation. IEEE，2012：3292 – 3297.

［96］ 刘石磊. 基于 D – S 证据融合的风力发电机组的故障预测 ［D］. 沈阳：沈阳工业大学，2017.

［97］ 周厚强，叶信红. 110kV 光纤复合海底电缆光纤单元的设计及应用 ［J］. 电线电缆，2009，6：1 – 3.

［98］ 卢恩泽，张超. 在线监测系统中小波去噪方法及模型的建立 ［J］. 电气应用，2006（5）：95，101 – 103.

［99］ Specht. Probabilistic neural networks for classification，mapping or associative memory ［C］// IEEE International Conference on Neural Networks. IEEE，1988.

［100］ 操敦奎. 变压器油中气体分析诊断与故障检查 ［M］. 北京：中国电力出版社，2005.

［101］ 贾亦敏. 变压器在线监测与智能故障诊断系统研究 ［D］. 徐州：中国矿业大学，2019.

［102］ Landberg L. A mathematical look at a physical power prediction model ［J］. Wind Energy，1998，1（1）：23 – 28.

［103］ 刘纯，范高锋，王伟胜，等. 风电场输出功率的组合预测模型 ［J］. 电网技术，2009，33（13）：74 – 79.

［104］ 张浩楠. 短期风电功率组合预测研究 ［D］. 郑州：华北水利水电大学，2019.

［105］ Mallat S G. A theory for multiresolution signal decomposition：the wavelet representation ［J］. IEEE Transactions on Pattern Analysis and Machine Intelligence，1988，41（7）：674 – 693.

［106］ 邹见效，李丹，郑刚，等. 基于机组状态分类的风电场有功功率控制策略% An Active Power Control Scheme for Wind Farms Based on State Classification Algorithm ［J］. 电力系统自动化，2011，35（24）：28 – 32.

［107］ 陈宁，谢杨，汤奕，等. 考虑预测功率变化趋势的风电有功分群控制策略 ［J］. 电网技术，2014，38（10）：2752 – 2758.

［108］ 刘燕华，刘冲，李伟花，等. 基于出力模式匹配的风电集群点多时间尺度基于出力模式匹配的风电集群点多时间尺度功率预测 ［J］. 中国电机工程学报，2014，34（25）：4350 – 4358.

［109］ 叶林，任成，李智，等. 风电场有功功率多目标分层递阶预测控制策略 ［J］. 中国电机工程学报，2016（23）：6327 – 6336.

［110］ 王婧. 基于模型预测控制的风电集群有功分层控制方法 ［D］. 北京：华北电力大学，2018.

［111］ Kumar N，Liang D，Linderman M，et al. An Optimal Spatial Sampling for Demographic and Health Surveys ［J］. SSRN Electronic Journal，2011.

［112］ Tobler W R. A computer movie simulating urban growth in the Detroit region ［J］. Economic geography，1970，46（2）：234 – 240.

［113］ Li H B，Reynolds J F. On Definition and Quantification of Heterogeneity ［J］. Oikos. 1995，73（2）：280 – 284.

［114］ 郑沛楠，宋军，张芳苒，等. 常用海洋数值模式简介 ［J］. 海洋预报，2008 （4）：110 - 122.

［115］ Jiang X，Zhang Y，Zhang W，et al. A novel sparse auto - encoder for deep unsupervised learning ［C］// 2013 Sixth International Conference on Advanced Computational Intelligence （ICACI）. IEEE，2013：256 - 261.

［116］ Hinton G E，Osindero S，Teh Y W. A Fast Learning Algorithm for Deep Belief Nets ［J］. Neural Computation，2006，18 （7）：1527 - 1554.

《大规模清洁能源高效消纳关键技术丛书》
编辑出版人员名单

总 责 任 编 辑　王春学

副总责任编辑　殷海军　李　莉

项 目 负 责 人　王　梅

项 目 组 成 员　丁　琪　邹　昱　高丽霄　汤何美子　王　惠
　　　　　　　　　蒋雷生

《海上风电场数据中心的建设与应用》

责 任 编 辑　汤何美子　李　莉

封 面 设 计　李　菲

责 任 校 对　梁晓静　王凡娥

责 任 印 制　崔志强　冯　强